Variabilidad en el paradigma verbal de futuro. El español de Valencia y de otras sintopías

FONDO HISPÁNICO DE LINGÜÍSTICA Y FILOLOGÍA

Vol. 23

Colección dirigida por
Juan Pedro Sánchez Méndez & M.ª Teresa Echenique Elizondo

PETER LANG
Bern · Berlin · Bruxelles · Frankfurt am Main · New York · Oxford · Wien

José María Buzón García y
José Ramón Gómez Molina

Variabilidad en el paradigma verbal de futuro. El español de Valencia y de otras sintopías

PETER LANG
Bern · Berlin · Bruxelles · Frankfurt am Main · New York · Oxford · Wien

Bibliographic information published by die Deutsche Nationalbibliothek
Die Deutsche Nationalbibliothek lists this publication in the Deutsche Nationalbibliografie; detailed bibliographic data is available on the Internet at ‹http://dnb.d-nb.de›.

ISBN 978-3-0343-2004-7 pb.
ISSN 1663-2648 pb.

ISBN 978-3-0351-0870-5 eBook
ISSN 2235-6711 eBook

Esta publicación ha sido revisada por pares.

Hochfeldstrasse 32, CH-3012 Bern
info@peterlang.com, www.peterlang.com

Índice

Prólogo

Si algo caracteriza a la sociolingüística frente a la perspectiva inmanentista tradicional de la lingüística es su atención equilibrada a los factores internos y externos: de ahí el interés con el que a priori un inmanentista irredento como yo se asoma a un estudio sociolingüístico sobre una forma verbal. Pero otro tanto cabría decir de la historiografía lingüística: ¿por qué un estudio sobre el futuro precisamente ahora? Las claves externas nos las aclaran los autores en la introducción: el gran proyecto PRESEEA (en el que se combinan una orientación sociolingüística alentada por Carmen Silva-Corvalán con los trabajos sobre la norma culta de las grandes ciudades del mundo hispánico que impulsara José Mª Lope Blanch) va quemando etapas y ahora se estudian muestras de Valencia. El lugar en el que se hacen las encuestas no es indiferente: se trata de una ciudad del este de España especialmente interesante por dos razones, porque es bilingüe y porque existe una tradición consolidada de sociolingüística variacionista que viene ofreciendo frutos muy estimables dentro del proyecto PRESEVAL. En otras palabras, que hay razones derivadas de la idoneidad del objeto de estudio y de la idoneidad de quienes tienen que abordarlo al mismo tiempo.

Sin embargo, a mí me gustaría destacar las razones internas que aconsejan tomar muy en serio este libro. Y es que el tiempo futuro, efectivamente, constituye un problema en sí mismo. Ninguna contribución bibliográfica importante sobre el tiempo futuro —o, mejor dicho, sobre la futuridad— deja de destacar la dificultad cognitiva que para la especie humana representa la concepción de lo que todavía no ha sucedido. Ya lo advirtió Karl Vossler en 1904 (*Positivismus und Idealismus in der Sprachwissenschaft*) y desde entonces han llovido muchos trabajos sobre el tema. Para empezar no sabemos si se trata de un tiempo o de un modo, incluso hay quien sostiene que también es un aspecto: no está claro que en las lenguas como el inglés o el alemán, en las que se construye con perífrasis modales de presente, podamos hablar en rigor de tiempo futuro. Pero aún puede ser más complicado. En muchos idiomas el sistema temporal del verbo está organizado sobre dos tiempos básicos, un pasado y un no pasado, el cual, según nuestras conveniencias, traducimos por presente o por futuro. Esto ya suscitaba un sinnúmero de dificultades a los primeros traductores de la lengua española, los de la escuela de Toledo, porque el árabe es precisamente una de estas lenguas y textos como el Calila e Dimna lo ponen sobradamente de manifiesto. También sumió en la perplejidad a algunos de los misioneros que redactaron las artes destinadas a la enseñanza de lenguas indígenas de América: sin ir más lejos, el muisca de la sabana de Bogotá, un idioma que estudié hace algunos años, también era —se extinguió en el siglo XVIII— una de estas lenguas y recuerdo la incomodidad que me producía leer la gramática de fray Bernardo de Lugo (1619) cuando sostiene que el muisca "futuro no tiene" y que lo expresa con el presente. Será que no tiene ni presente ni futuro, sino las dos cosas en una, digo yo.

Pues bien, los autores de este libro, José Mª Buzón García y José Ramón Gómez Molina, no son tipólogos, sino sociolingüistas, pero han obrado como si fuesen lo primero también. Lejos de tomar la categoría futuro como *terminus a quo* la problematizan desde el principio haciendo justicia a su carácter problemático. Su análisis variacionista de la expresión del tiempo futuro se apoya equilibradamente en un paradigma con tres posibilidades: la forma sintética, la forma perifrástica y el presente pro futuro. Demuestran en su estudio la importancia de tener en cuenta también el presente pro futuro, lo cual les ha obligado a reformular el programa *Goldvarb*, habitual en los estudios variacionistas, porque no es capaz de manejar tres variantes a la vez. Los lectores que no sean especialistas en estadística tal vez no sean conscientes de las ventajas derivadas de esta opción metodológica, pero, por lo que a la lingüística se refiere, sin duda valorarán en sus debidos términos el panorama tan diversificado que se obtiene al inventariar las variantes del futuro y sus contextos de utilización, los cuales dan una imagen, basada en datos empíricos, bastante alejada de la que se suele asumir comúnmente.

Es notable que hace un año se celebrase en la Université de Neuchâtel un simposio sobre el futuro románico y que se llegase a una conclusión parecida: a saber que en las lenguas románicas el futuro es una forma verbal con valores muy complejos, los cuales parecen remontar a un paradigma alternante. No es sorprendente, puesto que la variación plurilingüe —dentro de un grupo de lenguas relacionadas como las románicas— suele tener como origen una variación pluricéntrica previa. En dicho simposio tuve ocasión de exponer los fundamentos neurolingüísticas de este peculiar tiempo-modo-aspecto y solo me faltó ejemplificar con muestras textuales los muchos matices que el modelo permite predecir. Ahora me encuentro con que dos plantas más abajo de mi propio despacho los estaban desentrañando dos compañeros míos. Espero que la publicación de su trabajo contribuya a cambiar el estado de la cuestión relativo al futuro y a la futuridad en tan alta medida como ya ha cambiado mis propias convicciones científicas sobre el particular. Tengo la convicción de que ha nacido una obra de referencia de la gramática del español.

Ángel López García-Molins
Universitat de València

Introducción

La propuesta de Silva-Corvalán (1994: 40) sobre la prioridad de un estudio sociolingüístico coordinado del español hablado en las principales áreas urbanas de España y América que ampliara los trabajos de la denominada 'norma culta' (Lope Blanch 1968), germinó en el diseño y puesta en marcha del *Proyecto para el Estudio Sociolingüístico del Español de España y América* (PRESEEA, <http://www.preseea.linguas.net>). Uno de los propósitos nucleares de este proyecto panhispánico ha sido obtener un macrocorpus sincrónico de español oral estratificado sociolingüísticamente en diferentes comunidades de habla monolingües y bilingües para realizar estudios descriptivos, explicativos y predictivos de los procesos lingüísticos más relevantes que configuran el dinamismo interno de nuestra lengua.

Un equipo de investigadores de la Universitat de València participa en este macroproyecto desde 1996, a través del *Proyecto para el Estudio Sociolingüístico del Español de Valencia* (PRESEVAL, <http://www.uv.es/preseval>). Y tomando como referencia el corpus obtenido en esta comunidad de habla bilingüe castellano-catalán, nuestra aportación consiste en identificar las características del español hablado en Valencia mediante el análisis de una serie de fenómenos lingüísticos correspondientes a los niveles fónico (/d/ intervocálica, yeísmo), morfosintáctico (haber impersonal, construcciones perifrásticas modales, queísmo/dequeísmo, presencia/ausencia del sujeto pronominal, expresión de la futuridad, laísmo/leísmo/loísmo), léxico (estratificación léxica, unidades fraseológicas) y pragmático (formas de tratamiento, atenuación, uso de marcadores discursivos); además, se estudian otros fenómenos propios del contacto lingüístico: transferencias, cambios de código, elección de lengua y actitudes hacia las diferentes variedades lingüísticas utilizadas en la interacción cotidiana.

La variable objeto de estudio que presentamos en esta obra responde al interés que despierta el análisis del paradigma verbal para expresar lo futuro en el español hablado, fenómeno que se caracteriza tanto por una variabilidad gramatical diacrónica y sincrónica como por la existencia de diferentes formas de marcación en las que confluyen, de manera natural, valores temporales, modales e incluso aspectuales en determinados casos. La investigación realizada destaca por su triple aportación: ofrece un análisis variacionista de las principales marcas de futuro en esta comunidad de habla bilingüe, facilita la comparabilidad con otros trabajos empíricos sobre la expresión de futuridad (entre ellos, Gómez Manzano 1981, 1988a, Cartagena 1981, 1992, 1996, Sedano 1994, 1995, Hernández Alonso 1999, Samper, Hernández y Troya 2001, Orozco 2005, 2007a, 2007b, Aaron 2003, 2006b, Lastra y Martín Butragueño 2008, y Escandell 2010) y presenta un nuevo modelo de análisis cuantitativo. Nuestro análisis identifica los factores lingüísticos, estilísticos y sociales que condicionan y favorecen de un modo más significativo cada una de las tres principales variantes expresivas: el futuro morfológico ('Dentro de unos días *cumpliré* treinta años'), el futuro perifrástico ('Dentro de unos días *voy a cumplir* treinta años') y el presente pro futuro ('Dentro de unos días *cumplo* treinta años') en el español de Valencia, al tiempo que nos ilustra sobre si este fenómeno puede considerarse un hecho de variación estable o de cambio lingüístico en marcha.

Un estudio de estas características se enmarca en el ámbito de la sociolingüística variacionista, cuyo objetivo es analizar la diversidad interna de la lengua dentro del contexto social en que se produce; esto es, la lengua, como instrumento y producto social, debe ser analizada tomando en consideración tanto la estructura del propio sistema lingüístico como la influencia que ejercen sobre ella factores de índole estilística y social. La incidencia de dichos factores favorece la heterogeneidad de la lengua pero, como señalan varios autores (Sankoff 1988, Bybee y Hopper 2001), queda demostrado que el sistema lingüístico no es caótico e impredecible. Es evidente que el análisis de las conductas lingüísticas de los hablantes requiere una metodología específica que el variacionismo ha ido perfeccionando con el tiempo y que corrobora que muchas manifestaciones verbales siguen esquemas de variación cuantificables y sistemáticos. Por ello, uno de los propósitos más ambiciosos del análisis cuantitativo variacionista consiste en la formalización de modelos estadísticos inferenciales capaces de anticipar, con unos márgenes de error bien definidos, el devenir de las conductas lingüísticas de los hablantes.

En nuestro caso no ha resultado sencillo aplicar dichos procedimientos cuantitativos, dada la complejidad de la variable lingüística objeto de estudio. La combinación de valores temporales, modales e incluso aspectuales da lugar a una variada y nutrida casuística de situaciones en las que no siempre resulta fácil determinar el valor predominante de la marca expresiva de futuro. Así, encontramos usos del futuro morfológico con predominio del significado epistémico (1) en el que se combinan valores modales de conjetura con un contenido temporal de presente, empleo de la perífrasis <ir a + infinitivo> (2) con predominio del valor aspectual prospectivo, también ciertas construcciones fosilizadas (3) que incorporan en su estructura la forma de futuro sintético o analítico, además de los usos propios de estas formas en los que predomina el valor temporal de futuro (4), tal y como puede apreciarse en los siguientes ejemplos:

(1) mi padre es que tenía una gramola / cosa rara entonces // no sé si en castellano *será* correcto eso pero / decíamos una gramola // yy y teníamos cientos dee de discos

Entrevista 16, 32HB[1] *(8:59)*

(2) la caliento mucho / y le echo sal / ¿no? / no le pongo aceite // pongo las verduritas a la plancha y luego cuando lo *voy a comer* / es cuando le echo el aceite de oliva / y así me gusta mucho

Entrevista 33, 32MB (13:09)

(3) voy a ser sincera // yo vivo hoy / para mí mañana es un día muy lejano // yo digo hoy es hoy y mañana Dios *dirá* / o sea que tampoco me complico yo mucho la vida ¿eh? // yo ahora mismo estoy trabajando como tú me has dicho

Entrevista 59, 12MC (22:54)

(4) bueno era el día de Nochevieja // yo quería llamar a España / para felicitar a la familia / había siete horas de diferencia horaria entonces dije *llamaré* a las cinco de la tarde que allí son las doce // total quee / digo / a me mitad de mañana o así

Entrevista 01, 32MB (16:40)

Nuestro análisis se centra de forma esencial en este último grupo de usos. La mayoría de los estudios realizados sobre este fenómeno lingüístico en los últimos años coincide en señalar la rápida generalización del empleo del futuro perifrástico como marca de expresión de la futuridad, especialmente en el español de América, y el debilitamiento del empleo del futuro morfológico, habiéndose constatado, incluso, su desaparición como marca

1 La identificación del código que acompaña a la indicación de entrevista corresponde a la establecida por PRESEVAL:
- primer carácter: grado de instrucción (3 corresponde a estudios superiores, 2 a estudios secundarios y 1 a estudios primarios);
- segundo carácter: edad (1, entre 20 y 34 años; 2, entre 35 y 55 años; 3, más de 55 años);
- tercer carácter: sexo (H, hombre; M, mujer);
- cuarto carácter: lengua habitual (C, castellanohablante; B, bilingüe).

de futuro en el español hablado de ciertas áreas geográficas. Por otro lado, nuestra investigación aportará nuevos datos respecto al empleo del presente prospectivo, variante expresiva de futuro que ha sido incorporada en muy pocas ocasiones en los trabajos realizados hasta el momento sobre esta variable sociolingüística.

En cuanto a la metodología aplicada en la investigación seguimos tanto las normas establecidas por la sociolingüística variacionista como las convenciones acordadas en el proyecto PRESEEA, relativas a la técnica de obtención de datos, al tamaño de la muestra y al diseño de los factores lingüísticos y extralingüísticos potencialmente condicionantes. El corpus de referencia para nuestro análisis consta de setenta y dos entrevistas semidirigidas mantenidas con hablantes monolingües y bilingües del área metropolitana de Valencia pertenecientes a los niveles socioculturales alto, medio y bajo; estas muestras de habla constituyen el banco de datos que posibilita los diferentes análisis de PRESEVAL (Gómez Molina, coord. 2001, 2005, 2007). Asimismo, conviene señalar que la selección de los factores lingüísticos y extralingüísticos que pueden condicionar la preferencia de los hablantes por alguna de las marcas de futuro se ha basado tanto en los criterios adoptados por distintos investigadores (entre ellos, Sedano 1994, 2005, Samper, Hernández y Troya 2001, Orozco 2005, Aaron 2006b, Blas Arroyo 2008, Lastra y Butragueño 2008) como en exploraciones propias.

Una de las herramientas informáticas diseñadas específicamente por el variacionismo para identificar qué grupos de factores, tanto internos como externos, influyen de manera más significativa y determinante sobre la preferencia de los hablantes por determinadas variantes ante en un fenómeno lingüístico determinado, es el programa *Goldvarb*[2]. En esencia, este programa calcula un modelo estadístico conocido como análisis de regresión logística binomial que obtiene, *grosso modo*, una fórmula de regresión a partir de la cual es posible calcular (con unos márgenes de error definidos) la probabilidad de que un hablante emplee alguna de las opciones lingüísticas alternativas en un contexto dado. Durante muchos años, esta ha representado la única opción disponible de análisis estadístico de la regla variable; sin embargo, tanto las desviaciones naturales de este tipo de cálculo aplicado a la investigación sociolingüística como la necesidad

2 Programa informático que pertenece a una larga tradición de herramientas desarrolladas para la implementación del análisis de regresión logística aplicado a la regla variable.

de analizar variables que no cumplen las condiciones que el programa exige o de modificar parámetros del análisis de regresión logística que el programa estipula en unos valores prefijados han propiciado que algunos investigadores, críticos con las limitaciones impuestas por dicho programa, hayan empleado plataformas informáticas alternativas que obtienen resultados similares de manera más eficiente.

Ese es nuestro caso, condicionado por la existencia de tres opciones gramaticales: futuro morfológico, futuro perifrástico y presente pro futuro. El modelo de análisis que implementa *Goldvarb* limita a dos el número de alternativas variantes del fenómeno estudiado, lo cual nos obligaba a tomar uno de estos caminos: analizar las variantes de futuro dos a dos (combinando cada fórmula de futuro con las otras dos en análisis sucesivos) y elaborar posteriormente un modelo interpretativo global que conjugara los resultados obtenidos en esos análisis parciales, o aplicar un modelo estadístico de regresión logística más apropiado a este fenómeno con tres variantes, como el análisis de regresión logística multinomial. Finalmente hemos optado por una doble solución: primero, para preservar la comparabilidad de nuestros resultados con los obtenidos en estudios anteriores, hemos aplicado a nuestros datos el programa *Goldvarb* y obtenido tres modelos de regresión logística binomial diferentes combinando las variantes dos a dos; en segundo lugar, hemos replicado estos mismos análisis empleando otros instrumentos informáticos alternativos que, adicionalmente, ofrecen la posibilidad de obtener análisis de regresión logística multinomial, cálculo que también hemos realizado empleando uno de esos programas alternativos. Nuestro trabajo corrobora que dichos programas estadísticos alternativos son capaces de proporcionar de manera más eficiente el mismo tipo de resultados que ofrece el programa tradicionalmente empleado, que realizan una mayor diversidad de análisis y que son más potentes y adecuadas para estudios variacionistas como el que nos ocupa; herramientas en definitiva cuyo empleo, en nuestra opinión, puede beneficiar a la sociolingüística hispánica.

Una vez presentado el marco general de la investigación y asumiendo que la variación no es solo mero reflejo de la estructura social sino también un recurso para poner en práctica determinadas acciones, cualidades o estrategias que conforman un entramado de significados microsociológicos (Eckert 2009), exponemos a continuación los objetivos formulados y las hipótesis planteadas para el estudio de la variable objeto de estudio. Estos son los objetivos:

- Realizar un estudio cuantitativo (descriptivo, explicativo e inferencial) de tres formas verbales que expresan futuro en el español oral de Valencia: futuro morfológico, futuro perifrástico y presente pro futuro. Para ello se establecerán dos condiciones que deben cumplir dichas variantes: manifestar un contenido temporal de futuro y posibilidad de neutralización en el discurso; asimismo, se evaluará el grado de asociación entre cada una de las formas expresivas de futuro y cada uno de los factores lingüísticos y extralingüísticos establecidos, y se identificarán los factores internos y externos que estimulan cada una de las alternativas de uso mediante la elaboración de modelos multivariables de regresión logística binomial y multinomial. Este análisis nos permitirá obtener un marco interpretativo conjunto que mostrará si se trata de un fenómeno de variación estable o de un cambio en marcha.
- Comparar los resultados obtenidos en nuestro estudio con los proporcionados por otras investigaciones similares realizadas en comunidades hispanohablantes monolingües y bilingües de España y América a fin de caracterizar el dinamismo de este fenómeno lingüístico. Además, dada la peculiaridad de nuestra comunidad de habla bilingüe, aportaremos nuevas estimaciones al debate existente en torno a la capacidad de retención o promoción del cambio lingüístico ejercida por determinados factores en estas comunidades.
- Confirmar la utilidad y adecuación de programas estadísticos alternativos al programa convencional *Goldvarb* en el análisis cuantitativo de los datos.

Y respecto de las hipótesis, los resultados obtenidos en investigaciones previas de otros autores sobre la expresión de futuridad así como las conclusiones propias de trabajos piloto nos han permitido establecer tres:

a) Al igual que en otras sintopías, el futuro perifrástico constituirá la alternativa prominente en la comunidad de habla bilingüe de Valencia. Este avance en la preferencia de uso se consolida en contextos temporales reservados hasta ahora al futuro morfológico.

b) Frente a lo que sucede en el español de América, la variante futuro morfológico mostrará una notable vitalidad en nuestra comunidad de habla tanto en contextos de lejanía respecto del momento del habla como en aquellos caracterizados por una cierta indefinición temporal. Asimismo, el contacto lingüístico catalán-castellano en esta comunidad de habla bilingüe favorece el mantenimiento del futuro morfológico y frena la expansión del futuro perifrástico porque el sistema lingüístico catalán no contempla las mismas variantes de expresión de futuro que el castellano.

c) En la competencia futuro morfológico ↔ futuro perifrástico, el presente prospectivo puede estar actuando en determinados ámbitos expresivos temporales como agente favorecedor de la difusión del futuro perifrástico a un número creciente de contextos.

El propósito del presente libro es mostrar al lector una síntesis del trabajo realizado. De ahí que hayamos organizado el contenido de sus páginas atendiendo a un doble fin: informar sobre la variabilidad en la expresión verbal de lo futuro en nuestra comunidad de habla bilingüe castellano-catalán y comparar los resultados obtenidos con los proporcionados por trabajos similares realizados en comunidades hispanohablantes monolingües y bilingües de España y América; ello nos permitirá conocer la evolución de este fenómeno lingüístico en el mundo hispánico. Tras esta introducción, desarrollamos el marco epistemológico que delimita el objeto de estudio desglosado en varios epígrafes: la sociolingüística variacionista con especial atención a la variación morfosintáctica, el *status quaestionis* de la expresión de futuridad en español y los modelos estadísticos cuantitativos del variacionismo. Seguidamente se expone la metodología aplicada en la investigación atendiendo a tres cuestiones: la obtención del corpus, el diseño de las variables dependiente e independientes, y el tratamiento estadístico de los datos mediante diferentes programas informáticos; todo ello asumiendo que el planteamiento metodológico es fundamental para validar y extrapolar los resultados. Continúa la obra con los resultados de los análisis univariante, bivariante y multivariante sobre cada una de las formas de expresión de la futuridad, obtenidos con diferentes técnicas estadísticas, al tiempo que se ofrece una valoración cuantitativa y cualitativa comparada de nuestros resultados con los procedentes de otras investigaciones sobre el mismo objeto de estudio. Por último, exponemos las conclusiones finales del trabajo, elaboradas a partir de los resultados particulares de los análisis explicativos e inferenciales realizados; en ellas se confirma el logro, total o parcial, de los objetivos formulados y se corrobora el grado de cumplimiento de las hipótesis planteadas.

En definitiva, el interés científico y divulgativo de este libro queda justificado por el tratamiento exhaustivo de uno de los fenómenos más complejos del español como es la expresión verbal de lo futuro, por la aportación de nuevas herramientas y modelos estadísticos para el análisis sociolingüístico de este objeto de estudio y por el estudio comparado de esta variable lingüística en diferentes comunidades de habla hispana. Esta interpretación de la variación en términos locales y globales permite conocer de forma matizada tanto la agentividad de los hablantes mediante sus opciones lingüísticas como el dinamismo interno de la lengua española.

Marco epistemológico

El hecho de que toda lengua sea a la vez instrumento y producto de la interacción comunicativa en una sociedad determinada implica variabilidad en sus niveles lingüísticos, aspecto que puede ser estudiado diacrónica y sincrónicamente. De acuerdo con la opinión de Coseriu (1957: 10) «el cambio es intrínseco al modo de existir de la lengua» y (1957: 30) «la lengua cambia para seguir funcionando» consideramos que el estudio de cualquier hecho lingüístico comporta necesariamente el análisis de todos los factores que contribuyen a la variación y al cambio lingüísticos. Es evidente que el dinamismo de la lengua, condicionado tanto por factores internos del propio sistema como externos —sociales y estilísticos—, requiere un análisis complejo que, en nuestro caso, toma como referente el marco establecido por Weinreich, Labov y Herzog (1968: 99-100) y por Labov (1972: 204), quienes demostraron la existencia de una heterogeneidad ordenada y dinámica de la lengua, y argumentaron que la variación debe constituir uno de los principales objetos de estudio de la Lingüística moderna.

Asumir la relación existente entre la estratificación social y el uso lingüístico supone dirigir la investigación sobre la variabilidad de ciertos fenómenos al análisis empírico de datos obtenidos directamente en el habla, lo cual constituye, precisamente, el objetivo fundamental de la Sociolingüística. Así lo señalan algunos autores, como Silva-Corvalán (1989: 2): «la Sociolingüística se interesa por la lengua en el plano de la actuación para estudiar el hecho lingüístico en toda su dimensión social» y Moreno Fernández (1990a: 15): «hablar de Sociolingüística es hablar, principalmente, de Lingüística, de modo que el estudio de la lengua queda enmarcado en el conjunto de las relaciones que establece con las circunstancias sociales concretas con las que interactúa». En definitiva, el objeto de estudio de la Sociolingüística lo constituyen los hechos lingüísticos producidos en un marco de coordenadas sociales específicas y uno de sus objetivos es ofrecer análisis cuantitativos e inferenciales de fenómenos de variación y de cambio lingüístico, cuyos resultados muestran la sincronía dinámica de la lengua.

1. Sociolingüística variacionista

Mientras el generativismo considera la lengua como un sistema de relaciones profundas estables y universales que únicamente en su manifestación más externa da lugar a una cierta variación de tipo residual, el modelo variacionista asume que la gramática es variable desde su núcleo (cfr. Bybee y Hopper 2001). Es evidente que la variación no representa solo un rasgo ocasional de la realidad lingüística sino que es inherente a la lengua, forma parte de su estructura y constituye una pieza esencial en su aprendizaje, adquisición y uso; buena prueba de ello es la evolución y transformación que experimenta desde un punto de vista diacrónico.

Además, esta variabilidad no es caótica sino sistemática, tal como corroboran diferentes análisis cuantitativos de usos lingüísticos contextualizados. Entre la noción de 'variación libre', que postula la total aleatoriedad de las ocurrencias en el uso de una u otra variante expresiva, y la de 'variación opcional', que responsabiliza en última instancia a la intención consciente del hablante, la sociolingüística variacionista contempla la existencia de diversas restricciones probabilísticas en las opciones y elecciones de los hablantes ante la expresión de un determinado contenido lingüístico (Weinreich, Labov y Herzog 1968: 99-100). En la actualidad, el interés del variacionismo se centra fundamentalmente en dos ámbitos estrechamente relacionados: el estudio de la lengua en su contexto social y el análisis de los patrones sistemáticos de uso presentes en los procesos dinámicos de variación y cambio lingüístico. El primero ha dado lugar a un enorme desarrollo del estudio del habla en grandes núcleos urbanos, especialmente de lengua inglesa pero también del español; cabe citar entre ellos, los trabajos de Cedergren (1973a) sobre la variabilidad existente en el habla panameña, de Silva-Corvalán (1977) sobre el orden de las palabras en el español hablado de Los Ángeles y el de López Morales (1983) sobre estratificación social en el español de San Juan de Puerto Rico. El segundo ámbito se ha especializado fundamentalmente en el estudio de los cambios en marcha; la premisa de esta línea de trabajo señala que los patrones lingüísticos de elección de alternativas presentes en el uso están condicionados tanto por factores internos como externos al propio lenguaje. Ante un fenómeno lingüístico determinado, el variacionismo define la noción de 'variable lingüística' como la posibilidad de optar por varias formas diferentes de expresar un mismo contenido «[different] ways of saying the same thing» (Labov 1972: 323), de modo que las alternativas de uso o variantes adquieren fundamentalmente un significado social (Fasold 1990: 223-224). Es decir, un determinado elemento lingüístico se considerará variable sociolingüística cuando sus variantes estén condicionadas de manera significativa no solo por determinados factores internos (persona gramatical, tiempo verbal, tipo semántico de verbo, entorno vocálico, modalidad oracional, etc.), sino también por factores extralingüísticos, sean sociales (sexo, edad, nivel de estudios, lengua habitual...) y/o estilísticos (registro, secuencia textual, género discursivo).

La metodología adoptada por el variacionismo, heredera de los primeros estudios labovianos, pretende analizar variables lingüísticas concretas especificando sus características y desentrañar sus restricciones de uso mediante el establecimiento de correlaciones con factores contextuales. El objetivo no es otro que configurar, a partir de los valores adoptados por un determinado hecho de lengua, una regla producto de la teoría probabilística que muestre y explique la incidencia de diversos factores lingüísticos y extralingüísticos sobre las variaciones en el uso de diferentes alternativas adoptadas por los hablantes. Estos análisis cuantitativos permiten describir y explicar el estado actual de una determinada variable lingüística y predicen, con unos márgenes controlados de error, el devenir de dicho fenómeno: variación estable o potencial proceso de cambio.

1.1 Variabilidad lingüística

Si bien es cierto que la variabilidad lingüística se encuentra íntimamente relacionada con los procesos diacrónicos de cambio, imperceptibles sincrónicamente, no toda variación genera cambio lingüístico, como apunta Gimeno (1990a: 283):

> Variabilidad y cambio están íntimamente unidos, hasta el punto de ser las dos caras (sincrónica y diacrónica) del mismo hecho de la lengua. Ahora bien, no toda variabilidad y heterogeneidad en la estructura lingüística envuelven cambio lingüístico. Es más, no toda variación sincrónica implica un cambio 'en curso' [...] Sin embargo, todo cambio lingüístico implica variabilidad y heterogeneidad sincrónica en la comunidad de habla.

Durante mucho tiempo, y de manera especial en la primera mitad del siglo XX como consecuencia de la rigidez impuesta por la oposición sincronía/diacronía saussuriana, el estructuralismo consideró, desde su enfoque diacrónico, que las fuerzas del cambio tienen su origen en el interior del propio sistema lingüístico y proceden, unas veces, de su propia estructura y otras, de interacciones entre las funciones que los elementos desempeñan en él. La Sociolingüística, sin embargo, entiende que el cambio lingüístico está promovido por la estructura social de la comunidad lingüística en la que se produce, pues en ella se origina de manera natural y es resultado de una motivación fundamentalmente social. No obstante, algunos autores señalan que ambos planteamientos —homogeneidad/heterogeneidad— no se oponen completamente, dado que (Silva-Corvalán 2001: 242) «ni la sociolingüística rechaza de plano las ventajas prácticas que puede tener la asunción de homogeneidad, ni la lingüística —estructural, histórica o dialectológica— niega la existencia de variación». En este sentido, la perspectiva sociolingüística representa una ampliación del enfoque analítico dado a la investigación de los fenómenos de variación y cambio en la lengua con el fin de incorporar factores lingüísticos, estilísticos y sociales.

Por otra parte, el objetivo de reconstruir la deriva de los sucesivos procesos de cambio a los que se ha visto sometido un fenómeno lingüístico exige que el investigador asuma que las fuerzas promotoras presentes en los patrones de variación son de distinta índole a lo largo del tiempo. En los inicios de la investigación sociolingüística se contaba con una información incompleta sobre la situación social en la que se producían los cambios lingüísticos y ello requería investigar basándose en el 'principio de la uniformidad', el cual postulaba que las fuerzas que actúan para producir el cambio lingüístico en ese momento eran de la misma categoría y orden de intensidad que los existentes en el pasado, y aunque Labov (1972: 275) reconocía la existencia de factores nuevos que no estaban presentes en periodos históricos anteriores, consideró inapreciable su efecto: «If there are relatively constant, day-to-day effects of social interaction upon grammar and phonology, the uniformitarian principle asserts that these influences continue to operate today the same way that they have in the past». Tiempo después, el mismo autor (1994: 26), al valorar los mecanismos internos del cambio, reconoce las limitaciones del principio de la uniformidad motivadas por la aparición de nuevos métodos y técnicas en el tratamiento de los datos, así como por la necesidad de estudiar el cambio analizando la variación a través de los estratos generacionales (tiempo aparente) y en épocas diferentes (tiempo real), y concluye:

> To extract evidence for change in process, we must separate the variation due to change from the variation due to social factors like sex, social class, social networks and

> ethnicity, and from the variation due to internal factors like sentence stress, segmental environment, word order, and phrase structure.

Por último, al referirse a la motivación social del cambio lingüístico, Labov (2001: 516) señala dos principios fundamentales: el 'principio de la inconformidad' («ongoing linguistic changes are emblematic of nonconformity to established social norms of appropriate behavior, and are generated in the social milieu that most consistently defies those norms») y el 'principio de la inconformidad constructiva' («linguistic changes are generalized to the wider community by those who display the symbols of nonconformity in larger pattern of upward mobility») que subrayan la importancia del inconformismo social como un claro factor inductor del cambio[1].

Así pues, junto a la regularidad de los factores internos que influyen sobre el cambio lingüístico, hemos de observar la distribución del fenómeno objeto de estudio en 'tiempo aparente' y en 'tiempo real' para detectar un cambio en marcha. El tiempo aparente permite obtener estimaciones de las tendencias y fuerzas de los procesos de cambio que afectan a una comunidad a lo largo del tiempo mediante el estudio sincrónico comparado de muestras de habla de sus miembros organizados en diferentes grupos etarios o estratos generacionales. Cronológicamente, el tiempo que separa las generaciones que conviven en un determinado momento representa el tiempo transcurrido efectivamente entre ellas y permite formular hipótesis en el análisis diacrónico sobre el desarrollo que han podido seguir los procesos de cambio. La investigación variacionista asume que el habla actual de los grupos generacionales de mayor edad representa el habla de los jóvenes de años atrás, lo cual permite replicar las condiciones de comparabilidad entre dos hablas de grupos generacionales de jóvenes de la misma edad situados en dos momentos alejados en el tiempo y obtener, de ese modo, una aproximación analítica diacrónica. Frente a este tiempo aparente, el estudio en tiempo real consiste en la comparación de muestras de habla de un mismo grupo de individuos tomadas en diferentes momentos de tiempo, cada cierto número de años.

La combinación de las observaciones en tiempo aparente y tiempo real deben contemplar la posibilidad de que las diferencias apreciadas en

1 El principio de la inconformidad actúa como principio explicativo de los factores que estimulan el incremento, transmisión y continuación de un cambio lingüístico. Por su parte, el principio de la inconformidad constructiva vincula el principio de la inconformidad con el principio de la curvilinealidad.

el contraste entre individuos pertenecientes a diferentes generaciones correspondan efectivamente a variaciones intergeneracionales estables, es decir, atribuibles a modificaciones de conducta lingüística debidas a la edad. Considerando el tiempo aparente es posible obtener algunas estimaciones de patrones de cambio según la edad de los hablantes (Labov 1994: 83); así, si las frecuencias de uso de un determinado elemento lingüístico en las diferentes generaciones presenta un patrón horizontal puede asumirse que no se está produciendo cambio lingüístico alguno o que la comunidad en su conjunto está cambiando en la misma medida (cambio comunitario). Pero tampoco un patrón inclinado o curvilíneo que refleje frecuencias de uso crecientes o decrecientes con la edad puede interpretarse siempre como un cambio en marcha.

En relación con las etapas de cambio lingüístico, Labov (1981b) describe tres perfiles diferentes de distribución de los factores sociales: el modelo de variable sociolingüística estable, el perfil de etapa inicial e intermedia y, por último, la configuración de etapa final. En situaciones de variación estable, el factor 'clase social' muestra correlaciones regulares, de modo que a diferentes clases sociales corresponden diferentes frecuencias de uso asociadas al fenómeno en cuestión; además, las variantes prestigiosas obtienen mayores índices de uso en la clase social alta, entre las mujeres (que optan también en esta situación por las variantes estándares) y en contextos comunicativos de mayor formalidad; finalmente, en estas situaciones es posible constatar autocorrección entre los miembros de los diferentes grupos sociales. En cambio, en etapas iniciales e intermedias de cambio, las frecuencias de uso asociadas a la innovación covarían con la clase social, la edad, el sexo, pero no con el grado de formalidad, mientras que los patrones de distribución de frecuencias son curvilíneos y señalan que los grupos de nivel socioeconómico medio y los grupos generacionales más jóvenes encabezan el proceso de cambio lingüístico. En las etapas finales, los patrones de distribución adoptan una forma conocida como 'curva S' que muestra una diferencia de frecuencias entre los grupos más avanzados, que progresan en el cambio de manera más lenta, y el resto, que avanza más rápidamente; asimismo, la hipercorrección por parte de hablantes de grupos sociales intermedios que sobrepasan las frecuencias de uso de los hablantes pertenecientes a grupos sociales altos se considera un indicativo de etapa final de cambio.

Concluimos este epígrafe señalando que la observación de los patrones sincrónicos sociolingüísticos es una de las principales fuentes de información acerca de los posibles procesos de cambio en marcha. En esta línea, las investigaciones en tiempo aparente de varios autores (Labov 1994, Moreno Fernández 1998, Silva-Corvalán 2001) señalan como indicadores de un cambio lingüístico en curso los siguientes:

- los grupos generacionales intermedios suelen emplear la variante innovadora;
- los grupos de nivel socioecultural medio también emplean esta variante innovadora;
- la homogeneidad de las frecuencias de uso de la variante innovadora en los grados de formalidad (registros);
- altos porcentajes de empleo de la variante innovadora por parte de las mujeres;
- la hipercorrección generada por una determinada variante en el estilo formal de los grupos intermedios; y
- la detección de reacciones subjetivas positivas hacia la variante innovadora por parte de los grupos que la están adoptando.

1.2 La variable lingüística

Cualquier fenómeno lingüístico que presente diferentes alternativas expresivas motivadas por el contexto comunicativo es objeto de estudio de la sociolingüística variacionista. Como apunta Moreno Fernández (1998: 21) «una variable lingüística es un conjunto de expresiones de un mismo elemento y cada una de las manifestaciones o expresiones de una variable recibe el nombre de variantes lingüísticas». Dado que la variación está presente en todos los niveles de la lengua, desde el fónico hasta el pragmático-discursivo, su interés como objeto de estudio viene determinado porque las variables forman parte de la estructura gramatical de la lengua y porque la distribución de sus variantes se encuentra estratificada. La concreción de una variable lingüística exige, además, el cumplimiento de una serie de requisitos previos: el establecimiento de un conjunto limitado y cerrado de datos a los que sea posible aplicar los axiomas de la teoría probabilística, la delimitación de neutralizaciones (entornos en los que no es posible constatar diferencias efectivas entre las diversas variantes de la variable lingüística) y exclusiones (opciones individuales cuyo comportamiento difiere de unos miembros a otros), así como la identificación de aquellas variables independientes que han de ser consideradas en el estudio del fenómeno lingüístico.

Frente a las nociones generativistas de hablante-oyente ideal y de comunidad homogénea, la sociolingüística variacionista propone el análisis de usuarios reales y usos representativos, a partir de los cuales puedan describirse los patrones sistemáticos que actúan en la variación de la lengua obtenidos mediante la 'regla variable'[2]. Frente al concepto de 'regla opcional' de los generativistas norteamericanos, la regla variable aspira a explicar en qué medida y bajo qué condiciones se produce un determinado fenómeno lingüístico que muestra variación. La regla variable cuantifica la influencia que factores internos (funcionales y cotexto) y externos (sociales y estilísticos) ejercen sobre la expresión variable de un determinado fenómeno lingüístico. En palabras de Sankoff (1988: 984):

> Whenever a choice among two (or more) discrete alternatives can be perceived as having been made in the course of linguistic performance, and where this choice may have been influenced by factors such as features in the phonological environment, the syntactic context, discursive function of the utterance, topic, style, interactional situation or personal or sociodemographic characteristics of the speaker or other participants, then it is appropriate to invoke the statistical notions and methods known to students of linguistic variation as variable rules.

Por ello, tras el establecimiento de una variable lingüística específica y apta para la aplicación de los axiomas probabilísticos y la selección de las variables independientes o factores estimados —tanto lingüísticos como extralingüísticos— que podrían condicionar la variación, la metodología variacionista se centra en la aplicación de instrumentos estadísticos descriptivos (análisis de frecuencias y estudio de correlaciones) e inferenciales y predictivos (tradicionalmente análisis de regresión) para su cuantificación.

Los requisitos que debe reunir un determinado fenómeno para ser considerado una variable lingüística, unidos a la exigencia de una alta frecuencia de aparición en el habla de una comunidad, condicionaron en un primer momento el predominio de hechos fónicos en la investigación variacionista, dado que a nivel fonético resulta factible determinar con precisión las diferentes opciones con que cuentan los hablantes para expresar un mismo contenido y definir objetivamente las características del cotexto y contexto que conforman las variantes alternativas. Pero es obvio que tales requerimientos reducen las posibilidades de configuración de una variable lingüística cuando

2 En esencia, el concepto de regla variable supone una ampliación del alcance generativista dado a la competencia lingüística con el fin de incluir la posibilidad de una variación sistemática no libre en la lengua.

se pretende aplicar el enfoque variacionista a los niveles morfológico, sintáctico o léxico de la lengua.

1.3 La variación en el nivel morfosintáctico

Como ya se ha indicado, la posibilidad de extender el análisis de la variable sociolingüística desde el nivel fónico al resto de niveles lingüísticos constituyó un problema complejo y un motivo recurrente de controversia durante mucho tiempo. Específicamente, la exigencia de la equivalencia funcional entre las variantes expresivas —que tan buenos resultados había ofrecido a nivel fonético-fonológico— no parecía aplicable a otros niveles descriptivos de la lengua; así, autores como Lavandera (1978), Hudson (1981), Romaine (1981a) y García (1985a), entre otros, cuestionaron la posibilidad de definir variables sociolingüísticas en niveles más allá del fonológico si se tomaba como punto de partida la concepción de la variación como dos maneras diferentes de decir lo mismo, expuesta por Labov (1972: 273).

Es evidente que la variación se encuentra presente en todos los niveles de la lengua, si bien no en todos ellos se manifiesta del mismo modo ni se comporta de la misma manera. Así, por ejemplo, en el nivel sintáctico se constata menor variación y suelen competir menos variantes que en el nivel fonológico, la frecuencia de sus ocurrencias es relativamente más baja, además de que los contextos son más complejos y resulta más difícil identificar los factores contextuales que restringen el empleo de las variantes (Silva-Corvalán 2001: 129-130). La principal dificultad para la definición de la variable lingüística en los demás niveles lingüísticos radicaba en las posibles diferencias de significado asociadas a las variantes. Mientras que dos o más opciones fonológicas pueden constituir efectivamente maneras diferentes de decir lo mismo (pues no alteran el significado involucrado, como ocurre, por ejemplo, con las diferentes realizaciones de la /-s/ final), no parecía viable que esta equivalencia pudiera extenderse sin más al resto de niveles, en los que la sustitución de unas variantes por otras parecía llevar aparejada inevitablemente una modificación del contenido semántico asociado.

Esta controversia sobre la variación de significado asociada a las diferentes variantes de un fenómeno lingüístico ha dado lugar a una serie de propuestas de reformulación de la variable morfosintáctica. Así, Lavandera (1984: 42-45) plantea considerar la posibilidad de obviar el requisito de equivalencia semántica y debilitar la condición de que el significado deba ser el mismo para todas las variantes, sustituyéndola por una condición de comparabilidad funcional; García (1985a), por su parte, rechaza la posibilidad de que se pueda concebir variación a nivel sintáctico ya que, para ella, las hipotéticas alternativas que representan dos maneras sintácticas diferentes de decir lo mismo constituyen realmente diferentes maneras de decir diferentes cosas. Y Sankoff (1988: 153) postula la noción de 'distribución complementaria débil' en la comunidad de habla con el fin de encontrar una postura intermedia entre quienes proponen considerar la existencia de variación estricta (posibilidad de sinonimia absoluta) y quienes defienden la imposibilidad de toda equivalencia semántica; también opina que las hipotéticas distinciones conceptuales en el valor referencial, en el contenido semántico o incluso en la función gramatical desempeñada por dos variantes diferentes, pueden quedar neutralizadas en el discurso. Finalmente, López Morales (1989a: 101) insiste en el hecho de que «las neutralizaciones se dan a conocer con el concurso de instrumentos extrasintácticos, fundamentalmente referenciales y pragmáticos».

Este concepto de neutralización en el discurso constituye un mecanismo esencial para el estudio de la variación y cambio lingüísticos, y sirve de base al análisis de la regla variable en el nivel morfosintáctico. Su aplicabilidad ha sido argumentada por varios autores, entre ellos: Milroy (1987b: 143-170), Jacobson (1989), Serrano Montesinos (1993), Söll (1983), Silva-Corvalán (1997) y Torres Cacoullos (2001). En opinión de Silva-Corvalán (2001: 135), una variable sintáctica o morfológica puede definirse como «dos o más realizaciones equivalentes de un elemento común que dicen lo mismo», y considera que la principal propiedad de una variable morfosintáctica es que, fuera de todo contexto discursivo, no altera la equivalencia referencial. Desde esta perspectiva, el análisis cuantitativo variacionista debe contemplar los valores semántico-discursivos o pragmáticos que ciertos factores contextuales manifiesten en relación con la variable lingüística.

Recientemente, se han planteado nuevas propuestas para la fundamentación teórica de la variable morfosintáctica desde un enfoque diacrónico. Asumiendo la imposibilidad de probar que las diferencias de significado se neutralizan en un contexto específico para hablante e interlocutor en un momento concreto, Aaron (2010: 3) señala que el elemento común que habilita el estudio de la variación en niveles situados más allá del fonológico no es una correspondencia exacta entre la forma y la función de las variantes, sino la existencia de una historia de variación compartida; esto es, «the constructions in variation have overlapping uses that are diachronically related», de modo que el estudio de la variación queda justificado por la existencia de una historia compartida de competición entre variantes por un determinado ámbito expresivo.

2. La expresión verbal de lo futuro

La noción de tiempo es tan ancestral como el propio ser humano. La mera observación de los ciclos naturales permite comprobar el transcurso de los acontecimientos, deriva en la percepción del paso del tiempo y, en consecuencia, en la necesidad de plasmarlo mediante determinadas expresiones lingüísticas. Pero el estudio del paradigma verbal empleado para expresar esa noción temporal ha encontrado numerosas dificultades en su camino, pues cada lengua ha ido construyendo su propio mecanismo de expresión lingüístico-temporal con elementos comunes a otras pero también con características específicas propias. Probablemente, el sistema de representación de la acción en el tiempo es uno de los aspectos más idiosincráticos de cada lengua; así, por ejemplo, el español cuenta con una única palabra, 'tiempo', para hacer referencia a lo que se expresa de diferentes formas en inglés (*time, tense, tenses*) y en alemán (*Zeit, Tempus, Tempora/Zeitformen*).

El tiempo se define habitualmente en relación a tres áreas o fases correspondientes a la percepción humana del tiempo natural: el pasado, el presente y el futuro. La representación de la temporalidad en Occidente tiene un carácter lineal y este hecho determina a menudo la noción lingüística del tiempo que han concebido algunas sociedades como la nuestra; así, por ejemplo, el *Diccionario* de la RAE define 'pasado' (2001: 1019) como «tiempo que pasó» o «cosas que sucedieron en él», 'presente' (2001: 1100) como «el tiempo en que actualmente está uno cuando refiere una cosa» y 'futuro' (2001: 1102) como «la acción que está por venir».

Algunos autores, como Benveniste (1981) y Weinreich (1974), han presentado propuestas que intentan reducir la confusión en la sistematización de la expresión lingüística de los tiempos verbales. Estos autores mantienen una posición que distingue claramente entre el tiempo natural y los tiempos del lenguaje. Así, Weinreich lleva a cabo una distinción paradigmática entre el tiempo físico, el tiempo cronológico y el tiempo lingüístico: el tiempo físico es un continuo infinito, uniforme y lineal, exterior al hombre; el tiempo cronológico es el correlato humano de ese tiempo, la noción subjetiva del paso del tiempo, y es en este tiempo donde se establecen las relaciones de anterioridad, simultaneidad y posterioridad entre los acontecimientos[3]; y el tiempo específico de la lengua, o tiempo lingüístico, está íntimamente relacionado con el cronológico pero no coincide con él. Este tiempo lingüístico también exige el establecimiento de un punto de referencia pero, a diferencia del cronológico, el punto cero lingüístico no es estático, sino móvil, y coincide por lo general con el momento del habla; en consecuencia, las nociones lingüísticas de anterioridad, posterioridad y simultaneidad se establecen, de manera directa o indirecta, respecto de dicho momento.

Tomando como referencia estas nociones, Rojo y Veiga (1999: 2872) elaboran una clasificación sensiblemente diferente y distinguen otros tipos de tiempo: el tiempo físico o sucesión irreversible de instantes en que el hombre se encuentra inmerso, el tiempo como categoría gramatical vinculada al tiempo físico y que se manifiesta de modos diferentes en distintas lenguas, y el tiempo verbal, definido como el conjunto de diferentes formas mediante las cuales una lengua expresa los distintos valores de dicha categoría gramatical. Para estos autores (1999: 2879) el tiempo verbal es una categoría deíctica en tanto que establece un sistema cerrado en una referencia interna, habitualmente identificada con el momento del habla. Esto significa que las formas verbales no se limitan a localizar la acción en un punto dado de la línea temporal sino que la orientan con respecto al origen, es decir, la ponen en relación al punto cero de referencia, anclado (generalmente) en el momento del habla. Cuando decimos 'lloverá' no solo indicamos la existencia de una acción en un determinado momento diferente del presente, sino que además situamos dicha acción en un momento posterior respecto del presente. La capacidad de la lengua a la hora de orientar las acciones, no ya simplemente respecto a un punto de referencia cero sino incluso respecto a un origen móvil, explica la enorme versatilidad que presentan la mayoría de los sistemas temporales a la hora de representar relaciones de tiempo que se orientan

3 Para este autor, el tiempo cronológico presenta tres características básicas: a) exige el establecimiento de un punto cero de referencia, b) expresa las situaciones con respecto a ese punto y c) pone en juego la medida de la distancia temporal de un evento respecto a ese punto.

con respecto a un origen dado (tiempos absolutos) y con respecto a una referencia secundaria (tiempos relativos).

Muchas lenguas, entre ellas el español, han desarrollado otras nociones temporales más específicas que captan otros aspectos del tiempo lingüístico más allá de esta orientación deíctica de la acción hacia un determinado punto de referencia. Este es el caso de la noción de 'aspecto', respecto de la que Rojo (1990: 33) señala:

> Temporalidad y aspecto son dos categorías lingüísticas distintas, pero estrechamente relacionadas entre sí, ya que ambas están vinculadas al fenómeno del tiempo. La diferencia radica en que la temporalidad es una categoría deíctica que, como hemos visto ya, orienta (localiza en sentido débil) una situación en el eje temporal con respecto al origen (de forma directa o indirecta). El aspecto, categoría no deíctica, se refiere al desarrollo interno de la situación sin relacionarla con nada exterior a ella misma [...] La oposición aspectual básica es, sin duda, la que se da entre aspecto perfectivo e imperfectivo.

Desde una perspectiva diacrónica del español se observan diversos intentos de sistematización de las diferentes formas de expresión del tiempo verbal en nuestra lengua. La primera propuesta procede de Andrés Bello, quien ofrece una descripción amplia y metódica en su *Análisis de los tiempos de la conjugación castellana* (compuesta con seguridad antes de 1810) y que más tarde pasaría con pocas modificaciones a su *Gramática* de 1847. Posteriormente, son varias las propuestas de descripción del sistema temporal; entre ellas destacan dos, que comentamos: la de Rojo (1974, 1990), que modifica parcialmente la de Bull (1960) deudora, a su vez, de la de Bello, y la de Acero (1990), heredera de Reichenbach (1948).

Rojo (1974) describe el sistema verbal español tomando como base las tres nociones temporales fundamentales de anterioridad, simultaneidad y posterioridad, relacionadas cada una de ellas de un modo diferente con el eje principal de referencia, llamado 'origen' (O). Y define el origen como (1974: 78) «el centro de las relaciones temporales establecidas en el sistema verbal y si bien es cierto que en la mayoría de las ocasiones se establece en el momento en que se realiza la comunicación, la coincidencia de origen y acto de habla no es forzosa». Años más tarde, este autor (1990: 29) completa su revisión de la descripción de Bull con su propia noción de origen y elabora un esquema de tipo vectorial-deíctico para reflejar las relaciones temporales en el sistema verbal español: cualquier dirección de observación recibe el nombre de 'vector' (representada con V) y, en función de su sentido, la dirección se representa como

+V cuando la relación temporal se proyecta hacia delante desde el punto de origen O (relación temporal de posterioridad), -V si se proyecta hacia un punto anterior al origen (relación temporal de anterioridad) o ○V para proyecciones nulas o de simultaneidad. De esa manera, O-V constituye la fórmula del tiempo anterior al origen (o anterioridad), O○V la del tiempo simultáneo al origen o simultaneidad y O+V la fórmula del tiempo posterior o posterioridad. Cada una de estas áreas indicadas por estas fórmulas puede contener a su vez el punto de referencia u origen de una nueva proyección como, por ejemplo, en (O-V)-V (anterioridad a un punto anterior al origen).

Por su parte, la propuesta de Acero (1990) coincide en lo esencial con la de Rojo y señala que los puntos de referencia necesarios para el establecimiento de un sistema temporal en el español son tres: el punto del evento (momento de tiempo o punto temporal), el punto de habla (momento de preferencia), y el punto de referencia (1990: 46) («imprescindible para poder situar temporalmente un evento [...] no solo respecto del tiempo del habla, sino sobre todo con relación a otro u otros eventos»).

2.1 Cognición y manifestación del futuro

Junto a las propuestas descriptivas anteriores cabe plantearse cómo se actualiza la expresión de lo venidero según nuestra percepción cognitiva del futuro. Diversos estudios realizados sobre el habla espontánea en niños de habla inglesa y alemana señalan que las primeras formas verbales con indicación temporal que se dan en el lenguaje infantil son las de pasado y las de presente mientras que la expresión del futuro aparece más tarde; así lo ratifica el estudio de Wells (1985) al concluir que el tiempo verbal de futuro es el último en desarrollarse y mantiene una tasa promedio de uso menor que el pasado y el presente. Por lo que respecta al español, Ródenas, Brito, y Carranza (1991) han observado empíricamente que los niños menores de cuatro años utilizan para referirse al futuro casi exclusivamente el presente, el imperativo y el infinitivo en sus expresiones temporales, con un predominio conceptual casi absoluto del tiempo presente; es a partir de los cuatro o cinco años cuando el empleo de esta opción empieza a decaer y comienzan a hacer su aparición en los discursos ciertos adverbios temporales, el tiempo condicional y finalmente el tiempo futuro, de manera leve y con una referencia temporal fundamentalmente remota.

Conviene, pues, tener presente que la expresión del futuro absoluto ('comeré') con sentido temporal lejano no se generaliza hasta aproximadamente los siete años de edad. Es importante tener en cuenta cuándo el hablante incorpora este recurso expresivo porque el proceso de adquisición lingüística desarrollado en el hogar y en la escuela tiene efectos en los patrones de variación que se manifiestan posteriormente en los usos lingüísticos de los adultos, puesto que el niño adquiere un modelo de variación de carácter estable. Además, como muestran los estudios arriba citados, la noción de tiempo futuro y su codificación lingüística entran a formar parte de los patrones de variación del niño relativamente tarde en comparación con otros mecanismos lingüísticos. Por otra parte, si asumimos que el concepto preciso de tiempo no se alcanza hasta la adolescencia (Wallacc y Rabin 1960), es evidente que la expresión de la futuridad representa uno de los fenómenos lingüísticos más complejos en los usos verbales de los individuos. No olvidemos que la referencia a lo futuro representa la expresión de lo que no ha sucedido todavía ni sucede y ello requiere un componente cognitivo de tipo simbólico que exige una capacidad de abstracción desarrollada en el individuo de manera relativamente tardía.

El estudio de los recursos que diversas lenguas emplean para expresar el tiempo futuro confirma las observaciones anteriores. Además, se considera como un universal lingüístico que si una lengua cuenta con una forma sistemáticamente dedicada a la expresión del futuro también dispone de mecanismos flexivos para el pasado y para el presente; sin embargo, como indica Moreno Cabrera (1997: 144), hay lenguas que poseen forma flexiva para el pasado, pero no para el futuro (inglés, vasco y alemán) y lenguas que únicamente cuentan con formas flexivas de presente (chino, vietnamita, estonio, finés). Y también es relativamente frecuente que lenguas que carecen de una forma flexiva específica de futuro expresen la acción venidera mediante procedimientos analíticos o perifrásticos, como el empleo de verbos auxiliares de voluntad, cambio, movimiento, etc. El alemán, por ejemplo, se sirve del auxiliar *werden* ('llegar a ser' o 'convertirse en') para expresar futuro mientras que el chino emplea como auxiliar la partícula *yào* (要 'querer') combinada en ocasiones con matices de inminencia con *kuài* (快 'a punto de, en seguida') e incluso de posibilidad con *huì* (会 indica la posibilidad de que se realice la acción del verbo al que acompaña).

En esta línea de análisis, Comrie (1985) observa que muchas lenguas, la mayoría de las europeas entre ellas, cuentan con mecanismos gramaticales para la distinción entre el tiempo pasado y el no-pasado, así como que todas ellas disponen de alguna distinción gramatical entre el tiempo futuro y el no-futuro, y, de manera más específica, entre el futuro y el presente, pero ninguna presenta un sistema específico de distinción no gramatical en este segundo caso. De hecho, en muchas lenguas europeas el presente representa la forma verbal más habitual para indicar la referencia temporal de futuro (Comrie 1985: 45). El español se encontraría a medio camino entre ambos tipos de lenguas: por un lado, cuenta con marcas gramaticales específicas para el tiempo futuro y para el presente pero, por otro, también contempla usos no gramaticales de formas que adquieren contenido temporal de futuro de manera eventual, como ocurre en el caso del presente prospectivo.

Por su parte, Rojo (1990: 26) puntualiza que el término 'futuro' es extralingüístico y no corresponde ni hace referencia al tiempo de la lengua. En su opinión, los tiempos gramaticales que establecen relaciones entre eventos sucedidos en un punto de la línea temporal y un punto de referencia únicamente pueden expresar anterioridad, simultaneidad o posterioridad con relación a él:

> La temporalidad lingüística no coincide con las nociones extralingüísticas de presente, pasado y futuro. Las relaciones temporales son únicamente tres: anterioridad, simultaneidad y posterioridad. Esto es, una situación puede ser representada como simultánea, anterior o posterior al punto que constituye su referencia.

Desde este punto de vista, el tiempo lingüístico expresado en español por el futuro morfológico 'bailaré' contiene realmente una relación de posterioridad temporal de un evento con respecto a un punto cero de referencia que coincide con el momento del habla. Esta precisión permite definir con exactitud el tiempo referido por el futuro morfológico y ofrece un eficaz instrumento teórico para distinguirlo de otros tiempos gramaticales de futuro que no expresan posterioridad en un sentido estricto, es decir, que no expresan posterioridad con respecto a un punto cero de referencia coincidente con el momento del habla[4].

Posteriormente, Rojo y Veiga (1999: 2881) definen el tiempo futuro como una realización temporal básica y directa, lo cual implica que presenta una orientación temporal primaria referida directamente al momento de habla. Para estos autores, la representación esquemática del tiempo futuro

4 Es el caso del tiempo verbal condicional que, a diferencia del futuro morfológico, expresa posterioridad temporal de un evento con respecto a otro anterior al punto de referencia coincidente con el momento del habla, representable como (O-V)+V.

sería O+V (desplazamiento vectorial primario hacia un punto posterior al punto de origen); sin embargo, señalan la existencia de usos indirectos del futuro hacia el futuro, es decir, relaciones de posterioridad desde puntos de referencia situados después de un punto cero de referencia anclado en el momento del habla: son el denominado cofuturo[5], (O+V)○V (por ejemplo, 'Algún día me asegurarás que me quieres'), y el posfuturo[6], (O+V)+V (por ejemplo, 'Algún día me asegurarás que me querrás').

Asimismo, estos autores (1999: 2901) señalan que las orientaciones primarias de una determinada forma verbal pueden verse modificadas al combinarse con valores aspectuales inherentes al modo de darse la acción verbal (*Aktionsart*) al igual que con otros valores semánticos de carácter temporal aportados por diferentes elementos lingüísticos contextuales. Por último (1999: 2905), admiten que el futuro morfológico no es la única forma capaz de expresar tiempo futuro en los términos descritos anteriormente y señalan dos formas más susceptibles de expresión de un tiempo posterior al punto cero de referencia cuando este está anclado en el momento del habla: el presente pro futuro (siempre y cuando vaya acompañado de un adjunto temporal explícito) y la perífrasis <ir a + infinitivo>.

5 A partir del ejemplo aportado por estos autores, en este trabajo consideramos que se podrían interpretar dos referencias temporales diferenciadas; por un lado, la misma que proponen los autores, (O+V)○V, y que corresponde más bien con los contenidos temporales puestos en juego en un ejemplo como 'El próximo martes me asegurarás que es martes' y, por otro, una referencia temporal representable como (O○V)+V. Por lo que respecta a su inclusión en nuestra investigación, asumimos que ambas interpretaciones contemplan la existencia de un valor temporal predominante de futuro en el futuro morfológico y que, por tanto, ambas situaciones deben admitirse en el estudio. Todos los casos similares detectados han sido incluidos en el corpus de ocurrencias válidas.

6 En la presente investigación se considera que el posfuturo, por lo que se refiere a su perfil temporal, equivale a un futuro morfológico. El posfuturo no es más que un futuro (O+V) relativo a un momento que no coincide con el momento del habla, sino que se sitúa en un momento posterior (O+V), de modo que la referencia temporal resultante es (O+V)+V. Otras situaciones igualmente aceptadas en este estudio son las definidas por esquemas temporales como (O+V)○(O+V), como en 'Mañana escucharás todo lo que te diré'. Dada la relativamente baja frecuencia de aparición de construcciones temporales de este tipo y la localización del evento referido en un punto alejado del punto de referencia situado en el momento del habla -marco temporal poco propicio a la perífrasis de futuro- parece lógico que la opción de futuro analítico resulte en estos casos, cuanto menos, extraña: 'Algún día me vas a asegurar que me vas a querer', 'Mañana vas a escuchar todo lo que voy a decirte'.

Finalizamos este apartado indicando que la mayoría de estudios sobre esta cuestión señalan que la expresión de futuridad combina una manifestación simultánea de contenidos: temporal, modal y aspectual; así lo apunta Coseriu (1977a: 29) «lo que universalmente se comprueba es una duplicidad del futuro, que oscila entre dos polos: el que suele indicar como 'puramente temporal' y el 'modal' (al que corresponden también las formas aspectivas)». La confluencia de valores temporales, por un lado, y valores subjetivos o modales, por otro, explicaría la enorme frecuencia de ciertos usos de las fórmulas expresivas de futuridad en las que dichos valores se entremezclan y se confunden, llegando en ocasiones a alterar sistemáticamente el tipo de contenido gramatical expresado y apartándolo radicalmente de su valor propio; destaca, entre ellos, el denominado futuro modal, epistémico o de conjetura ('Ahora serán las dos'), el cual constituye un empleo sistemático del futuro morfológico con un contenido predominante de tipo modal conjetural y un valor temporal de presente (la paráfrasis del ejemplo sería 'Ahora deben de ser las dos'). Esta confluencia de valores también queda corroborada por trabajos empíricos que investigan la expresión de la futuridad en determinadas comunidades; por ejemplo, Montes Giraldo (1962: 531) confirma que en los usos del futuro morfológico en Colombia «predominan los valores modales, sobre todo en el habla popular y familiar espontánea» en un alto porcentaje de casos.

2.2 La variable 'expresión del futuro' y sus variantes

Tal y como se ha señalado en § 1.2, consideramos variable lingüística cualquier hecho de lengua que muestra dos o más alternativas para expresar un determinado contenido y que, desde el punto de vista interactivo, son formas o variantes de decir lo mismo. En la lengua española, la expresión del tiempo futuro constituye una variable lingüística que cuenta con tres variantes principales: la forma gramatical de futuro morfológico ('Mañana *cantaré*'), la perífrasis <ir a + infinitivo> con valor de futuro ('Mañana *voy a cantar*') y el presente pro futuro ('Mañana *canto*').

Evidentemente, existe cierta controversia sobre las posibilidades de neutralización de las tres variantes para expresar el futuro; por ello, la gran mayoría de estudios variacionistas sobre este objeto de estudio analizan solo la alternancia del futuro morfológico con el futuro perifrástico e ignoran la existencia de una alta frecuencia de ocurrencias de presente con valor de futuro, entre ellos, Moreno de Alba (1970, 1977), Sedano (1994, 2005), Samper, Hernández y Troya (2001), Aaron (2006b), Durán Urrea y Gradoville (2006), Blas Arroyo (2008), Lastra y Butragueño (2008), y Scheirs (2009). Otros, si bien reconocen la importancia del presente prospectivo y su capacidad para expresar futuridad, lo mantienen al margen en sus investigaciones; y son muy pocos los que abordan este fenómeno lingüístico considerando las tres variantes arriba mencionadas (Carbonetti y Miranda 1999, Orozco 2004, 2005, 2006, 2007b, 2009 y Claes y Ortiz López 2011). Entre las razones aducidas para explicar la exclusión del presente pro futuro, se encuentran las siguientes:

- el modelo estadístico aplicado tradicionalmente por el variacionismo (y, por extensión, el programa informático *Goldvarb*) admite solo dos variantes en el fenómeno variable sometido a estudio;
- la consideración de una tercera variante implica la potencial aparición de situaciones de neutralización que podríamos denominar 'lateral' o limitada a solo dos de las tres alternativas; efectivamente, la consideración de tres fórmulas expresivas equivalentes de futuro puede dar lugar a situaciones concretas en las que únicamente sea admisible la neutralización simultánea de dos de las tres alternativas[7]; esta situación peculiar exige la aplicación de un criterio específico que, ante la inexistencia de precedentes, debe definirse *ad hoc*;
- en principio, a falta de un conjunto explícito de criterios establecidos con ese fin, resulta complejo determinar con claridad los casos en los que el presente de indicativo expresa futuridad en los términos exigidos y admite, por lo tanto, neutralización con alguna de las otras fórmulas alternativas;
- además, el número de ocurrencias de presente con valor de futuro es, en principio, relativamente menor que el de futuro morfológico y futuro perifrástico, de modo que su eliminación del estudio de la futuridad puede considerarse una decisión perfectamente asumible.

Pero lo relevante en este apartado no es justificar si la variable lingüística cuenta con dos o tres variantes; lo realmente interesante es si la expresión

7 El caso más habitual, como veremos, es el de los contextos discursivos en los que se neutralizan el futuro morfológico y la perífrasis <ir a + infinitivo>, pero no el presente pro futuro.

de la futuridad puede caracterizarse como variable morfosintáctica en la investigación. Nuestra opinión coincide con la propuesta de Martín Butragueño (1994: 39), quien considera la expresión variable de futuridad como una variable sociolingüística de pleno derecho y la caracteriza del siguiente modo:

Tabla 1. Variables de tipo morfológico.

<variable>	*[variantes]*	*fn*	*mf*	*st*	*sm*	*pg*	*hs*	*gf*	*so*	*es*
expresión del futuro	*cantaré/ voy a cantar*	–	+	–	(–)	–	+	+	+	+

Este autor postula que las formas alternativas de expresión variable de la futuridad (futuro morfológico y perífrasis <ir a + infinitivo>) establecen variaciones entre ellas a nivel morfosintáctico (+*mf*), histórico (+*hs*), geográfico (+*gf*), social (+*so*) y estilístico (+*es*), pero no a nivel fonológico (–*fn*), sintáctico (–*st*) ni pragmático (–*pg*). Y señala, respecto a las variaciones históricas, geográficas y estilísticas, que las frecuencias de uso de la perífrasis <ir a + infinitivo> con valor de futuro han ido aumentando progresivamente desde el siglo XVI hasta la actualidad y que en español actual existe variación regional y estilística en ambas formas de futuro: la forma perifrástica de futuro se emplea más en el español de América que en el peninsular y, en general, en la lengua hablada y espontánea, mientras que el futuro morfológico predomina todavía exclusivamente en la lengua escrita elaborada.

Considera también la existencia de entornos en los que las formas son neutralizables a nivel semántico (–*sm*) y, por tanto, no presentan variaciones de significado; no obstante, señala (1994: 43): «tenemos dos opciones: ocuparnos solo de los casos intercambiables (si es que los hay), e introducir una notación semejante a la otorgada, o bien dar (+) a (*sm*) o a (*pg*), e introducir el mismo tipo de problemas que se han de ver con otras clases de variables». Asimismo, nos advierte de una posible variación de tipo semántico entre ambos futuros partiendo de las consideraciones efectuadas por Berschin (1987: 104):

> El factor semántico decisivo en el uso de ambos futuros es, a nuestro juicio, la 'conexión' de la acción verbal con el acto de habla. Esta conexión —sea temporal, espacial, situacional— puede ser positiva o negativa. En el primer caso se prefiere el futuro analítico; en el segundo, el futuro sintético.

Por otra parte, la nómina de autores que han tratado este fenómeno lingüístico es extensa y ofrece varios puntos de vista, criterios y enfoques, tanto desde la lingüística general[8] como de la lengua española en particular[9]. Dado que la gramática tradicional suele señalar las opciones de futuro morfológico y perífrasis de futuro <ir a + infinitivo> como las fórmulas más frecuentes de expresión de la futuridad, la mayor parte de los estudios sobre este fenómeno lingüístico se limitan exclusivamente al análisis de la alternancia entre estas dos formas gramaticales. Sin embargo, al observar el habla real, encontramos una gran variedad de usos lingüísticos no sistemáticos destinados a referir acontecimientos futuros; entre ellos destaca, con una frecuencia de uso notable, el presente con valor de futuro, también denominado presente pro futuro o presente prospectivo.

Realmente los recursos lingüísticos para expresar acciones localizadas en el futuro son diversos; así lo muestran Ródenas, Brito y Carranza (1991: 229), quienes señalan los siguientes: futuro absoluto o morfológico ('Mañana iremos al médico'), <presente de indicativo + adverbio> ('El viernes próximo me marcho'), presente de indicativo expresando mandato ('Vas a su casa y le despiertas'), presente de indicativo en forma interrogativa ('¿Me voy a la playa?'), presente de subjuntivo ('¡Ojalá llueva!'), la perífrasis <ir a + infinitivo> ('Voy a jugar al tenis'), la perífrasis <haber de + infinitivo> ('He de terminar esto'), la perífrasis <haber que + infinitivo> ('Hay que llegar pronto'), la perífrasis <tener que + infinitivo> ('Tengo que terminar los deberes'), la perífrasis <deber + infinitivo> ('Debo estudiar la lección'), la perífrasis <pasar a + infinitivo> ('Paso a contestar las preguntas'), la perífrasis <estar a punto de + infinitivo> ('Está a punto de salir el tren'), el imperativo ('Ve por esos libros'), el pretérito imperfecto de indicativo, bien con valor hipotético ('Si tuviera dinero, me compraba

8 Entre otros, Coseriu (1957), Imbs (1968), Butler (1969), Paufler (1970), Champion (1978), Anderson (1979), Fleischman (1982), Emirkanian y Sankoff (1985), Leech (1991), Gentner y Mutsumi (1992), Dahl (2000), Copley (2002) y Barceló (2004).

9 He aquí algunos de ellos: Rona (1961), Montes Giraldo (1962, 1963), Hernández Alonso (1968, 1999), Granda (1968, 1997), Moreno de Alba (1970, 1977), Gómez Manzano (1981, 1988a, 1988b), Cartagena (1981, 1992, 1996), Lapesa (1985), Berschin (1986, 1987), Bauhr (1989), Silva-Corvalán y Terrell (1989), Sedano (1994, 1995, 2004, 2005, 2006, 2007), Gutiérrez (1995), Bravo (1998, 1999, 2002, 2007, 2008), Villa Crésap (1997), Monge (1998), Carbonetti y Miranda (1999), Losada Durán (2000), Samper, Hernández y Troya (2001), Castillo Lluch (2002), Becerra (2005), Orozco (2004, 2005, 2007a, 2007b), Aaron (2003, 2006a, 2006b, 2007, 2010), Lastra y Martín Butragueño (2008), Orozco y Cortázar (2009) y Escandell (2010).

un coche'), bien valor imaginario ('Yo iba andando y tu esperabas sentado'), el pretérito perfecto de indicativo ('Dentro de un rato han vuelto y ya no se irán'), el condicional indicando probabilidad ('Me gustaría ir'), el condicional de cortesía ('Desearía hablar con usted'), el gerundio en construcción absoluta ('Trabajando así, triunfarás'), el futuro hipotético de subjuntivo ('Sea lo que fuere'), el pretérito imperfecto de subjuntivo ('¡Ojalá lloviera!') y el infinitivo, según contextos. Si bien se trata de una lista de dudoso rigor gramatical, no cabe duda de que recopila una gran diversidad de expresiones comunicativas en las que se manifiesta una referencia temporal más o menos directa hacia el porvenir, entremezclada con diversos valores modales en diferentes grados. Por su parte, la *Nueva Gramática* (RAE 2009: 294, 439) también indica la existencia de usos verbales dislocados que adquieren ocasionalmente valor temporal de futuridad: es el caso del pretérito perfecto compuesto en la denominada interpretación prospectiva ('Mañana a estas horas, ya han terminado ustedes') o del presente de subjuntivo con valor de futuro de las subordinadas temporales ('Cuando tengas un problema, avísame')[10].

Como ya conoce el lector, entre los objetivos de la presente obra destacan dos: analizar, de forma exhaustiva, las tres variantes de mayor frecuencia de uso (futuro morfológico, perífrasis de futuro <ir a + infinitivo> y presente pro futuro) en la comunidad de habla bilingüe castellano-catalán de Valencia y comparar los resultados obtenidos en nuestro estudio con los proporcionados por otras investigaciones similares realizadas en comunidades hispanohablantes monolingües y bilingües de España y América. Por ello, concluimos este apartado enumerando algunos de los trabajos empíricos sobre este fenómeno lingüístico en el español oral y escrito, obtenidos en diferentes momentos y en distintas comunidades de habla, con resultados en ocasiones contradictorios. Entre los realizados sobre corpus orales están:

10 En nuestro trabajo se excluyen ambos usos. Se considera que el primero equivale a un futuro perfecto ('Mañana a estas horas, ya habrán terminado ustedes') de modo que el contenido temporal expresado no corresponde al de tiempo posterior a un punto de referencia coincidente con el momento del habla (O+V) sino al de anterioridad de un evento respecto a otro situado después del momento del habla (O+V)-V. Para el caso del presente de subjuntivo se consideran aplicables las observaciones correspondientes a las construcciones con presente genérico dado que, en este caso, el presente de subjuntivo parece adquirir un valor similar al de las construcciones con presente en las prótasis de las condicionales con 'si'.

a) para el español de América: México (Moreno de Alba 1970, 1972, 1974, 1977; Gutiérrez 1995, Durán Urrea y Gradoville 2006, y Lastra y Martín Butragueño 2008); Venezuela (Iuliano 1975, Iuliano y De Stefano 1979, Silva-Corvalán y Terrell 1989, Sedano 1994, 2005); Argentina (Lope Blanch 1972, Ferrer y Sánchez 1991, Carbonetti y Miranda 1999); Chile (Lope Blanch 1972, Silva-Corvalán y Terrell 1989); República Dominicana (Silva-Corvalán y Terrell 1989); Ecuador (Lope Blanch 1972); EEUU (Zentella 1990, 1997, Orozco 2007a, 2007b); Costa Rica (Pitloun 2005); Colombia (Becerra 2005, Orozco 2005, 2009); y Puerto Rico (Silva-Corvalán y Terrell 1989, Claes y Ortiz López 2011).

b) y para el español de España: Madrid (Gómez Manzano 1988a, 1988b, Cartagena 1992, 1996); Canarias (Díaz Peralta 1997, 2000, Almeida y Díaz Peralta 1998, Troya 1998 y Samper, Hernández y Troya 2001); Sevilla (Samper, Hernández y Troya 2001) y Castellón (Blas Arroyo 2008).

Sobre textos escritos en español peninsular destacan Sáez-Godoy (1968a, 1968b), Berschin (1987), Bauhr (1992), Cartagena (1995, 1996) y Aaron (2006a, 2006b, 2007, 2010), y en lengua escrita del español americano encontramos trabajos realizados por Montes Giraldo (1962) en Colombia, Ávila (1968) en México y Lope Blanch (1972) en México, Argentina, Ecuador y Chile.

Si observamos las tendencias generales de uso constatadas en los trabajos anteriores sobre las formas de expresión de futuridad, la gran mayoría de las investigaciones coinciden en señalar una frecuencia elevada y creciente de empleo de la perífrasis <ir a + infinitivo>, sobre todo en la lengua oral. Este proceso podría estar promovido por cambios internos que, según parece, estarían experimentando tanto la propia perífrasis como su principal competidor, el futuro morfológico; además, si se mantiene esta tendencia, podría producirse un cambio que conduciría a la sustitución de la forma analítica (futuro perifrástico) por la sintética (futuro morfológico), proceso que algunos autores interpretan como natural (cfr. Schwegler 1990).

Ese futuro perifrástico aparece documentado como la variante preferida en el español del Caribe, Chile, Venezuela, en el suroeste de los Estados Unidos, Ciudad de México, Morelia, México y entre los hablantes hispanos de origen puertorriqueño residentes en Nueva York. Por su parte, la forma de futuro morfológico es considerada en decadencia en el español culto mexicano y en proceso de desaparición en Colombia, México, Argentina, Ecuador y Chile, así como en el español de comunidades de habla colombianas, dominicanas y puertorriqueñas de la ciudad de Nueva York. En nuestro país, los resultados de las Islas Canarias apuntan en diferentes direcciones: en las zonas rurales y en áreas de Tenerife se constata un predominio casi absoluto del uso del presente y de la perífrasis (Almeida y Díaz Peralta 1989: 117-118, Catalán 1960) mientras en Los Silos se documenta una alternancia relativamente estable entre el futuro morfológico y el perifrástico (Lorenzo Ramos 1976: 113).

Por su parte, los trabajos diacrónicos que analizan la expresión de futuridad en el español escrito ponen de manifiesto un claro predominio del futuro morfológico desde Cervantes, si bien esta forma gramatical va mostrando una paulatina disminución de su frecuencia de uso a favor de la perífrasis y del presente pro futuro[11]. Estudios recientes, como el de Aaron (2010), confirman la tendencia anterior y apuntan un posible proceso en marcha de doble gramaticalización: de una parte, los usos temporales del futuro morfológico estarían decayendo rápidamente en beneficio de la perífrasis <ir a + infinitivo> con valor de futuro, si bien esta alternativa, a falta de completar su propio proceso de gramaticalización del contenido temporal, todavía exigiría un complemento de tiempo externo para orientar claramente su referencia a un futuro situado más allá de la inminencia; de otra, en paralelo y simultáneamente, el futuro morfológico se estaría especializando en la expresión de valores modales de probabilidad o conjetura, abandonando el ámbito temporal y haciendo prevalecer estos valores modales, con lo cual podría estar sistematizando su función expresiva como marca epistémica de conjetura.

Por último, tal como señala Aaron (2006b: 167), todos los datos indican que, en contextos de uso real, las supuestas diferencias a nivel teórico entre el futuro morfológico con valor temporal de futuro, la perífrasis <ir a + infinitivo> portadora de un contenido predominantemente temporal y con el verbo auxiliar en presente, y el presente prospectivo acompañado de una marca temporal se neutralizan en el discurso oral para los hablantes.

11 Según Sáez Godoy (1968a, 1968b), el 82.5% de los futuros en Cervantes son morfológicos, mientras que en los escritores modernos el porcentaje se modera: 62% de futuros morfológicos frente a un 33% de perifrásticos y un 4% de presentes pro futuro. El número de futuros morfológicos epistémicos o de conjetura ha ascendido desde un 3% en el siglo XVII hasta un 16% en los autores modernos.

En general, y salvo mínimas diferencias como se verá, estas son las condiciones requeridas para que pueda asumirse la posibilidad de neutralización entre estas tres fórmulas expresivas de la futuridad.

3. Estadística aplicada al análisis variacionista

Como ya se ha indicado, la sociolingüística variacionista aborda el estudio de los fenómenos variables de la lengua mediante análisis de tipo cuantitativo; así nos lo recuerda Martín Butragueño (1994: 33): «el variacionismo es la teoría o perspectiva que defiende que el argumento cuantitativo tiene alguna importancia en el estudio del lenguaje». De ahí que esta línea de investigación haya tenido que desarrollar una metodología compleja y rigurosa, una metodología que aspira no solo a la descripción de los fenómenos lingüísticos variables sino también, y principalmente, a la predicción de las tendencias de uso que afectarán a dichos fenómenos.

No obstante, conviene señalar que el interés por la cuantificación del fenómeno lingüístico variable es anterior a la sociolingüística variacionista. Ya en las primeras décadas del siglo XX se publican algunos estudios cuantificados de elementos lingüísticos fonológicos, realizado por los miembros del Círculo de Praga; Mathesius, por ejemplo, inicia en 1911 su investigación sobre las combinaciones viables de fonemas checos desde una perspectiva cuantitativa y comparativa. Según Labov (2008: 4), el primer estudio cuantitativo sociolingüístico de pleno derecho lo lleva a cabo Fischer en 1958 sobre el uso de la terminación *-ing* en una pequeña ciudad de Nueva Inglaterra. Y es a partir de los estudios labovianos sobre *Martha's Vineyard* (1963) y Nueva York (1966), cuando este tipo de análisis pasa a desempeñar definitivamente un papel vertebral en el estudio de la variación.

El espectacular desarrollo que han experimentado desde entonces los instrumentos cuantitativos empleados en el estudio de la variación solo puede entenderse a la luz del progreso que han experimentado en paralelo la estadística y la informática. Los avances en la estadística teórica y las continuas mejoras en la eficiencia de los sistemas informáticos han repercutido de manera positiva en el progreso de las técnicas aplicadas en el estudio cuantitativo variacionista: se ha ampliado notablemente la capacidad de procesamiento, almacenamiento y distribución de grandes volúmenes de datos procedentes de muestras de habla; se han multiplicado los canales de difusión y distribución de dichos datos, incrementándose de este modo las posibilidades de contraste y comparación de muestras; y se ha mejorado considerablemente el rendimiento de los instrumentos informáticos que dan soporte técnico al cálculo de los diferentes modelos estadísticos necesarios. Estos avances corroboran la importancia que los modelos estadísticos adquieren en la descripción y análisis de la regla variable; en palabras de Fasold (1996: 141):

> En la investigación lingüística que presta atención solo a la estructura del lenguaje, las pruebas de estadística inferencial generalmente no se consideran necesarias [...] Sin embargo, cuando el objeto de estudio es el uso de la lengua en un contexto, como ocurre en la sociolingüística (especialmente en la sociolingüística de la sociedad), a menudo necesitamos un método para distinguir lo que es real de lo que es falso. La estadística nos proporciona este método.

Actualmente, la sociolingüística variacionista emplea dos tipos de cálculo estadístico en el estudio de la variable lingüística: uno descriptivo, que consiste, esencialmente, en recuentos, representación y resumen de datos (frecuencias absolutas y relativas), y otro inferencial, cuyos resultados pueden ser extrapolados a la población global de la que proceden las muestras de habla analizadas y que permite predecir su comportamiento y evolución. Mientras la estadística descriptiva ofrece una visión estática de conjunto y plantea de modo directo correlaciones y covariaciones entre pares constituidos por cada una de las diferentes variantes del fenómeno lingüístico objeto de estudio y cada uno de los factores independientes considerados, la estadística inferencial representa el instrumento más potente para el estudio de la variación y el cambio lingüístico. Según el tipo de respuesta ofrecida por la estadística inferencial se habla de 'pruebas de hipótesis' (respuesta sí o no), 'estimaciones', 'pronósticos' de observaciones y 'análisis de regresión'. Resulta evidente, pues, que una de las principales aportaciones de la sociolingüística a las disciplinas sociales la constituyen precisamente los métodos aplicados al análisis de datos, fruto del tiempo y esfuerzo invertidos en el perfeccionamiento de los modelos estadísticos adecuados a la investigación de la variable lingüística.

Por otra parte, y considerando el interés del lector, parece oportuno presentar brevemente algunos conceptos del ámbito estadístico utilizados en la presente investigación. En primer lugar, una variable estadística es todo rasgo que, medido en diferentes individuos, puede adoptar un valor cualquiera dentro de un conjunto posible, denominado 'dominio' de la variable. Según su naturaleza, las variables se dividen en cualitativas y cuantitativas; las primeras expresan rasgos, cualidades o modalidades, cada uno de los cuales recibe el nombre de 'categoría' o 'atributo'; las segundas indican cantidades expresadas numéricamente y no han sido utilizadas en nuestra investigación[12]. Las variables de tipo cualitativo, discretas o categóricas son dicotómicas cuando únicamente pueden adoptar dos valores o estratos (como la variable 'sexo') o politómicas, cuando presentan tres o más estratos posibles (como 'edad'). Estas, a su vez, se clasifican en ordinales o nominales en función de si los distintos estratos de la variable pueden ser sometidos a un criterio de ordenación o no, respectivamente; así, la variable 'edad' puede ser considerada de tipo ordinal, pero la variable 'sexo' no.

También existe otra clasificación de estas variables según la capacidad de influencia estadística que se les asigna. Se denomina 'variables independientes' a aquellas que el investigador selecciona para establecer agrupaciones y cuyo efecto sobre el comportamiento del fenómeno sometido a estudio se desea cuantificar. Por su parte, la 'variable dependiente' es la variable sometida a la influencia de las variables independientes y constituye el fenómeno observado y medido sobre el que se pretende determinar el efecto de los factores independientes.

Finalmente, dependiendo del número de variables involucradas, la estadística aplicada da lugar a diversos tipos de análisis: univariantes, en los que se miden las características de una muestra y se ofrecen los resultados en forma de tablas de frecuencias absolutas y relativas para cada variable; bivariantes, en los que se confrontan las observaciones de dos variables y se ofrecen, como mínimo, análisis de la contingencia entre ambas; y multivariantes, en los que se estudian agrupaciones de variables y se sopesa la existencia de factores o grupos de influencia significativa sobre la variable dependiente, generalmente en forma de análisis discriminante, análisis de

12 Siguiendo las pautas metodológicas tradicionalmente aplicadas en estudios de este tipo, todos los factores considerados en el entorno lingüístico (cotexto) y extralingüístico (contexto) y la propia variable objeto de estudio son definidas como cualitativas o categóricas, tal y como exige el programa para el análisis de la regla variable que se emplea como referencia (*Goldvarb*). Como veremos más adelante, esta exigencia es impuesta exclusivamente por este programa pero otras plataformas informáticas son capaces de implementar el cálculo del mismo modelo estadístico sin que los factores independientes considerados tengan que ser configurados como variables cualitativas.

correlaciones y análisis de regresión. El modelo estadístico actual desarrolla un tipo de análisis de regresión lineal clásica que trata de resolver las limitaciones impuestas por el carácter categórico o estratificado tanto de la variable lingüística (generalmente limitada a dos variantes mutuamente excluyentes) como de los factores condicionantes de su empleo.

3.1 Modelos descriptivos

a) Modelo univariante. Este modelo ofrece recursos para la representación de los datos de una determinada variable, sea o no categórica. En el caso de las variables categóricas, estos recursos se reducen a las tablas de frecuencias (absolutas y relativas), a las gráficas de sectores e histogramas y al cálculo de la moda (o valor más frecuente). Las tablas de frecuencia son instrumentos de análisis que, en caso de aplicarse a una única variable, ofrecen una información resumida de los valores adoptados por ella de manera absoluta y también en relación al conjunto.

b) Modelo bivariante. El principal instrumento de análisis estadístico descriptivo bivariante sobre datos categóricos son las tablas de contingencia; estas constituyen, en esencia, una tabla de frecuencias cruzadas entre la variable dependiente y una variable independiente (o, excepcionalmente, más). Su objetivo es doble: en primer lugar, organizar la información contenida en los valores de dos variables y, en segundo lugar, analizar si existe alguna relación de dependencia entre las categorías de cada una de ellas. Para esta labor, se dispone de diferentes pruebas de independencia, siendo el test *chi*-cuadrado de Pearson[13] (χ^2) la más utilizada; en la medida en que χ^2 se acerque a cero, la dependencia o asociación entre las variables será más débil, mientras que valores altos de *chi*-cuadrado representan grados proporcionales de dependencia.

13 El procedimiento consiste en plantear una hipótesis de independencia o hipótesis nula (h_0) con la que se trata de determinar si las diferencias que se observan entre las variables son debidas al azar. Se pretende determinar si es posible elaborar, a partir del rechazo de la hipótesis nula, una hipótesis alternativa que plantee que algo distinto al azar explica los datos observados. En el caso de las tablas de contingencia, el estadístico *chi*-cuadrado permite contrastar la hipótesis de que las variables categóricas cruzadas son independientes. Para ello compara las frecuencias observadas con las esperadas (es decir, las que deberían haberse dado en caso de independencia).

Es importante tener en cuenta que estos estadísticos permiten contrastar la hipótesis de independencia pero no indican el grado de intensidad de dicha asociación entre las variables. Por otra parte, el valor de estos estadísticos está profundamente condicionado por el número de casos de los que consta la muestra: con tamaños muestrales muy grandes, diferencias relativamente pequeñas entre las frecuencias observadas y las esperables pueden provocar el rechazo de la hipótesis nula al generarse valores de χ^2 demasiado altos. Por ese motivo, se suelen añadir otras medidas del grado de asociación que intentan cuantificar la intensidad de la dependencia y tratan de eliminar el efecto introducido por el tamaño muestral. Los estadísticos que van a utilizarse en este estudio y que tratan de suplir estas limitaciones de χ^2 son dos: Φ (o *Phi*) y V de Cramer. *Phi* es un coeficiente nominal derivado de *chi*-cuadrado que evalúa el grado de asociación entre dos variables y oscila entre 0 y 1 en tablas de contingencia de 2×2. Por su parte, V de Cramer es una extensión de χ^2 que resuelve el efecto del tamaño excesivo de la muestra; se trata de un coeficiente normalizado (sus valores oscilan entre 0 y 1): valores próximos a 0 indican independencia y valores próximos a 1 fuerte asociación. En el caso de tablas de contingencia de 2×2, los valores de los tres estadísticos coinciden.

Algunos paquetes informáticos, como el que empleamos aquí para la elaboración de las tablas de contingencia (*SPSS*), ofrecen la posibilidad de incorporar al análisis bivariante los denominados 'residuos tipificados' y 'residuos corregidos' (o 'ajustados'). El análisis de residuos constituye una prueba que afecta a cada par de categorías y ofrece una buena medida de correlación. El 'residuo' es la diferencia entre el recuento de valores observados y los valores esperables si las categorías cruzadas fueran independientes; en principio, este índice informa de modo muy relativo sobre el grado de relación entre las variables cruzadas, dado que un mismo valor residual puede corresponder a diferentes frecuencias esperadas. Con el fin de subsanar ese inconveniente se ofrece el 'residuo tipificado': si su valor es grande en valor absoluto, las categorías involucradas están relacionadas; sin embargo, este residuo también presenta algunos problemas para poder ser interpretado, porque, aunque su valor esperado es cero, su desviación típica es menor que 1, razón por la que se opta generalmente como referencia por el residuo tipificado 'ajustado' o 'corregido'. Este residuo tipificado corregido se distribuye siguiendo una distribución normal con media 0 y desviación típica 1; cuanto mayor sea su valor absoluto, más intensa es la relación señalada en el cruce de las dos categorías analizadas.

Por su parte, el signo positivo indica relación proporcional directa y el signo negativo relación proporcional inversa.

3.2 Modelos inferenciales o predictivos: la regresión logística

Una vez se han analizado las características de cada variable y graduado las relaciones de asociación entre cada una de las variables independientes y la variable objeto de estudio, se procede a identificar y evaluar las potenciales relaciones existentes entre los datos a nivel de grupo. Este proceso corresponde a la estadística inferencial, ámbito que en la presente investigación se limita exclusivamente al análisis multivariable. Dicho análisis desarrolla un tipo de estudio sobre la variable dependiente, cuyos resultados posibilitan el diseño de modelos virtuales de generación de datos; para ello, pone en relación los datos muestrales a diferentes niveles de agrupación y obtiene, a partir de una combinación ponderada de determinadas variables independientes, una fórmula matemática que genera los valores observados de la variable en estudio y que es capaz de predecir, por tanto, valores nuevos. El interés añadido de este análisis radica en la garantía cuantificada que ofrece al investigador de que es posible extender a toda la población objeto de estudio los resultados obtenidos en el análisis de una pequeña muestra representativa.

Entre los diferentes modelos de análisis inferencial, uno de los más populares es el conocido como 'análisis de regresión', que calcula, *grosso modo*, una fórmula que combina coeficientes y determinados factores estimados como significativos a partir de la cual es posible recrear el comportamiento de la variable dependiente y predecir, por tanto, el valor que adoptará en contextos nuevos controlados. La fórmula calculada, a niveles aceptables de significatividad, se puede considerar predictora de nuevos valores. El principal inconveniente que plantea este modelo de regresión se debe a la exigencia estadística de una relación lineal entre las variables estudiadas, exigencia que, obviamente, no pueden cumplir los datos muestrales de la investigación variacionista, codificados habitualmente en estratos arbitrarios. Ante la imposibilidad de aplicar el análisis de regresión clásico a una variable dependiente categorizada, la investigación variacionista recurre a un tipo de análisis de regresión alternativo específico para una variable dependiente dicotómica conocido con el nombre de 'análisis de regresión logística'. Este modelo estadístico de regresión logística aplica sobre la variable dependiente una transformación que produce una distribución de probabilidad de respuesta perteneciente a la familia exponencial, denominada 'distribución logística binaria'[14].

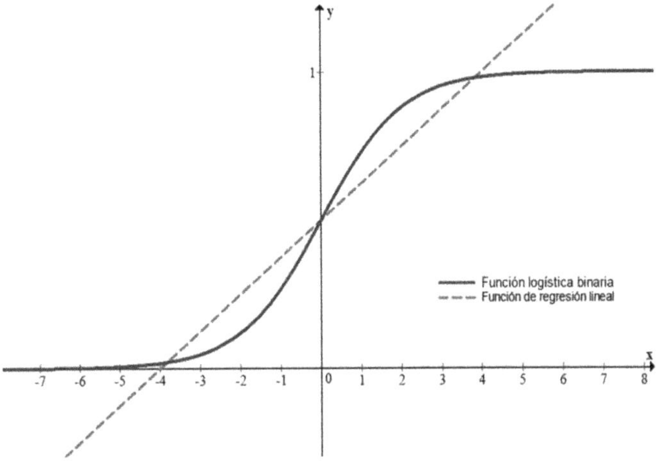

Figura 1.

Tal y como se aprecia en la gráfica de la figura 1, esta transformación supone una adaptación de la función de regresión clásica a otro tipo de función en la que la variable dependiente únicamente puede adoptar los valores 0 y 1 (caso prototípico de los estudios sociolingüísticos variacionistas) y estudia su comportamiento cuando adopta uno de esos dos valores. El análisis predice el valor 1 de la variable dependiente mientras que el valor de referencia, por defecto, siempre es el valor 0.

Asimismo, la función exponencial que distribuye los valores de la variable dependiente dicotómica en una función logística binaria no resulta manejable ni operativa, por lo que se aplica una nueva transformación

14 La función logística binomial se expresa del siguiente modo:

$$P(y=1 \mid X)=\frac{e^{b_0+\sum_{i=1}^{n} b_i x_i}}{1+e^{b_0+\sum_{i=1}^{n} b_i x_i}}$$

donde $P(y=1/X)$ es la probabilidad de que y adopte el valor 1 (presencia de la característica estudiada) en presencia de las covariables X (conjunto de n covariables x_1, x_2, x_3,..., x_{n-1}, x_n), b_0 es la constante del modelo de regresión (o término independiente) y b_i son los coeficientes aplicados a cada variable independiente.

logarítmica con la que se obtiene una ecuación lineal más sencilla y de mejor interpretación. Es la conocida como función de enlace *logit*, que vincula los valores de la variable dependiente con valores ponderados de covariables seleccionadas por significación entre las variables independientes:

$$\log(P) = \ln\left(\frac{P(y=1 \mid X)}{1-P(y=1 \mid X)}\right) = b_0 + \sum_{i=1}^{n} b_i x_i$$

El componente que aparece entre paréntesis es conocido como *odds* (razón de proporciones, razón de probabilidades, en ocasiones 'riesgo') con el que se establece una relación de probabilidades que representa una medida del riesgo estadístico. De manera más precisa, el valor *odds* relaciona la probabilidad de que se produzca un suceso —numerador, $P(y=1/X)$— respecto de la probabilidad de que no se produzca —probabilidad complementaria, denominador, 1 - $P(y=1/X)$—; es decir, mide cuántas veces más probable es que ocurra un suceso respecto de que no ocurra y adopta valores de [0, +∞].

En definitiva, lo que se obtiene finalmente en la regresión logística a partir de estas transformaciones es una recta idéntica a la del modelo de regresión lineal que relaciona, ponderados con coeficientes, ciertos valores de una serie de variables independientes de influencia significativa con los valores que adopta la variable dependiente en cada caso:

$$Logit\ (P) = y = b_0 + b_1X_1 + b_2X_2 + b_3X_3 + \ldots + b_{n-1}\ X_{n-1} + b_nX_n$$

Los coeficientes que se obtienen en el análisis (b_i) o *log-odds* representan una medida de la tendencia de que un hablante opte por uno de los valores de la variable independiente seleccionada. Por su parte, la *odds-ratio* (*OR,* razón de *odds*) es una medida de asociación entre las dos *odds* de cada factor y aporta una medida relativa de tendencia con valores positivos. Así como la *odds* es una relación entre dos probabilidades (probabilidad de un suceso respecto a la probabilidad del suceso complementario, o no suceso), la *odds-ratio* es una relación entre dos *odds*.

El programa informático utilizado tradicionalmente en la investigación variacionista, *Goldvarb*, calcula pesos no balanceados o pesos probabilísticos (*factor weight*) en lugar de *log-odds*, transformando así las medidas de tendencia relativa propias de la regresión logística en medidas de favorecimiento, con el fin de facilitar al investigador sociolingüista la lectura y la interpretación de las tendencias involucradas. No obstante, existen otros programas informáticos que también implementan el análisis de regresión logística binomial y proporcionan como resultado todo un abanico de índices de tendencia adicionales, así como medidas de significatividad, intervalos de confianza, pruebas de bondad del ajuste por coeficiente calculado, etc., puestos a disposición del investigador[15], junto a los coeficientes de la fórmula de regresión, relacionados matemáticamente con las *odds-ratio*.

En los estudios variacionistas es habitual calcular la probabilidad de asociación entre una categoría concreta determinada como significativa y el valor de aplicación (Paolillo 2001: 169). Un modo sencillo de calcular esta probabilidad consiste en sumar la constante resultante del modelo de regresión logística y el coeficiente correspondiente a la categoría de la variable independiente cuya asociación con el valor de aplicación se desea conocer para, posteriormente, transformar el valor resultante en una probabilidad convencional utilizando la misma fórmula de transformación de *log-odds* en pesos probabilísticos (transformación *logit,* cfr. Morrison 2005: 11).

Una vez obtenidos los valores correspondientes a los coeficientes de la fórmula de regresión logística binomial que calcula los *logits*, es necesario contar con algún sistema de medida del error cometido en este cálculo. Tanto para la estimación de los coeficientes del modelo de regresión logística como para la de sus errores se recurre a un cálculo de estimaciones de máxima verosimilitud, es decir, a un algoritmo que garantice tanto como sea posible que los datos generados por la fórmula de regresión coinciden con los datos reales. La verosimilitud de un modelo (*L*, de *likelihood*) es el grado de similitud entre los datos reales (o modelo saturado) y los valores generados por el modelo virtual representado por la fórmula de regresión; dado que se trata de un valor muy pequeño, comprendido entre 0 y 1, se suele ofrecer el logaritmo neperiano de la verosimilitud (*LL*, que es un número negativo) o, lo que es más habitual, el menos dos veces el logaritmo neperiano de la verosimilitud (*–2LL*, que es un número positivo y de fácil interpretación). Este estadístico cuantifica hasta qué punto el modelo virtual se ajusta bien a los datos reales. El resultado de la medición, conocido como 'desviación', representa una medida de la valía o bondad de ajuste del modelo: cuanto menor sea el valor, mejor es el ajuste[16].

15 Véase § 6.1.1. *Goldvarb*; § 6.1.2. *R* y *Rbrul*, y § 6.1.3. *IBM© SPSS Statistics*.

16 Como se verá en la aplicación de los modelos de regresión utilizando diferentes programas, cada sistema adopta en la práctica una medida particular de la verosimilitud: *Goldvarb* opta por *LL* (o *log likelihood,* logaritmo neperiano de la verosimilitud)

Junto a los estadísticos ya comentados, el análisis de regresión logística ofrece otros muchos valores, entre ellos: el coeficiente R^2 de Cox y Snell, un coeficiente de determinación generalizado que se emplea para cuantificar la proporción de varianza de la variable dependiente explicada por las variables independientes, cuyos valores oscilan entre 0 y 1; el estadístico de Hosmer-Lemeshow, que mide la bondad del ajuste global del modelo y representa uno de los parámetros más robustos con ese fin, especialmente si entre las variables independientes se consideran variables continuas o si las muestras son pequeñas; el estadístico de Wald[17], uno de los índices que informan sobre la significatividad individual de los coeficientes de la fórmula de regresión logística pues mide la importancia de la contribución de un determinado factor al modelo: cuanto más se aproxima su valor a 1, mayor importancia tiene el factor en el modelo.

Asimismo, también puede aplicarse el análisis de regresión logística multinomial, que constituye, en esencia, un modelo estadístico idéntico al de regresión logística binomial aplicable cuando la variable dependiente presenta al menos tres variantes diferentes mutuamente excluyentes. Este es, sin duda, el modelo que mejor se ajusta a las necesidades específicas de la variable 'expresión del futuro', si bien ha sido relegado al último lugar en el conjunto de los análisis por constituir un tipo de modelización no aplicado, en general, por el variacionismo y, sobre todo, por ofrecer un conjunto de resultados que no es posible comparar con resultados obtenidos en estudios previos debido, precisamente, a la falta de precedentes. La aplicación de este modelo estadístico requiere revisar el corpus para seleccionar los casos que cumplan la exigencia fundamental de poder neutralizarse con las otras dos opciones, sin excepción.

Finalizamos este epígrafe de modelos inferenciales resaltando que debe respetarse un principio de equilibrio entre el tamaño muestral y el

---

mientras que *Rbrul* y *SPSS* miden la desviación en términos de *–2LL*. Los tres programas proporcionan medidas de verosimilitud de los sucesivos modelos obtenidos en los métodos por pasos. *Goldvarb*, por su parte, incorpora a la medida de verosimilitud de cada modelo un índice de verosimilitud máxima (*maximum possible likelihood*) que sirve de cota teórica máxima de verosimilitud alcanzable. Obviamente, el grado de optimización del modelo calculado en cada caso se puede medir en términos de diferencia entre su verosimilitud alcanzada y la verosimilitud máxima posible. Cuanto menor sea esta diferencia, mayor proximidad es posible asumir entre el modelo calculado por *Goldvarb* y el modelo óptimo.

17 De las tres herramientas consideradas en este estudio, únicamente *SPSS* proporciona este estadístico.

número de factores o categorías de variables independientes que se incluyen en un modelo estadístico. Si el proceso de selección es automático, el investigador no ha de tomar ninguna decisión al respecto y es el propio programa informático el que se encarga de contemplar estas consideraciones; pero si se opta por la inclusión manual de variables, es preciso tener en cuenta que modelos sobrecargados para muestras relativamente pequeñas conllevan errores estándar grandes o coeficientes sobrevalorados falsamente (situación conocida como 'sobreajuste'). En general, se suele indicar que por cada factor covariable en la fórmula de regresión debe contarse con al menos diez individuos por cada evento de la variable dependiente con menor representación.

Cuestiones metodológicas

Tras el modelo inicial de Labov sobre variables fonológicas del inglés (1963, 1966), la sociolingüística variacionista ha seguido un proceso constante de revisión, ampliación y perfeccionamiento de las técnicas empleadas en sus investigaciones. De manera especial, la sociolingüística hispánica ha experimentado en las dos últimas décadas un importante desarrollo teórico y metodológico, fruto, entre otros, de la consolidación del proyecto PRESEEA. No obstante, existe cierta controversia en la actualidad sobre dos cuestiones: cuáles son los modelos estadísticos teóricos que pueden ofrecer resultados más fiables a la investigación variacionista y qué programas informáticos optimizan el análisis de los datos sociolingüísticos de manera más eficiente y rigurosa.

Dadas las características de nuestro trabajo, prestaremos especial atención a ese debate abierto en el seno de la lingüística variacionista mediante un estudio comparativo de los instrumentos tradicionales con otras herramientas alternativas, cuya difusión está experimentando en los últimos tiempos un auge notable en el ámbito de la investigación[1].

Globalmente, la metodología empleada en nuestro estudio consta de tres etapas. En primer lugar, se han cuantificado todas las ocurrencias de futuro morfológico y de la perífrasis <ir a + infinitivo> así como aquellas de presente de indicativo susceptibles de ser consideradas portadoras de un contenido temporal de futuro, mediante herramientas específicamente diseñadas por el equipo de investigación de PRESEVAL para el aprovechamiento del corpus. En segundo orden, se ha depurado y filtrado ese conjunto inicial de casos recopilados aplicando una serie de criterios previamente definidos que garantizan el cumplimiento de dos premisas fundamentales: todas las ocurrencias seleccionadas deben ser portadoras de un contenido expresivo predominante de tiempo futuro y, además, todas deben verificar la posibilidad de neutralización con al menos alguna de las otras dos variantes alternativas. Y por último, los valores concretos que presentan tanto la variable dependiente como los diferentes factores considerados (lingüísticos y extralingüísticos) se transforman en datos codificados

1 *Vid.* § 6.1 Instrumentos informáticos empleados.

y adecuadamente organizados para aplicar las diferentes herramientas de análisis estadístico cuantitativo.

4. El corpus

El corpus PRESEVAL[2], que sirve de base para el presente estudio, es un corpus de español oral sincrónico, codificado y etiquetado; además, es sociolingüísticamente representativo y técnicamente adecuado, y facilita la identificación de los rasgos característicos del castellano usado por los hablantes de Valencia y su área metropolitana en un registro comunicativo semiformal o neutro. Está integrado en el proyecto panhispánico PRESEEA y ha sido recopilado por el equipo de la Universitat de València siguiendo los objetivos y pautas metodológicas generales del proyecto panhispánico[3]. Nuestro corpus contiene setenta y dos muestras de español hablado recopiladas mediante la grabación de entrevistas semidirigidas con hablantes monolingües y bilingües del área metropolitana de Valencia y pertenecientes a los niveles socioculturales alto, medio y bajo.

El área metropolitana[4] de Valencia está integrada por cuarenta y cuatro municipios que conforman un espacio específico de incuestionable actividad económica y sociológica. Se trata de una comunidad caracterizada por cierta heterogeneidad demográfica en la que confluyen grupos de población de diferentes orígenes geográficos, culturales y lingüísticos, con actitudes e intereses diversos pero integrados, casi en su totalidad, en el contexto urbano. La conjugación de diferentes realidades —demográfica,

2 Gómez Molina, coord. (2001, 2005, 2007). Estos volúmenes, además del corpus, aportan información exhaustiva sobre diversos aspectos: pautas metodológicas del proyecto PRESEVAL, tamaño de la muestra y técnica de muestreo, marco social y lingüístico del área metropolitana de Valencia, técnica de obtención de las muestra de habla, proceso de etiquetado y marcación de los textos, etc.

3 Dichas pautas metodológicas pueden consultarse en Moreno Fernández (1996: 259-264) así como en los portales electrónicos de PRESEEA (<http://preseea.linguas.net>) y PRESEVAL (<http://www.uv.es/preseval>).

4 Se entiende como 'área metropolitana' «un conjunto geográfico donde hay una serie de interacciones económicas y sociales en uno o varios núcleos importantes, ligados por una trama viaria, de información y de todo tipo de corrientes de distintos sentidos» (Jordá 1986: 676).

sociológica, económica y lingüística— convierte a este núcleo urbano en un macrocosmos que funciona como una comunidad de habla, puesto que la estructura y fisonomía propias del área determina, de un lado, contactos continuos entre los integrantes de la misma, hecho que facilita una cierta nivelación de los sistemas lingüísticos utilizados, y, de otro, la movilidad social característica de la sociedad urbana promueve al hablante a cambiar con frecuencia de códigos sociales y lingüísticos dado que los diferentes estratos sociológicos están jerárquicamente organizados.

De acuerdo con el criterio de Moreno Fernández (1998: 23): «la comunidad de habla está formada por un conjunto de hablantes que comparten al menos una variedad lingüística, unas reglas de uso, una interpretación de ese uso, unas actitudes y una misma valoración de las formas lingüísticas», la comunidad de referencia para nuestro análisis es una comunidad de habla bilingüe castellano-catalán[5], compuesta por 1.559.084 habitantes (01/01/2012), donde los usos de castellano y valenciano son similares.

4.1 La muestra

Tanto el tamaño de la muestra del corpus como la técnica de muestreo siguen las pautas metodológicas del proyecto PRESEEA. La técnica aplicada es un muestreo por cuotas con afijación fija atendiendo a la edad, sexo, nivel de estudios y lengua habitual; ello supone un total de 72 hablantes, cantidad que constituye una muestra exhaustiva y representativa de la población, y posibilita la comparación estadística de los resultados con los obtenidos en otras comunidades de habla.

Si bien las muestras de habla quedan limitadas a un único tipo de interacción oral (entrevista semidirigida) y el corpus de referencia es sincrónico (tiempo aparente), las variables sociales seleccionadas permiten establecer los contextos de aparición de determinados hechos lingüísticos y estudiar la variabilidad del comportamiento sociolingüístico. La estratificación establecida para estas variables es como sigue: sexo (hombre/mujer), edad (primera generación, 20-34 años; segunda generación, 35-55 años; y tercera generación, mayor de 55 años); grado de instrucción (estudios primarios —hasta 8 años de escolaridad, analfabetos—, estudios secundarios —hasta

5 Catalán en la variedad dialectal 'valenciano', propia de la Comunidad Valenciana.

doce años de escolaridad aproximadamente— y estudios superiores —unos quince años o más de escolarización—); y lengua habitual (castellanohablante/ bilingüe activo). Junto a estas cuatro variables se han establecido otras que permiten una postestratificación y hacen posible la comparación con otras investigaciones, especialmente la profesión y el nivel sociocultural de los hablantes.

4.2 La entrevista semidirigida

Se trata de una técnica de encuesta directa semiestructurada que permite obtener muestras de actuación lingüística que reflejan el uso de ciertos rasgos gramaticales, pragmáticos y textuales delimitados de antemano (Gómez Molina, coord. 2001). Las entrevistas se han registrado de forma ordinaria y presentan una duración de entre treinta y cincuenta minutos. Esta técnica proporciona un género discursivo oral caracterizado por unos determinados rasgos contextuales que lo diferencian de otros géneros orales similares (coloquio, tertulia, debate, mesa redonda, conversación[6], etc.). Consiste en una comunicación dual o plurigestionada, cuyo formato queda caracterizado por los siguientes rasgos socioculturales, agrupados en los tres niveles que indican Guenthner y Knoblauch (1995: 8):

a) La estructura interna (rasgos verbales y no verbales):

   - se obtiene un contenido lingüístico producto de la actividad discursiva de los interlocutores;
   - junto al contenido lingüístico (elementos léxicos, morfosintaxis y recursos fonológicos) intervienen gestos, fórmulas apelativas, marcadores fáticos, etc;
   - se observa un cambio frecuente en la actuación discursiva transaccional según la clase de preguntas formuladas, casi todas ellas de final abierto (tipos de texto descriptivo, narrativo, expositivo, etc.);
   - se producen rasgos típicos de la oralidad: repeticiones, vacilaciones, reducciones, etc.;

6 No es conveniente emplear los términos 'entrevista' y 'conversación' como sinónimos, aunque en la literatura sociolingüística se utilizan, a menudo, con el mismo sentido (Moreno Fernández 1990a: 95, Silva-Corvalán 2001: 57).

- en cuanto al medio, la comunicación se produce cara a cara; se trata de una interacción simultánea, inmediata y en presencia de interlocutores;
- el registro oscila entre neutro y coloquial.

b) El nivel situativo (contexto interactivo):

- actúan fenómenos rituales de apertura y cierre, tales como las presentaciones, el preámbulo, la despedida, etc.;
- en la organización interactiva, hay establecidos unos turnos de habla o intervenciones en los que el entrevistador tiene la obligación de hacer preguntas y el entrevistado de responderlas, aunque en ocasiones puede producirse un intercambio de papeles;
- otro rasgo de este contexto es la presencia habitual de un oyente que participa de manera puntual en la entrevista; la duración de la misma no es muy extensa para no fatigar al entrevistado y el espacio (generalmente, el despacho del entrevistador) refleja un cierto significado social.

c) La estructura externa:

- los ámbitos de uso que pueden considerarse son tres: esfera pública, esfera profesional y esfera privada, siendo esta última la que corresponde a nuestro corpus;
- la selección de los entrevistados se efectúa de acuerdo con unas categorías sociales previamente establecidas en el proyecto (sexo, edad, nivel de estudios, profesión, etc.).

Asimismo, la entrevista semidirigida permite al investigador-entrevistador aplicar estrategias de observación participante con el fin de conseguir un discurso no preparado ni planificado por parte del entrevistado y para lograr que se produzca una actuación lingüística variada en un registro neutro relativamente uniforme. Las muestras de habla contienen un conjunto de secuencias narrativas, expositivas, argumentativas y descriptivas que se combinan internamente según el discurrir más natural de la entrevista. El posterior proceso de etiquetado se encarga de demarcar cada uno de los fragmentos discursivos en cada entrevista para facilitar su manipulación y análisis posterior.

Evidentemente, la mayor parte de la responsabilidad recae sobre el entrevistador, dado que su misión consiste en conseguir que la interacción se desarrolle de la forma más fluida posible, en mantener un tono conversacional neutro, en realizar comentarios y valoraciones positivos que refuercen la autoestima del informante, como expresiones, gestos, sonrisas, etc., así como en cambiar de tema al menor síntoma de incomodidad o bloqueo por parte del entrevistado[7]. Es evidente que la relación interpersonal entre el informante y el entrevistador varía según los participantes, ya sea por diferencias sociales, culturales, generacionales, etc. pero su misión, como señala Kvale (1996), consiste en neutralizar dichos desajustes.

5. Las variables

La adecuada y rigurosa definición de las variables es, tal vez, el requisito de mayor importancia en nuestra línea de investigación, pues como señalan Martín Butragueño y Vázquez Laslop (2002: 309) «la aproximación variacionista no es un enfoque teórico, sino un método de trabajo que establece el peso relativo de los factores o variables que influyen en la distribución de un fenómeno». El método define y limita en gran medida el objeto de estudio, de ahí que la investigación verá incrementadas su fiabilidad y representatividad al seleccionar y diseñar adecuadamente tanto la variable lingüística dependiente como los factores contextuales (intra y extralingüísticos) contemplados en el análisis.

En el presente estudio, el diseño de variables, como paso previo al análisis, requiere precisar, en primer lugar, los criterios de selección de ocurrencias admisibles de expresión de la futuridad (variable dependiente) y, posteriormente, establecer los estratos o categorías que codifican las variables independientes (factores lingüísticos, lingüístico-pragmáticos, estilísticos y sociológicos) que serán incorporadas a la investigación como promotores potenciales del empleo de alguna de las variantes de la variable dependiente.

7 Lavandera (1984) afirma que ni el diseño de la encuesta, ni el lugar donde se desarrolla son tan importantes como la personalidad del investigador para asegurar la obtención de unos materiales valiosos para el estudio sociolingüístico. Según explica Gómez Molina (coord. 2005: 25), el entrevistador puede y debe poner en práctica, con ese fin, ciertas estrategias verbales (interpretar las respuestas, solicitar aclaraciones, estimular, dar confianza y seguridad, sugerir hipótesis…) y no verbales (mantener contacto visual, una expresión facial agradable, movimientos gestuales con la cabeza, las manos, etc.).

5.1 La variable lingüística dependiente

El español cuenta con distintas opciones para manifestar un suceso en tiempo futuro, que podemos aglutinar en dos grupos: de un lado, aquellas estructuras lingüísticas que codifican gramaticalmente una referencia deíctica a un punto de la línea temporal posterior al momento del habla; y, de otro, aquellos mecanismos y expresiones susceptibles de comportar dicha referencia de modo eventual y esporádico, es decir, fórmulas cuyo valor temporal de futuridad es adquirido bajo unas circunstancias concretas, y no como consecuencia de su codificación sistemática y gramaticalizada. En esta investigación, la variable lingüística objeto de estudio es la expresión temporal del futuro en el español hablado de Valencia mediante tres formas gramaticales: el futuro imperfecto, también denominado futuro morfológico o futuro sintético; la perífrasis tempoaspectual <ir a + infinitivo>, en determinadas condiciones; y, también el presente prospectivo o presente pro futuro.

Pero, como ya se ha señalado, el empleo de alguna de estas formas o variantes en el habla no implica necesariamente la expresión de un contenido temporal de futuridad ni comporta en todos los casos la posibilidad de su neutralización con alguna de las otras alternativas. Por ello, es necesario determinar qué condiciones deben cumplirse para que tanto las opciones de futuro analítico y sintético como el presente pro futuro refieran una acción situada en el tiempo posterior al momento del habla y, también, qué circunstancias han de darse para que pueda considerarse que dichas opciones alternantes de futuridad se neutralizan en el discurso.

A continuación detallamos las tres variantes establecidas.

a) Futuro morfológico

Es bien sabido que las lenguas indoeuropeas desarrollaron la categoría verbal de futuro de manera tardía. La oposición temporal básica que se establecía en estas lenguas entre el tiempo presente y el pasado se expresó en un primer momento mediante una serie de desinencias primarias y secundarias y, más tarde, a través de la oposición de temas. El futuro gramatical, de hecho, ni siquiera llegó a desarrollarse en algunas de ellas, si bien es cierto que estas lenguas contaban con otros mecanismos para la expresión de lo venidero. Por otro lado, no existe una simetría entre las posibilidades que ofrecen las lenguas para expresar el pasado y el porvenir; ello podría deberse a que a nivel cognitivo se trata de dos actividades completamente diferentes de la conciencia: la certeza concreta de lo ocurrido se opone a la incertidumbre abstracta de lo que está por llegar. En la expresión de eventos venideros intervienen necesariamente elementos de deseo, intención, predisposición, temor, duda, etc., que condicionan la referencia puramente temporal e introducen connotaciones modales hasta tal punto que dichos valores de tipo modal pueden llegar a sistematizarse y entrar a formar parte del contenido denotativo en determinados usos. Además, no debe olvidarse que la gran mayoría de las formas gramaticales existentes en las antiguas lenguas indoeuropeas para la expresión de tiempo futuro procedían de antiguos subjuntivos y desiderativos, en los que los valores modales constituían una parte inseparable de su contenido denotativo.

Como señala Meier (1965: 63), el latín ya contaba con diversos recursos para la marcación de futuridad: la forma sintética de origen indoeuropeo[8] (*amābō*), el presente con valor de futuro (*praesens pro futuro*, fundamentalmente con la forma verbal en primera persona y en compañía de algún marcador temporal adverbial adicional), construcciones de participio (*lēctūrus sum* o *legēns erō*, 'estaré leyendo') y diversas perífrasis de carácter modal (como <*habeō, dēbeō, uolō* + infinitivo>). Son varias las causas que se suelen señalar como promotoras del aumento en el uso de las fórmulas perifrásticas en la expresión del tiempo futuro (especialmente aquellas con el auxiliar <*habeō*>) que culminaron en español con la conformación del actual futuro morfológico; por ejemplo, Penny (1993: 194) identifica la inestabilidad fonética del futuro gramatical clásico como la causa principal del rápido incremento del uso de formas analíticas de futuro en latín (que expresaban la futuridad apoyándose en auxiliares de voluntad, obligación, intención, etc.). De cualquier modo,

8 El propio futuro gramatical latino podría haberse constituido tras un proceso de fusión de elementos de una construcción analítica previa. Tal como indica García-Hernández (1980: 311):

> el futuro clásico *dabo* procede, probablemente, por aglutinación de unidades léxicas distintas, pues en su segundo elemento silábico se reconoce la raíz **bhw-* que se halla en *fui*; luego fue sustituido por la perífrasis *dare habeō*; y este (*dare habes*) se registra ya fusionado en *daras* que, puesto en boca del emperador Justiniano (s. VI), nos transmite Fredegario de forma anecdótica; y tras la aglutinación de este futuro (*daré*) surgieron, en concurrencia con él, nuevas perífrasis ingresivas (*voy a dar*).

Para más información, *vid.* Reid (1944: 111 y ss.) y García-Hernández (1978: 541-546).

las formas gramaticales de futuro latino clásico no se han conservado en las lenguas romances; el proceso es conocido y está bien documentado[9].

En español se impuso la perífrasis <*habeō* + infinitivo>, la cual indicaba intención o predisposición en su origen, pasó después a significar obligación (como en la actual perífrasis de obligación <haber de + infinitivo>) y acabó expresando tiempo futuro. En el siglo II d.C., aproximadamente, la perífrasis <*habeō* + infinitivo> empieza a potenciar sus valores temporales denotativos de futuridad y ya en el siglo III d.C. adquiere un valor temporal próximo al del futuro gramatical clásico, con el que entra en pugna.

Más tarde, posiblemente como consecuencia del desgaste sufrido en el desempeño de su función recurrente como auxiliar, se produce una contracción de las formas del verbo *habeō* y se conservan únicamente la vocal tónica y la desinencia, cuando la hay. Se generaliza al mismo tiempo un orden sintáctico en el que esas nuevas formas contractas del auxiliar se posponen al verbo auxiliado y, sobre todo, se completa la pérdida de los valores modales o aspectuales explícitos y propios de la perífrasis (ahora <infinitivo + *habeō*>) a favor de los valores temporales de posterioridad que la construcción ya contenía de modo latente. Este proceso debió de ser largo y tuvo necesariamente que contar con la concurrencia sistemática de la construcción en ciertos contextos donde se producía una reinterpretación de sus contenidos propios en favor de los valores temporales de futuridad, al tiempo que disminuía la frecuencia de uso de la forma gramatical clásica por razones diversas. Esta fórmula analítica se documenta ya fusionada en el siglo VI (*daras*). Finalmente, la alternancia entre las versiones analítica (*cantar hé*) y sintética (*cantaré*) se documenta en obras castellanas hasta el siglo XVI, a mediados del cual la forma de futuro con el auxiliar separado empieza a desaparecer (Alvar Ezquerra y Pottier 1983: 249) y prevalece la sintética 'cantaré'. Es precisamente entonces cuando empieza a utilizarse con valor temporal de futuridad una nueva fórmula perifrástica alternativa con la que este futuro sintético entra en competición: la perífrasis <ir a + infinitivo>.

El futuro morfológico ha sido estudiado en la tradición gramatical española por un buen número de autores; así, para Bello (1847: 188-199) el futuro morfológico expresa en su significado fundamental «posterioridad

9 *Vid.* los estudios de Coseriu (1957), Müller (1964), Benveniste (1968), Valesio (1968), Butler (1969), Fleischman (1982) y Alvar Ezquerra y Pottier (1983), entre otros.

del atributo al acto de habla», aunque reconoce un uso de la forma verbal con valor de probabilidad:

> La relación de posterioridad se emplea metafóricamente para la consecuencia lógica, la probabilidad, la conjetura. Las formas 'cantaré', 'cantaría' o 'habré cantado' pierden así su valor temporal en cuanto a la relación de que hablamos: el futuro pasa a presente y el pospretérito a pretérito o copretérito; el antefuturo se convierte en antepresente y el antepospretérito en antecopretérito. Parecerá entonces que hay en el verbo una relación de posterioridad que no cuadra con el sentido de la frase, pero realmente no habrá en ella elemento impropio alguno ni ocioso; habrá solo una metáfora. El verbo se despojará de aquella fuerza de aseveración que caracteriza a las formas del indicativo y en vez de afirmar una cosa como sabida por nuestra propia experiencia o por testimonios fidedignos, la presentará mediante la imagen del futuro, como una deducción o conjetura nuestra, a la que no prestamos entera confianza.

Este autor señala otros valores adquiridos por la forma, como el valor imperativo o el valor de «sorpresa o maravilla». La distinción que Bello introduce entre el significado «fundamental» y el secundario o «metafórico» coincide plenamente con las nociones actuales de contenido gramatical y usos dislocados.

También la RAE (1931: 271-276) y Lenz (1935: 480) identifican en el futuro morfológico la capacidad de expresar la coincidencia de un predicado con su sujeto en tiempo posterior al momento en que se enuncia y aluden a su capacidad para expresar valores de posibilidad, duda y vacilación en el uso, así como para el mandato y la prohibición. Por su parte, Gili Gaya (1961: 165-166) describe el futuro morfológico como una forma que «significa la acción venidera independientemente de cualquier otra acción»; para este autor, el uso del presente pro futuro y la perífrasis como mecanismos exclusivos para la expresión de futuridad es propio de la infancia y de adultos «poco instruidos»[10]:

> A causa del carácter virtual de la acción venidera, el empleo del futuro supone cierta capacidad de abstracción por parte del hablante. Por esto aparece tarde y es de uso poco frecuente en el habla infantil. Los niños usan con preferencia el presente de indicativo con significado de futuro (van por irán; salto por saltaré) o bien locuciones perifrásticas en presente, como voy a ir, voy a escribir (por iré, escribiré). También los

10 Otros autores, como Hernández Alonso (1968: 32), Silva-Corvalán y Terrell (1989: 206) o Díaz Peralta (1997: 196), han llamado la atención sobre el hecho de que las frecuencias de uso del futuro morfológico se incrementan en el habla a medida que el grado de formalidad crece, así como que sigue constituyendo la forma predilecta en la lengua escrita (Berschin 1987: 101, Sedano 1994: 238).

> adultos poco instruidos recurren al presente por futuro mucho más a menudo que las personas cultas: este año vamos a coger mucha aceituna, por cogeremos; se lo digo, por se lo diré. La obligación o el propósito presente de realizar un acto sustituyen a las formas del futuro. Es bien sabido que ciertos dialectos iliterarios carecen de futuro propiamente dicho. Por consiguiente, las hablas infantil y popular presentan analogía con la situación que condujo a perder el futuro latino clásico (amabo), y a sustituirlo en todos los romances por la perífrasis amare habeo del latín vulgar.

Posteriormente, la RAE (1983: 462-471) sigue las observaciones de Gili Gaya en el *Esbozo de una nueva gramática de la lengua española* e introduce únicamente mínimas modificaciones en la clasificación de los usos dislocados de la forma gramatical. Y en relación al aspecto de la forma, esta obra caracteriza el futuro como un tiempo imperfectivo, en el cual (1983: 462) «la atención del que habla se fija en el trascurso o continuidad de la acción, sin que le interesen el comienzo o el fin de la misma», postura que es compartida por Moreno de Alba (1977) y Gómez Torrego (2000). Por su parte, Alcina y Blecua presentan conjuntamente el futuro morfológico y el condicional (potencial), pues (1975: 798) «ambas formas verbales expresan la enunciación de una acción que se ha de realizar y por tanto no está comenzada. Este hecho le da un carácter irreal en el que la idea que la forma verbal enuncia se supone como resultado de una decisión o de una creencia». Y Fernández Ramírez (1986: 284-291) inicia el apartado dedicado al futuro en su *Gramática española* con unas palabras emblemáticas:

> El futuro es un tiempo verbal cargado de matices significativos y valores modales que exceden en mucho de la simple referencia a un momento o periodo posterior al que se describe, o a aquel en que se habla. Estos valores pueden incluso anular la futuridad misma.

Este autor lleva a cabo una de las clasificaciones más completas que se conocen de todos los posibles valores de uso que puede adquirir la forma de futuro morfológico. Reconoce la existencia de solo dos grandes tipos de futuros: el futuro prospectivo, que señala únicamente la posterioridad del acto o del hecho que se describe respecto del momento en que se habla o respecto de una acción que se menciona o a la que se ha aludido, y el futuro de conjetura[11], con el que realizamos una suposición no prospectiva, de tal forma

11 Uno de los principales valores denominados dislocados que se manifiesta sistemáticamente en buena parte de los usos del futuro morfológico es el denominado valor de conjetura, de probabilidad o epistémico (RAE 2009: 1771). Estos usos no han sido considerados en la investigación porque se trata de ocurrencias del futuro morfológico en

que nos desprendemos ya por completo de la futuridad misma. Y a partir de esta clasificación genérica distingue diferentes matices particulares de uso.

Finalmente, la *Nueva Gramática de la Lengua Española* (RAE 2009: 1770-1776) indica que el futuro es un tiempo absoluto (en los términos descritos por Rojo y Veiga), recuerda su origen perifrástico obligativo y señala que se opone al actual futuro analítico (<ir a + infinitivo>), especialmente en el español americano. Tras señalar que el futuro expresa sucesos venideros, la obra relaciona diferentes usos de la forma con la persona gramatical involucrada; así, con la segunda persona, el futuro morfológico puede adquirir valores de mandato ('Se lo devolverás', 'No matarás'), petición o solicitud ('Estas notas, Manolo, escritas por mí, que no estoy fuerte en ortografía, las pondrá usted en limpio'), recomendaciones ('Un calmante te sentará bien'), amenazas ('No te librarás') y advertencias ('Te harás daño'). Con la primera persona expresa más claramente promesas y compromisos ('Llegaremos', 'Se lo diré') y la tercera es más frecuente para instrucciones y directrices ('El trabajador avisará en caso de avería'). También se alude a la imposibilidad de construir el futuro con adverbios relativos temporales, a diferencia de lo que ocurre con otras lenguas románicas, como el catalán, y en especial al uso del futuro simple en la pauta <cuando tendrá>, rechazada en la mayor parte de las construcciones[12] —como en 'Saldremos *cuando llegará Juan'—.

---

las que el contenido temporal de futuro ha sido reemplazado por el de presente y en los que predomina un contenido modal de tipo epistémico. Sin embargo, cabe considerar que el análisis de la situación actual de pugna entre el futuro morfológico y la perífrasis <ir a + infinitivo> por el dominio de la expresión de futuridad no podría entenderse en toda su dimensión sin la observación del elevado número de usos conjeturales del futuro morfológico y, sobre todo, sin la consideración del aumento de la frecuencia de dichos usos, especialmente durante el último siglo (Aaron 2006a, 2006b, 2007, 2010). En estudios similares al nuestro, el tratamiento y contabilidad de estas ocurrencias es diverso. Así, Sedano (1994) excluye los futuros modales morfológicos de conjetura o epistémicos en su estudio del español de Venezuela, usos que representan aproximadamente el 58% del total de las ocurrencias recopiladas; Moreno de Alba (1977: 98) cuantifica en un 73% los casos de futuro morfológico con contenido de incertidumbre; también Villa Crésap (1997: 58) contabiliza en un 70% los casos de futuro morfológico de incertidumbre en el español de Nuevo México y Durán Urrea y Gradoville (2006) estiman en un 79% el porcentaje de usos modales de la forma. Como puede comprobarse, se trata de porcentajes altos de uso del futuro morfológico con predominio del valor modal de conjetura y valor temporal de presente.

12 La *Nueva Gramática* (RAE 2009: 1777) considera semilexicalizadas las fórmulas creadas a partir del futuro simple de los verbos 'ver' ('Tú verás'), 'saber' ('Tú sabrás'),

Tras estos comentarios, exponemos a continuación los usos que han sido excluidos del análisis:

1) El futuro morfológico epistémico, modal o de conjetura. Este futuro no es portador de un contenido temporal predominante de futuridad sino que manifiesta un valor temporal de presente amalgamado con valores modales de duda o conjetura[13]. Se trata del grupo más voluminoso de ocurrencias excluidas de futuro morfológico.

   (5) hacer más de una licenciatura eel todo este lío de los puntos y todo esto // bueno quizá imagino que *será* el miedo porque poco a poco vas / cogiéndole pero / de todos modos lo veo muy difícil / muy difícil

   Entrevista 04, 31HC (10:29)

2) Fórmulas rutinarias. Se conoce con este nombre a un conjunto de construcciones altamente frecuentes en los discursos y fijadas en el uso, generalmente fosilizadas, carentes de un contenido semántico definido y con una función primordialmente pragmática. Algunas ocurrencias de futuro morfológico se presentan en el discurso inmersas en fórmulas rutinarias y han sido excluidas como marcas de futuro[14]:

'decir' ('Tú dirás') y sus variantes con los pronombres personales 'vos, usted, vosotros, ustedes'. Este tipo de construcciones son recogidas y abordadas en este estudio en el capítulo correspondiente a las fórmulas rutinarias, construcciones retóricas con alto grado de lexicalización y con valor eminentemente expresivo (*vid.* pág. 55).

13 Si bien se ha optado por excluirlas en este estudio, podrían tenerse en cuenta en investigaciones posteriores con el fin de aportar nuevos datos a la teoría que propugna un acaparamiento paulatino por parte del futuro morfológico de los contextos modales de probabilidad frente a una especialización de la perífrasis en los contextos temporales (tesis de la doble gramaticalización, *vid.* Aaron 2006b, 2010).

14 Mención aparte creemos que merece la fórmula <ya + futuro morfológico>, objeto de atención en diversos estudios (Aaron 2006b, Bravo 2008, RAE 2009, entre otros). Hemos distinguido los casos de futuro morfológico inmersos en fórmulas rutinarias (a) de ciertas ocurrencias de este futuro acompañadas de un 'ya' con un contenido temporal predominante claro y, por tanto, no constitutivo de fórmula rutinaria (b).

(a) no / es que yo me compro la ropa // no / no / tú dejas el dinero aquí / y tu asignación es esa y / después yaa *ya veremos* / ¿me comprende?

Entrevista 50, 13HB (20:54)

(b) mi marido pues claro llegaba un momento en que me decía yo me acuesto // *ya vendrán* /// yo me quedaba leyendo / o escribiendo / oo oo paseando / o fumando / esperándolas / llegaban a las seis de la mañana ¿eh?

Entrevista 35, 22MC (13:18)

(6) A: ¡esa es una droga!
I: ya lo sé que es una droga // si lo supr- *si lo sabré yo*

Entrevista 49, 11MC (12:31)

3) Paremias. Consideramos paremias los refranes, proverbios, citas, eslóganes y enunciados fraseológicos. Sus principales características comunes se resumen en su alto grado de institucionalización o lexicalización, su autonomía sintáctica, su autonomía textual y su valor de verdad general[15].

(7) E: muy bien / ¿a usted le interesa la política?
I: dice *venderás a tu padre y a tu madre y te harás político*

Entrevista 21, 33HB (21:29)

4) Cambios de código y ocurrencias de futuro perfecto.

(8) y que se veían a menudo / que le dijo / *que si vols anar-te'n ves-te'n ja perquè si els xiquets te creixen després no te* podràs *anar*[16] / y a mi padre le entró tal pánico porque nunca le ha gustado Madrid y eso que le fue muy bien y vivió treinta y cinco

Entrevista 19, 32MB (03:24)

(9) voy ahora a ver rebajas / voy buscando rebajas / vengo cansada como un burro a casa / y digo ¡para qué *habré venido* a las rebajas! / pero bueno / es esa diversión // a veces que me apunto a las amas de casa / y me distraigo también

Entrevista 61, 13MC (09:04)

Concluimos la exposición sobre esta variante con un cuadro resumen del recuento de ocurrencias estudiadas:

Ocurrencias iniciales	583
Ocurrencias excluidas	
Futuros morfológicos de conjetura	155
Fórmulas rutinarias	6
Paremias	5
Cambios de código	3
Futuros perfectos	3
Total ocurrencias excluidas	172
TOTAL	411

15 Las iniciales que aparecen ocasionalmente en los fragmentos de entrevista seleccionados corresponden con el entrevistador (E), el informante (I) y, eventualmente, con otros participantes en la entrevista (acompañantes, amigos, identificados como A, B…). En casos de ausencia de indicación debe asumirse que se trata de una intervención del informante.

16 "[…] que si quieres irte, vete ya porque si los niños crecen, después no te podrás ir".

b) Futuro perifrástico

La mayoría de lenguas indoeuropeas disponen de construcciones perifrásticas para la expresión del tiempo futuro, si bien dichas estructuras no comparten en todas ellas el mismo origen ni la función que desempeñan actualmente. Aquellas lenguas que sí desarrollaron un futuro gramatical propio, como el griego, el indoiranio y el propio latín, cuentan, además, con mecanismos de expresión analítica de la futuridad; en ellas, la referencia al futuro mediante el empleo de construcciones perifrásticas es un proceso habitual que todavía se encuentra activo en algunos casos, como en muchas lenguas románicas que, tras completar un largo proceso de gramaticalización de la perífrasis <*habeō* + infinitivo> en una nueva forma gramatical (en español, el actual futuro morfológico o sintético) desarrollaron una nueva fórmula para la expresión de futuridad de tipo analítico: la perífrasis <ir a + infinitivo>.

Algunos autores, como Fleischman (1982: 82), señalan que la perífrasis <ir a + infinitivo> probablemente se empleaba en referencia a un tiempo futuro ya en la lengua coloquial del siglo XV[17], aunque es en los siglos XVI y XVII cuando se documentan los primeros testimonios escritos de la construcción con ese valor. Para Melis, Flores y Bogard (2003: 28-31) la metaforización temporal del movimiento espacial en la perífrasis <ir a + infinitivo> introduce un matiz aspectual incoativo en los orígenes de la construcción de un modo tal que posteriormente, por metonimia, «la atención se desliza del evento incipiente en el momento presente a la idea de la realización del evento en un futuro presentado como próximo»; sin embargo, para López García (1990: 115) la perífrasis <ir a + infinitivo> no está vinculada en su origen con la inminencia, sino con la explicitación del proceso y el resultado característicos de toda forma verbal.

En cualquier caso, según Melis, Flores y Bogard (2003: 32) y Melis (2006: 934), a principios del siglo XIX se constata claramente el inicio de la competencia entre la perífrasis <ir a + infinitivo> con valor temporal futuro y la forma gramatical de futuro morfológico, si bien con la concurrencia de otros valores inminenciales a menudo indiscernibles del propio valor temporal. Y para Aaron (2006b: 137), la clave del rápido desarrollo y del éxito en la extensión del uso de la perífrasis con valor temporal de futuridad podría residir en la transparencia de su significado,

17 Berschin (1986: 301), sin embargo, sitúa el origen de estos usos en el siglo XVI.

casi siempre habilitado para una interpretación temporal futura, a diferencia del futuro sintético, caracterizado como forma de contenido temporal con interferencias de otros valores modales, como los de obligación y predestinación.

Las perífrasis verbales de infinitivo han sido objeto de gran cantidad de estudios, entre ellos los de Hernanz (1980), Gómez Torrego (1988), Miró y De Pineda (1990), Gómez Manzano (1992), Troya (1998), Melis, Flores y Bogard (2003), Camus Bergareche (2006) y Melis (2006); particularmente, nos interesan los relacionados con la perífrasis <ir a + infinitivo> de Montes Giraldo (1963), Iuliano (1975), Pedrero (1993), Radatz (2003) y Scheirs (2009), y, de forma especial, los trabajos de Bravo (1999, 2007, 2008).

Casi toda la bibliografía al respecto coincide en señalar la presencia sistemática y simultánea de tres valores fundamentales en las ocurrencias de la perífrasis <ir a + infinitivo> cuando expresan lo venidero: primero, un valor temporal de futuridad; segundo, diversos valores modales (como predisposición, probabilidad, etc.) y tercero, valores aspectuales de conato, inminencia, etc. Ese valor temporal de futuro manifestado mediante la perífrasis <ir a + infinitivo> ha sido tratado por varios autores. Rojo (1974) explica el proceso que podría haber conducido a esta perífrasis —originariamente expresadora de posterioridad al origen establecida a través de una referencia a un momento simultáneo al momento del habla— a la expresión de un tiempo equiparable al del futuro morfológico (1974: 92):

> Llegaré indica [...] posterioridad al origen sin tener en cuenta si esa posterioridad se establece directamente o a través de una referencia O+V. Lo mismo sucede con la relación (O∘V)+V: es lo mismo que O+V. Sin embargo, quizá no esté del todo desencaminado pensar que la perífrasis ir a + infinitivo tuvo en un principio precisamente este valor; de ahí esa caracterización como 'futuro próximo' que se le ha dado en ocasiones. Lo sutil de la distinción posibilitó el paso de la indicación específica (O∘V)+V a la general O+V que es su valor actual.

Para Luna Traill (1980: 167), esta construcción perifrástica es la forma analítica de expresión del tiempo futuro y reconoce en ella «el sintagma que ha venido a constituirse en la suplencia normal de la forma sintética en '-ré'»; también Marcos Marín (1984: 279) subraya su valor futuro, clasifica la construcción como perífrasis de prosecución relativa y destaca su gran capacidad para sustituir al futuro morfológico; sin embargo, Gómez Torrego (1988: 66-67), si bien sostiene que el valor principal de la perífrasis <ir a + infinitivo> es temporal y refiere una temporalidad futura inmediata, afirma que la perífrasis no se neutraliza con el futuro morfológico[18].

Así pues, mientras algunos autores, como Gómez Torrego (1988), señalan que la diferencia fundamental entre ambas formas de expresión de futuridad estriba en la percepción general por parte del hablante de una mayor inmediatez de lo expresado por la construcción perifrástica que por el futuro morfológico y, por tanto, de su mayor capacidad expresiva de matices afectivos y connotativos de tipo modal; otros, como Almeida y Díaz Peralta (1998), argumentan que la diferencia fundamental de uso entre las tres formas principales para la expresión del tiempo futuro radica en el grado de seguridad que cada una de ellas aporta al enunciado: el presente pro futuro sería considerado portador de seguridad máxima y el futuro morfológico, de mínima.

El debate sobre el valor de estas variantes sigue vigente. Así, Seco (1991: 220-221) resalta el valor temporal futuro básico de la perífrasis, pero le atribuye valores de intención e inmediatez y subraya que la construcción indica una acción futura que se ve más inmediata, más viva o más voluntaria que la expresada por el tiempo futuro. Por su parte, Morera (1991: 115-116) destaca el valor eminentemente temporal de la perífrasis

18 Los ejemplos que plantea Gómez Torrego para mostrar la imposibilidad de neutralización en determinados contextos son los siguientes: a) '¿Qué hora es? Van a ser las tres', b) 'Señores, va a comenzar el partido', c) 'Vámonos, que va a llover'. Efectivamente, los usos de la perífrasis <ir a + infinitivo> con valor inminencial extremo expresan un contenido temporal de futuro que no equivale ni parece poder neutralizarse, a priori, con el contenido temporal expresado habitualmente por el futuro morfológico. Como se verá, la progresiva especialización del futuro morfológico en la marcación de valores modales de tipo epistémico está limitando la franja de tiempo expresada por esta forma a un tiempo situado fundamentalmente en un punto de la línea temporal alejado del momento del habla, si bien es cierto que todavía puede expresar tiempo futuro inminente o muy próximo siempre y cuando concurran determinadas condiciones cotextuales propicias. Partiendo de los mismos ejemplos propuestos por el autor, obsérvese el tiempo futuro inminente expresado por las siguientes ocurrencias de futuro morfológico: a) '¿Qué hora es? [En un minuto] serán las tres', b) 'Señores, [en breves instantes] comenzará el partido', c) 'Vámonos, que [enseguida] lloverá'. Parece claro que el futuro perifrástico ha gramaticalizado la especificación temporal de inminencia (o ya se originó con dicha especificación gramaticalizada) que el futuro morfológico exige de manera explícita o inferida del contexto. En nuestra opinión, cuando dicha especificación se manifiesta (de manera explícita o implícita) el futuro morfológico preserva sus posibilidades de neutralización con la perífrasis de futuro incluso en entornos de inminencia temporal extrema.

al señalar que entre esta construcción y el futuro morfológico se produce lo que el autor denomina una 'confluencia designativa', es decir, ambas construcciones expresan el mismo valor de tiempo futuro, pero de diferentes formas; mientras que la perífrasis designaría la idea de futuro como un movimiento de separación que tiene su punto final absoluto en un proceso, el futuro morfológico la designaría como un momento posterior al presente. Y Sedano (1994: 225), quien, a la hora de plantear las posibilidades de alternancia entre el futuro perifrástico y el morfológico, estipula tres situaciones posibles: a) todos los casos en los que tanto la forma analítica como la sintética presentan significaciones no relacionadas con la idea temporal de posterioridad; b) los usos en que la perífrasis sí designa posterioridad pero en un contexto sintáctico que impide la alternancia; y c) las situaciones de neutralización admisible; para esta autora (2005: 7), el estudio de este tercer grupo de casos revela que la variación está condicionada, algo que reitera más tarde cuando considera que la referencia futura de una forma no implica su neutralización con otras formas de contenido semejante.

Interés especial merece la aportación de Bravo (2008: 153), que analiza la perífrasis <ir a + infinitivo> como una perífrasis de aspecto prospectivo con un determinado significado temporal, que corresponde específicamente al presente cuando el auxiliar se conjuga en este tiempo. En este caso, la perífrasis expresa un contenido temporal de presente mediante el que se hace referencia a un estado de cosas actual como antecedente de una situación futura; esta es la definición del conocido como 'rasgo de relevancia actual' que, a juicio de la autora, constituiría el rasgo gramatical esencial de la construcción a partir del cual podrían interpretarse todos sus usos. Desde esta perspectiva, el único modo de que la perífrasis realice la misma indicación temporal que el futuro morfológico (Bravo 2008: 49) es que le acompañe explícitamente un complemento temporal que aporte dicha información, o bien que dicho complemento pueda ser sobreentendido del contexto. En ausencia de ese marcador temporal adicional, la construcción se comportaría como una perífrasis de aspecto prospectivo y no como un futuro, si bien el modificador temporal no tiene por qué ser explícito[19].

19 En nuestra opinión, dicha indicación no tiene por qué aparecer de manera explícita para que la forma adquiera valor temporal de futuro.

Esta autora (2008: 289-290) afirma que cuando <va a + infinitivo> concurre acompañada de un modificador temporal le corresponden dos posibles significados: puede ser interpretada como una perífrasis de aspecto prospectivo con valor de presente, próxima al presente pro futuro, y también puede equivaler a un futuro morfológico. La razón que justifica esta actuación de la perífrasis no es otra que el estado inconcluso del proceso de gramaticalización en virtud del cual la construcción estaría pasando de expresar aspecto a expresar tiempo (cfr. Coseriu 1977a, Fleischman 1982, Hopper y Traugott 1993, y Melis 2006, entre otros), situación que justificaría su necesidad de adquirir la proyección hacia el tiempo futuro de marcadores de tiempo externos a la forma. La doble interpretación posible de la perífrasis en este tipo de situaciones podría explicar, y en esto coincide la autora con Melis (2006), que los contextos marcados temporalmente constituyan un tipo de entorno que promueve el avance del proceso de gramaticalización de los contenidos temporales en la perífrasis, idea que comparten otros autores, como Bauhr (1989), Gómez Torrego (1988, 1999), Veyrat (1993), Vet (1994) y Havu (1997).

Finalmente, la *Nueva Gramática* (RAE 2009: 2154-2160) clasifica <ir a + infinitivo> como una perífrasis tempoaspectual en la que predominan, por lo general, los valores temporales. Expresa posterioridad desde el momento de habla (situación en la que compite con el futuro morfológico) y aspecto prospectivo. Su uso es más frecuente que el futuro morfológico, especialmente en contextos con indicios de seguridad respecto al acontecimiento anticipado, sobre todo si dicho evento es inminente ('Van a ser las cinco'). Y mientras el futuro morfológico puede admitir cualquier marcador temporal, la perífrasis <ir a + infinitivo> temporal parece exigir marcas adverbiales de un tiempo que a juicio del que habla se considera inminente, si bien algunos contextos contrastivos y enfáticos relajan esa exigencia ('Las obras no se van a terminar hasta dentro de diez años').

También explicita, además, que en los casos en que la alternancia con el futuro morfológico es posible, esta forma aporta mayor seguridad, firmeza o determinación. Sin decantarse por una caracterización temporal o aspectual de la perífrasis, se reconoce que la localización temporal contenida en esta construcción es relativa en el sentido de que la posterioridad expresada se da respecto de un punto de referencia proporcionado por el contexto y compatible con el tiempo en el que aparece el verbo conjugado. Asimismo, señala que las diferencias entre el futuro sintético y el futuro analítico son, en primer lugar, de registro, dada la alta frecuencia de uso del segundo en la lengua hablada respecto a la escrita, en general ya que el futuro morfológico es percibido en ocasiones como propio de un estilo elevado (RAE 2009: 1775). Otro rasgo diferencial de la perífrasis frente al futuro morfológico es la mayor implicación del hablante respecto de lo dicho, lo cual contribuiría a facilitar al interlocutor la obtención de la inferencia pragmática según la cual el que habla confía en que el suceso enunciado llegue a producirse, transmitiendo así seguridad y certeza ante lo dicho.

En definitiva, este breve recorrido por algunos estudios sobre la capacidad de la perífrasis para expresar tiempo futuro, sus valores en el uso, su contenido gramatical, etc., muestra la complejidad de una construcción sometida, según apuntan diversos indicios, a un proceso de gramaticalización en marcha no culminado en virtud del cual la forma estaría asumiendo la expresión de valores temporales de los que hasta hace relativamente poco se ocupaba el futuro morfológico, en detrimento de su propio carácter esencialmente aspectual o tempoaspectual prospectivo.

Finalizamos la presentación de esta variante con la síntesis de los valores asignados a las dos alternativas hasta ahora comentadas, según Scheirs (2009: 7):

Tabla 2.

Futuro perifrástico		Futuro morfológico
estilo informal (más empleado por personas de bajo nivel cultural)	•	estilo formal (más empleado por personas cultas)
proximidad temporal real	•	distancia temporal
intencionalidad y/ o involucramiento del emisor en el evento futuro	•	alejamiento psicológico del emisor con respecto al evento futuro
futuro más seguro, certeza	•	cálculo o duda con respecto al evento futuro
posición asertiva con respecto a la realización del evento	•	aporta valores inasertivos
futuro inmediato, porvenir cercano	•	futuro no inmediato, futuro más lejano
movimiento real hacia un lugar, también significado exhortativo o retórico	•	matices hipotéticos o de posibilidad
grado de participación, interés o implicación personal en el evento venidero	•	forma más neutral desde el punto de vista psicológico
acerca el futuro cronológico haciéndolo más concreto y seguro, y lo ubica en coexistencia con el momento del habla	•	apto para enunciar eventos de cuya realización el hablante tiene poca o nula seguridad

De acuerdo con el objetivo de nuestra investigación, se ha procedido a analizar los diferentes valores de la construcción <ir a + infinitivo> y seleccionar aquellos en los que exprese un contenido temporal predominante de futuro. Para ello hemos establecido un amplio número de criterios: la unidad semántica de la perífrasis (Lenz 1935: 383, Gili Gaya 1961: 105, Criado del Val 1972: 129, Rojo 1974: 60), la denominada 'transformación pseudorrajada', propuesta por Hadlich (1973: 101) y adoptada por Gómez Torrego (1988: 51), la imposibilidad de prescindir del infinitivo en una transformación interrogativa con 'qué' (Fontanella 1970: 61-73), el criterio de unidad funcional (Coseriu 1977a: 73, Hernández Alonso 1984: 382, Gómez Torrego 1988: 11, Fernández de Castro 1990: 46), la prueba del carácter sintáctico de la forma no personal (Gómez Torrego 1999: 3326) y, fundamentalmente, las pruebas de conmutación, permutación y transformación propuestas por Gómez Torrego (1977: 309-310, 1988: 13 y ss., 1999: 3326 y ss.).

Una vez verificado el carácter perifrástico de la construcción, se han excluido las siguientes ocurrencias:

1) <Ir a + infinitivo> con verbo auxiliar en un tiempo diferente al de presente de indicativo. A la luz de lo expuesto en el marco epistemológico, se considera que la perífrasis únicamente puede expresar una futuridad neutralizable con el futuro morfológico si el verbo auxiliar está conjugado en presente de indicativo.

(10) pues / se marchó a otra empresa // no se fiaban mucho de mí / porque ¡claro! / al no tener estudios ni tener nada / dijeron que *iban a probarme* / y hasta ahora / en contabilitat estoy y es lo que máss / me gusta dee del trabajo
Entrevista 66, 12HB (09:14)

2) <Ir a + infinitivo> con predominio del valor aspectual de tipo prospectivo. Es frecuente encontrar ocurrencias de la perífrasis en las que predomina precisamente el valor aspectual de tipo prospectivo sobre su contenido temporal de futuridad. En el corpus de referencia, se ha detectado un nutrido grupo de casos en los que parece predominar este valor aspectual sobre el temporal y que no parecen susceptibles de neutralización con el futuro morfológico y/o el presente pro futuro:

(11) me encanta eso hacerlo / y la sorpresa estaría / por ejemplo en el servilletero / esa sorpresa me gusta mucho / que nadie lo sabe / y cuando *van a comer* fiunn / ahí sale la sorpresa // me encantan las fiestas
Entrevista 11, 33MC (17:45)

3) Fórmulas rutinarias. Son numerosos los autores que han considerado la existencia de diversas fórmulas rutinarias conformadas a partir de una construcción perifrástica <ir a + infinitivo>, si bien destaca por encima de todas la construcción 'vamos a ver'. Moreno de Alba (1985: 96) denomina a estas construcciones 'clichés' y las caracteriza por su bajo contenido semántico. Por su parte, Vega Llamas (2002: 13) asigna a los usos de la construcción 'vamos a ver' una función metadiscursiva vinculada con la organización de la información del discurso y Aaron (2006b: 267) se refiere a 'vamos a ver' como un «*discourse marker*».

(12) pues me sacaré la silla a la puerta de la casa y lo veré caer / ¿qué *vas a hacer*? / ¿te vas a esconder? / no vale la pena

Entrevista 21, 33HB (32:18)

4) Perífrasis <ir a + infinitivo> con predominio del contenido modal. Para Bravo (2008: 220-236), esta construcción con valor modal predominante representa un uso desviado que resulta de interpretar en términos de modalidad las propiedades aspectuales de <ir a + infinitivo> como perífrasis de aspecto prospectivo[20].

(13) y llegué yo / y dije que quería ser albañil // y la profesora me llamó la atención // me dijo pero ¿cómo *vas a querer* ser albañil? / dice querrás ser arquitecto / y yo le dije no no / yo quiero ser albañil

Entrevista 06, 31MB (04:07)

5) Cambio de código.

(14) E: [...] tradicional / el que usted quiera
I: ¡ay! / pu pos buf /// ¡pos mire! vaig a pr *vaig a dir*-li lo qu ha fet hui
E: bien
I: ¿eh? / y es tradicional
E: venga

Entrevista 54, 13MB (13:36)

De nuevo finalizamos la exposición sobre esta variante con un cuadro resumen de las construcciones estudiadas:

20 No debe olvidarse que esta autora (2008: 223) clasifica la perífrasis <ir a + infinitivo> como inherentemente aspectual y portadora de valor prospectivo, aunque señala la existencia de usos de la perífrasis <va a + infinitivo> (es decir, <ir a + infinitivo> con el auxiliar en presente de indicativo) en los que predominan los valores modales y que la autora califica como «desviados» de ese carácter natural.

Ocurrencias iniciales		723
Ocurrencias excluidas		
Construcciones <ir a + infinitivo> no gramaticalizadas	10	
Construcciones <ir a + infinitivo> con el verbo auxiliar no en presente	42	
Perífrasis <ir a + infinitivo> con valor aspectual prospectivo	53	
Fórmulas rutinarias	76	
Perífrasis <ir a + infinitivo> con predominio del contenido modal	31	
Cambios de código	1	
Total ocurrencias excluidas		213
TOTAL		510

c) Presente pro futuro

La *Nueva Gramática* (RAE 2009: 1709 y ss.) señala entre los usos del presente de indicativo el denominado 'presente prospectivo' o 'presente pro futuro', y lo caracteriza (RAE 2009: 1720) por su capacidad para aludir a sucesos posteriores al momento de la enunciación, en particular a eventos previstos o planificados, y también en las amenazas. Al contrastarlo con el futuro morfológico, la obra defiende la necesidad de algún complemento contextual que aporte la información temporal necesaria para poder situar la acción en un momento posterior de la línea de tiempo. Asimismo, alude a su alta frecuencia de uso en contextos conversacionales en los que el hablante enfatiza su seguridad sobre lo inevitable de lo vaticinado.

En realidad, el presente con valor temporal de futuro no ha recibido especial atención en las gramáticas a pesar de que, según parece, ya tenía en latín ese contenido expresivo de futuridad: *Moyses, tende manus et tua castra iuvas*[21]. Encontramos referencias en Bello (1847: 416-418), quien indica que la presencia de relaciones temporales contextuales puede conferir al presente un contenido de futuro, y en Gili Gaya (1961: 155-156), que describe este uso del presente como una especie de acercamiento psíquico y como una intención presente de realizar una acción futura:

> Aunque el uso del presente para enunciar la acción venidera es común a todas las edades y a todos los planos sociales, su mayor frecuencia se da en el lenguaje infantil y popular, el cual hace del presente la expresión habitual del futuro sin que ello signifique transposición de valores temporales. En el extremo opuesto se halla el estilo lógico-discursivo, donde el escritor se vale normalmente de las formas propias del futuro; cuando usa el presente en su lugar, practica una transposición verdadera.

21 «Moisés, tiende las manos y ayudas/ayudarás a tu ejército» (Venancio Fortunato, Carm. 2.9.70).

Para Alonso (1974: 137), el presente pro futuro aporta a la acción futura la resolución y seguridad de que el hecho que todavía es eventual ha de convertirse en una realidad; Fernández Ramírez (1986: 224) plantea la hipótesis de que el presente confiere a los eventos un carácter más inmediato, decidido o planeado: «el uso del presente en estos casos obedece al hecho de que se tiene la acción o el acontecimiento que se anuncia como fijado o ya planeado». En relación a la seguridad connotada por este uso del presente con valor de futuro, Alarcos Llorach (1994: 157) lo denomina presente de anticipación y explica que se recurre a las formas de presente para denotar hechos todavía no ocurridos, pero cuyo cumplimiento se espera con seguridad en el porvenir. Por su parte, Bravo (2008: 287) observa que el paralelismo entre el presente pro futuro y la perífrasis <ir a + infinitivo> con el auxiliar en presente (es decir, <va a + infinitivo>) no es de extrañar; la autora considera que el presente pro futuro describe situaciones que obedecen a un plan preconcebido o fijado de antemano y coincide con la postura de algunos autores —Smith (1983) para el inglés y Leonetti (2004: 499) para el español— que defienden que el complemento temporal carecería de función localizadora porque, a su juicio, el presente pro futuro predica un estado de cosas o propiedad respecto del momento de la enunciación. Tal y como plantea Smith (1983), en un ejemplo clásico como 'El tren sale a las cinco', lo que se pone de manifiesto no es tanto el contenido de verdad de la acción como que en el momento de la enunciación existen indicios suficientes como para poder anticipar este acontecimiento futuro. Por otro lado, Bravo se muestra favorable a considerar, en la línea de Bertinetto (1986: 336) para el italiano, que la expresión del significado futuro en el presente está supeditada a la aparición de un complemento temporal orientado a un momento posterior de la línea temporal. También otros autores, como Hornstein (1990: 16-19) y García Fernández (2000: 178-179), atribuyen al presente pro futuro la estructura temporal de un futuro exclusivamente si se cumple esa condición.

Entre los muchos estudios variacionistas sobre la expresión de futuridad en español, solo unos pocos toman en consideración los datos correspondientes al presente pro futuro; entre ellos, Moreno de Alba (1985: 34-35), refiriéndose al español de México, elabora una relación de estructuras que favorecen y a veces incluso exigen el uso del presente que, en dichos contextos, adquiere un valor temporal de futuro; también Almeida y Díaz Peralta (1989), en su estudio sobre Las Palmas de Gran Canaria incluyen las tres principales alternativas para la expresión de futuridad, pero exigen en los tres casos la concurrencia de un marcador temporal explícito; y Pitloun (2005: 245-247) estudia la expresión de posteridad en el habla culta de Costa Rica y selecciona el presente como una alternativa viable. En la misma línea, Orozco (2004, 2005, 2006, 2007a, 2007b, 2009) incluye de manera sistemática este presente en sus estudios y lo considera una alternativa absolutamente intercambiable de expresión de futuridad (2007a: 103); asimismo, en consonancia con la mayoría de estudios similares, el autor corrobora la escasa incidencia del futuro morfológico en la expresión de futuro frente a la intensa vitalidad de las formas alternativas, tanto la de presente pro futuro como la de futuro perifrástico. Finalmente, Claes y Ortiz López (2010), sirviéndose del corpus del PRESEEA desarrollado por el equipo de Puerto Rico, analizan las restricciones de tipo pragmático y social en la expresión de futuridad y estudian las posibilidades de neutralización entre el futuro morfológico, el perifrástico, el presente pro futuro e, incluso, el presente continuo[22] ('Mañana a estas horas estoy trabajando'), si bien esta última construcción es finalmente descartada.

Por último, y de acuerdo con el criterio adoptado en las otras dos alternativas, debemos valorar cuándo el presente de indicativo manifiesta un valor temporal de futuro neutralizable con el del futuro morfológico y/o con el del futuro perifrástico. La mayor parte de los autores que se han ocupado de las posibilidades de marcación de futuridad del presente de indicativo consideran que para que pueda producirse la orientación de su contenido hacia un punto de la línea de tiempo posterior al momento del habla es necesaria la presencia de un marcador temporal explícito en el contexto, aunque la existencia en el contexto de dicho marcador no garantice por sí solo el predominio de dicho contenido. No obstante, hemos admitido determinados casos de presente a los que no acompaña ninguna especificación adverbial explícita de tiempo pues, a nuestro juicio, dichos usos obtenían la necesaria indicación temporal mediante alguno de estos tres procesos:

22 En nuestra opinión, el presente continuo no representa una construcción específica susceptible de expresar futuridad, sino que constituye la unión de un presente pro futuro y un gerundio dentro de una estructura perifrástica. En ese sentido, a partir del mismo ejemplo aportado por estos autores, consideramos factible asumir la total equivalencia de 'Mañana a estas horas estoy trabajando' y 'Mañana a estas horas estaré trabajando'.

a) directamente, mediante implicaturas de índole pragmática:

(15) alguna vez / las las autoridades educativas de la provincia / han pensao / que me podían trasladar allí a otra actividad / han dicho sí pero ¿a quién *ponemos* ahí? // ¿eh? y dicen nada nada dicen / que se quede otra vez donde está // y en ese aspecto / no estoy descontento

Entrevista 12, 33HB (22:46)

b) a través de indicaciones temporales de tipo léxico-semántico:

(16) que salía ciento ochenta y siete millones de euros // y ya pues me puse a soñar // la casa dee la casa en el centro me la *compro* seguro / pero yo creo que seguiría trabajando y seguiría yendo a las cosas

Entrevista 72, 11MB (27:17)

c) y a través de marcas implícitas indirectas recuperables a partir de otras indicaciones explícitas localizables en el contexto:

(17) ¿*seguiremos* estudiando / preparando oposiciones? / ¿*haremos* otra licenciatura para pasar el tiempo? / ¿qué qué *hacemos*? // yy los que están trabajando y no tieneen / un trabajoo estable ¿no? // la misma pregunta / ¿habráa acabaré me harán fijo / estaré toda la vida trabajando aquí?

Entrevista 42, 21HB (16:12)

La siguiente tabla resume los casos de presente afectados por los criterios anteriores:

Tabla 3.

Presentes que orientan su contenido temporal al futuro por inferencia pragmática	11
Presentes que orientan su contenido temporal al futuro a través de contenidos léxicos	11
Presentes que orientan su contenido temporal al futuro por contacto con las formas gramaticales	6
Total presentes pro futuro admitidos sin marca explícita de temporalidad futura	28

Por otra parte, es evidente que el presente de indicativo únicamente realiza la marca de futuridad bajo determinadas condiciones, de ahí que un elevado número de ocurrencias han sido excluidas del análisis al estimarse que su contenido temporal predominante no correspondía al de futuro. Son estas:

1) Presente actual y presente continuo. La *Nueva Gramática* (RAE 2009: 1709) define el 'presente actual', en su sentido más estricto, como un uso del presente de determinados verbos de naturaleza puntual que expresa coincidencia exacta de la situación designada con el momento del habla; y en sentido laxo, este uso se generaliza a verbos de

acción no puntual extendidos de manera indeterminada a lo largo del tiempo que desarrollan una situación en cuya duración (normalmente corta) queda incluido el momento de la enunciación:

(18) ella está de directora / y él de secretario / y yo estoy de jefe de estudios del colegio / o sea quee ya no *digo* más ya no *digo* más / porque me parece que está todo dicho / mi opinión / sobre ellos / yaa sobra

Entrevista 10 33MB (12:24)

Este ejemplo muestra un uso del presente acompañado de marcadores que refuerzan el carácter puntual de la acción, como 'ya, ahora…', etc. En casos como este, la acción verbal se proyecta al momento mismo del habla y no puede considerarse futura. Si la situación presentada por el verbo es de tipo atélico, el presente se interpreta como continuo —también denominado 'presente actual', 'ampliado' o 'extendido' (RAE 2009: 1709)—; en estos casos, el tiempo presente se interpreta deícticamente en relación con el momento del habla, pero no es momentáneo. El número de ocurrencias registradas de este tipo es muy escaso:

(19) mira / era horrible / una conjunción de Saturno / Venus / y Marte / puede venir para acá / yo no sé para dónde *va* laa co lo quería haber mirao / ¡mira! y no me he acordao / quería hacer una carta de Alemania / para ver cómo estaban

Entrevista 01, 32MB (39:47)

También se han descartado todos los usos del presente actual continuo, reconocidos en las entrevistas empleando la paráfrasis con la construcción <estar + gerundio> —presente progresivo que, como señala la *Nueva Gramática* (2009: 1710), alterna con los dos presentes antes mencionados—.

2) Presente genérico o generalizador. Este presente se emplea para hacer referencia a propiedades o estados característicos de personas, cosas o situaciones (RAE 2009: 1709). Siguiendo la tipología que ofrece esta obra de referencia pueden reconocerse los siguientes subtipos de presente generalizador o genérico:

   a) Presente cíclico. También conocido como 'presente habitual', consiste en un presente que refiere acciones reiteradas o que forman parte de una rutina; en estas construcciones, el adverbio 'cuando' equivale a 'siempre que' o a 'cada vez que' y, por lo tanto, puede introducir la noción cíclica de reiteración habitual en los enunciados (RAE 2009: 1712). Los presentes acompañados o introducidos por esta partícula no pueden considerarse portadores de contenido temporal específico y no pueden, por tanto, orientarse hacia la futuridad[23]:

(20) sacar un rato a mi madre y yo también descansar un poco / el luness / otros amigos de otro colegio donde he estao antes del quee estoy / nos *reunimos* también para merendar // el martess / final / de de ciclo / primer trimestre
Entrevista 10, 33MB (08:57)

b) Presente gnómico. El presente gnómico es el presente de las afirmaciones categóricas, universales, sentencias, frases hechas, refranes, etc. (RAE 2009: 1713). Se pueden incluir en este apartado los usos de presente con valor normativo, como los usos de presente en instrucciones, recetas, etc. En el corpus se han localizado un buen número de usos de presente que, sin llegar a formar parte de construcciones categóricas tan fijadas como los refranes o las frases hechas, elevan la afirmación del informante a un nivel universalizador o con pretensión sentenciosa que caracteriza estos usos del presente con valor gnómico en los que, en cualquier caso, no se produce ninguna orientación del contenido expresado al tiempo futuro:

(21) Alemania // Marruecos / Cuba // no sé / da igual / cambian los países / pero es gente extranjera /// y pienso que *tenemos* quee que ser también condescendientes con ellos /// desde luego / no admitir / a todo el mundo que entre
Entrevista 28, 21MB (32:13)

c) Usos de presente caracterizador o descriptivo. Son relativamente habituales en el corpus ciertas ocurrencias de un presente generalizador, considerado por la *Nueva Gramática* (RAE 2009: 1712-1713) como un presente descriptivo que se utiliza para mostrar propiedades o características de las personas o las cosas. Ejemplo:

(22) según lo que quieras estudiar // sii yo si por ejemplo no tengo dinero pa podermee pagar los estudios en la universidá / pues no *hagoo* no *hago* una carrera // prefiero hacerme un módulo superior
Entrevista 63, 11HC (18:40)

23 Lo mismo puede decirse de los casos en que 'cuando' se antepone a la perífrasis <ir a + infinitivo>. El valor temporal de futuridad queda anulado en estas situaciones, de ahí que, como ocurre en el caso de la perífrasis <ir a + infinitivo> precedida por esta partícula, prevalezca el valor aspectual prospectivo propio de la construcción ('Cuando voy a echar el arroz compruebo la sal del caldo').

3) El presente en las prótasis de las condicionales con 'si'. Junto a la exigencia normativa de utilizar el presente, la RAE (2009: 1721) amplía el valor a situaciones con <de + infinitivo> ('De acertar la quiniela, invito a todo el mundo'). En nuestro estudio se excluyen estas ocurrencias de presente por considerarse que el contenido temporal expresado en ellas no se corresponde con el de posterioridad respecto del momento del habla; sin embargo, en ciertas construcciones condicionales con 'si' puede manifestarse un valor prospectivo del presente que debería interpretarse como de naturaleza aspectual y no temporal, al igual que ocurre cuando la perífrasis <ir a + infinitivo> interviene en estos mismos contextos o en otros similares de inferencia temporal, ausencia de valores genéricos, etc. Presentamos a continuación un ejemplo en el que se plantea la posibilidad de interpretar el presente con valor prospectivo, pero que no se ha incluido en el análisis:

(23) pues este fin de semana seguiré como el fin de semana pasao // quiero decir / *si podemos* / *saldremos* a dar una vuelta // y como son fiestas pues seguro que salimos // pero normalmentee se descansa el fin de semana

Entrevista 32, 22HB (05:47)

4) El presente en secuencias hipotéticas. Hemos detectado un pequeño grupo de ocurrencias de presente en lo que se podrían considerar secuencias hipotéticas cuya principal característica es la actuación (explícita o implícita) de algún verbo de proceso mental ('imaginar, suponer, pensar', etc.); en ellas se conforma un pasaje que recrea o plantea una situación con un claro componente potencial, irreal o hipotético que a nuestro juicio, en general, invalida sus posibilidades de marcación de temporalidad futura:

(24) E: bien / la útima pregunta ya / imagínese que la semana que viene / se *jubila* o quee el año que viene se *jubila* / ¿qué piensa hacer?

Entrevista 10, 33MB (37:29)

Se entiende aquí que la situación creada no se interpreta en términos de temporalidad factual, sino como hipótesis con predominio del contenido modal de conjetura o duda. En este sentido, se aproximan a las condicionales tratadas en el punto anterior y, en cualquier caso, constituyen casos de presente que deben ser excluidos.

Por último, al igual que en las otras dos variantes, finalizamos el desarrollo del presente prospectivo con un cuadro resumen del recuento de construcciones estudiadas:

Ocurrencias iniciales[24]		324
Ocurrencias excluidas		
Presente actual	20	
Presente cíclico	6	
Presente gnómico	38	
Presente caracterizador o descriptivo	59	
Presente en prótasis con condicional 'si'	37	
Presente en secuencias hipotéticas	10	
Total ocurrencias excluidas		170
TOTAL		154

5.1.1 Neutralización de las variantes

A tenor de lo planteado hasta el momento, verificar las posibilidades de neutralización de las tres alternativas señaladas requiere formular ciertas consideraciones. En primer lugar, es evidente que existe una amplia variedad de ocurrencias de las tres formas en las que se ven entremezclados valores temporales, aspectuales y modales que pueden llegar a perturbar la percepción del contenido temporal específico manifestado en cada caso. Nuestro propósito requiere la definición de un principio general fundamental, a partir del cual se pueda constatar la equivalencia funcional de determinadas ocurrencias de futuro y con el que se puedan generar a su vez una serie de criterios prácticos que, aplicados a la casuística de las ocurrencias concretas, permitan discriminar con rigor y eficacia aquellos casos que deben ser excluidos. Además, dichos criterios han ser universales y estables, deben basarse en marcas explícitas y manifiestas, o en marcas implícitas pero recuperables a través de mecanismos convencionales explicitados y constatables, y, por último, deben ser claros, directos y tan objetivos como sea posible. Esta cuestión se aborda con detalle más adelante.

La mayoría de los autores que se han ocupado del estudio de la marcación de la futuridad han expresado en uno u otro momento sus reservas a la hora de aceptar la plena equivalencia funcional de dos formas capaces de expresar, a priori, un mismo significado de futuro. Así, Fernández de

24 Debe tenerse en cuenta que el total inicial de casos corresponde exclusivamente a las ocurrencias de presente consideradas susceptibles de neutralización con alguna de las otras dos variantes, puesto que no se han contabilizado inicialmente, como es lógico, todos los casos de presente de indicativo existentes en el corpus.

Castro (1999: 218) manifiesta, al referirse a las formas de futuro morfológico y perifrástico, que la oposición entre ambas no se neutraliza tan frecuentemente como los sencillos ejemplos de las gramáticas inducen a pensar; de hecho, son ocasionales los entornos donde realmente se puede sustituir una opción por otra sin sacrificar contenidos.

Pero, en nuestra opinión, no procede plantear esta cuestión en términos de equivalencia gramatical sistemática o de neutralización general entre fórmulas de expresión de futuridad, sino que resulta más productivo asumir la diversidad de contenidos que las diferentes marcas expresivas de futuro adquieren en sus diferentes usos y centrar el estudio de las potenciales posibilidades de neutralización en el estudio de ocurrencias concretas contextualizadas. Consideramos más operativo observar hasta qué punto un determinado uso adquiere en un determinado contexto discursivo un valor temporal específico que posibilita su neutralización con alguna de las opciones alternativas, es decir, observar las condiciones de la equivalencia funcional y expresiva entre variantes. Este es, en esencia, el principio fundamental sobre el que se sustenta esta investigación.

Por otra parte, el hecho de considerar la existencia de tres fórmulas expresivas diferentes en la variable lingüística frente a dos, conlleva toda una serie de dificultades adicionales que deben afrontarse y que deben ser resueltas mediante la aplicación de un criterio o conjunto de criterios estables y eficaces previamente definidos. Uno de los principales problemas se presenta en aquellas situaciones discursivas en las que resulta factible la neutralización de dos de las variantes, pero no de la tercera, simultáneamente. En la práctica, esta circunstancia afecta en nuestro estudio fundamentalmente a aquellas ocurrencias de futuro morfológico y futuro perifrástico que admiten su neutralización mutua, pero cuyos contextos de uso imposibilitan la equivalencia funcional del presente pro futuro.

Consideramos que resulta conveniente detenerse brevemente en esta cuestión. Si en el estudio de la expresión de la futuridad se consideraran únicamente dos variantes, se obtendrían tres grupos de ocurrencias diferenciadas: el primero (color gris claro en la figura 2), definido por el conjunto de ocurrencias de futuro perifrástico que no pueden neutralizarse con el futuro morfológico; el segundo (en color gris oscuro), constituido por el conjunto de ocurrencias de futuro morfológico que no se neutralizan con el futuro perifrástico y, por último, el tercero (área punteada, la que más nos interesa aquí) formado por el conjunto de ocurrencias de ambas formas neutralizables entre sí. Este podría ser un diagrama representativo de esta situación:

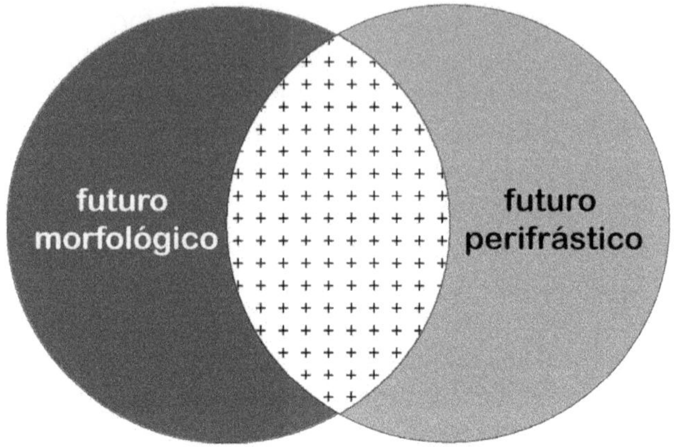

Figura 2.

Sin embargo, la consideración de una tercera alternativa complica el estudio de este fenómeno, puesto que supone enfrentarse a situaciones en las que pueden neutralizarse dos de las alternativas pero no la tercera simultáneamente, lo cual exige una actuación específica por parte del investigador para admitir o rechazar dichas ocurrencias. Sirvan como ejemplo los siguientes casos extraídos del corpus:

(25) I: [...] el mundoo adolece / y con tantaa tan poca solidaridad / con tan poca agua que *va a haber* / y pienso que el futuro *va a ser* horroroso
E: ¿tú te sientes optimista o pesimista?
Entrevista 31, 22MC (26:43)

(26) E: [...] ¿eso tiene futuro o cómoo o eso es un montaje todo?
I: no / los piratas informáticos tiene futuro // no *van a acabar* nunca con ellos /// es decir / además ellos see siempre se parapetan con lo que la información
Entrevista 32, 22HB (08:13)

Por diferentes razones, las ocurrencias de futuro perifrástico recogidas en estos dos fragmentos tienen en común la posibilidad de neutralización con el futuro morfológico, pero no con el presente; serían admisibles las alternativas (25a) 'con tan poca agua que habrá/ y pienso que el futuro será horroroso' y (26a) 'no acabarán nunca con ellos', pero no (25b) 'con tan poca agua que *hay/ pienso que el futuro *es horroroso' ni (26b) 'no *acaban nunca con ellos'. Esta situación representa el caso más habitual de neutralización admisible de únicamente dos de las tres variantes de expresión de la futuridad.

Si el criterio fundamental para incorporar al estudio cualquier ocurrencia consistiera en la exigencia de su capacidad para neutralizarse simultáneamente con las otras dos alternativas, la investigación debería admitir exclusivamente aquellas ocurrencias de las variantes en las que las tres opciones resultaran funcionalmente equivalentes pero, como se indica en la siguiente figura, solo podrían aceptarse en el estudio las ocurrencias representadas por la zona central (en blanco) y quedarían excluidas las ocurrencias que se neutralizaran únicamente con una de las otras dos alternativas (punteadas):

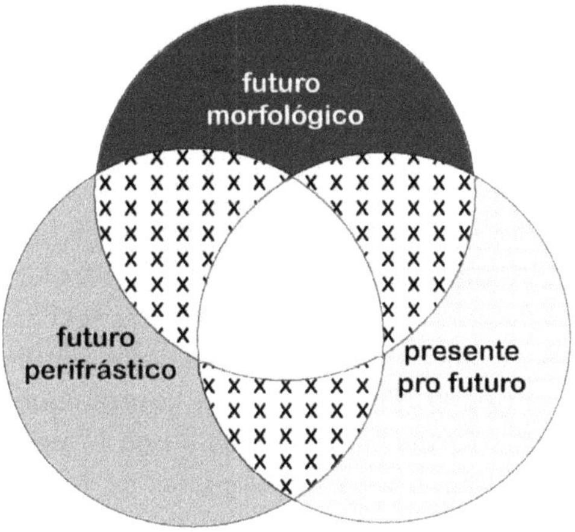

Figura 3.

Si aplicamos este criterio, casos como los aportados anteriormente en (25) y (26), a pesar de constituir ejemplos claros de alternancia y variación entre formas gramaticales, deberían quedar excluidos por no admitir la neutralización simultánea de la tercera variante. Para evitar este tipo de exclusiones, hemos optado por aplicar un criterio más flexible de selección de casos, dado que ello no impide la comparabilidad de los resultados obtenidos con otros trabajos empíricos sobre las marcas de futuro: en lugar de exigir a una determinada ocurrencia su capacidad de neutralización simultánea con las otras dos variantes en un mismo contexto, el criterio adoptado exige únicamente la posibilidad de neutralización con al menos una de las otras dos alternativas. Esta decisión permite cuantificar, de una parte, todas las ocurrencias que se neutralizan al mismo tiempo con las otras dos alternativas y, de otra, establece tres conjuntos adicionales de casos admisibles para el análisis: las ocurrencias de futuro morfológico que se neutralizan con el futuro perifrástico —pero no con el presente—; los casos de futuro perifrástico que se neutralizan con el presente —aunque no con el futuro morfológico—; y, por último, los casos de futuro morfológico que se neutralizan con el presente —pero no con el futuro perifrástico—.

Este modo de proceder conlleva, sin embargo, algunos efectos colaterales leves, cuyo impacto sobre los resultados debe tenerse en cuenta. Como se ha indicado anteriormente, dado que el modelo estadístico tradicional que se implementa (análisis de regresión logística binomial) exige el carácter dicotómico de la variable dependiente y asume, por tanto, la existencia de solo dos variantes, resulta evidente la imposibilidad de llevar a cabo un análisis conjunto de las tres alternativas al mismo tiempo[25]. En la práctica, por lo tanto, los análisis de regresión logística binomial han de plantearse confrontando sucesivamente pares de variantes (futuro morfológico frente a futuro perifrástico, futuro morfológico frente a presente pro futuro y futuro perifrástico frente a presente pro futuro). Es evidente que el núcleo de la investigación ha de constituirlo, en primer lugar, el análisis de la alternancia entre el futuro morfológico y el futuro perifrástico, análisis principal que servirá de referencia para la interpretación de las principales tendencias de uso de los hablantes; posteriormente se obtendrán dos análisis complementarios confrontando cada una de las dos formas gramaticales con el presente pro futuro: un análisis adicional estudiará las preferencias de los hablantes entre el futuro morfológico y el presente pro futuro (y tomará como corpus las ocurrencias seleccionadas de estas dos alternativas) y, finalmente, un tercer análisis de regresión contrastará la preferencia entre el futuro perifrástico y el presente pro futuro (a partir del corpus de ocurrencias seleccionadas de estas dos variantes).

A la hora de realizar estos análisis, el corpus de ocurrencias debe ser seleccionado con precaución. En cada confrontación de variantes, únicamente deben considerarse como válidas las ocurrencias de las dos alternativas que han demostrado su capacidad para neutralizarse mutuamente,

25 Tal y como ya se ha señalado, sí podría efectuarse dicho análisis mediante la aplicación de un modelo de regresión logística multinomial, que admite una variable dependiente politómica y que llevamos a cabo en el presente estudio. En este caso, el modelo multinomial solo considera como aceptables las ocurrencias de las tres variantes que puedan neutralizarse con las otras dos alternativas simultáneamente, de modo que quedarían fuera estas ocurrencias de futuro morfológico y futuro perifrástico que se neutralizan entre sí, pero no con el presente pro futuro.

pero no aquellas ocurrencias admitidas en el estudio por neutralizarse específicamente con la tercera, ya que esta opción es excluida en esta confrontación particular. Tomando como ejemplo el cálculo del modelo entre el futuro morfológico y el futuro perifrástico, el conjunto de empleos de ambas formas que constituyen el banco de ocurrencias válidas está conformado por las ocurrencias que se neutralizan (tanto exclusivamente entre sí —área punteada superior izquierda— como simultáneamente con el presente pro futuro —área en blanco en la figura 4—).

Por otra parte, están las ocurrencias de futuro morfológico aceptadas en el estudio por neutralizarse con el presente pro futuro pero no con el futuro perifrástico (área punteada superior derecha); y las de futuro perifrástico que se neutralizan con el presente pro futuro pero no con el futuro morfológico (área punteada inferior).

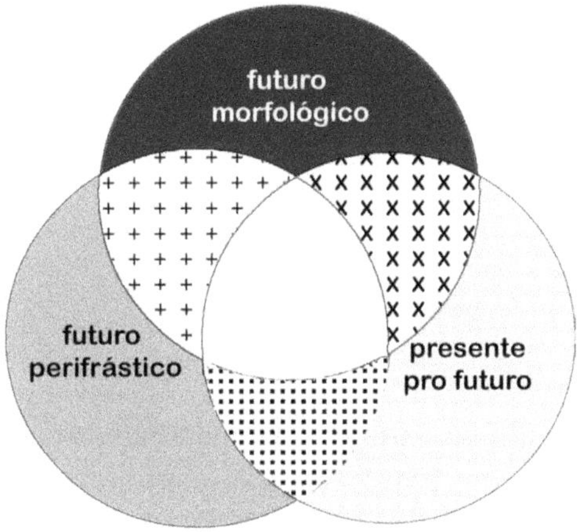

Figura 4.

Sin embargo, en nuestra opinión debe primar el interés por el análisis de la expresión de futuro como fenómeno en su conjunto antes que el análisis de la alternancia entre dos formas determinadas, por más que ostenten una gran frecuencia de uso o representen un supuesto conjunto de opciones gramaticalizadas frente a una opción expresiva eventual. No debe olvidarse que buena parte del problema analítico que aquí se plantea surge como consecuencia de las limitaciones impuestas por el modelo estadístico aplicado (regresión logística binomial) y el programa informático tradicionalmente empleado en la investigación variacionista que lo implementa (*Goldvarb*); en esencia, la alternativa más directa para cuantificar esta desviación sería realizar un análisis contrastivo de regresión logística multinomial entre las tres variantes.

Por último, cabe señalar que las dificultades que entraña emplear un modelo teórico de análisis estadístico como la regresión logística binomial en el análisis de una variable lingüística con tres variantes, constituyen un problema para la investigación por el empleo de un instrumento inadecuado. Asumimos que el variacionismo no puede verse limitado al empleo de un único modelo estadístico ni de una única herramienta informática para lograr su objeto de estudio y, por ello, exploramos las posibilidades de obtención de esos mismos modelos estadísticos empleando herramientas alternativas a *Goldvarb*, como son *Rbrul* y *SPSS*. No obstante, con el fin de preservar la comparabilidad de los resultados obtenidos en esta investigación con los obtenidos en estudios anteriores realizados con *Goldvarb*, también efectuaremos los análisis de regresión logística binomial. La aplicación de un modelo de regresión logística multinomial, más adecuado en un caso como el que nos ocupa en el que la variable lingüística es politómica, responde a uno de los objetivos formulados y constituye una de las aportaciones de esta investigación.

5.2 Las variables independientes

Una vez explicitada la variable dependiente objeto de estudio, procedemos a delimitar el conjunto de variables independientes que pueden explicar, de forma potencialmente significativa, el uso de las diferentes variantes para manifestar lo futuro. Este grupo de variables incluye factores lingüísticos, pragmáticos, estilísticos y sociológicos; asimismo, el diseño y codificación realizados respeta las decisiones adoptadas por otros estudios, si bien se completa con factores que reflejan las características específicas de nuestra comunidad de habla bilingüe.

5.2.1 Variables lingüísticas

Se trata del grupo más numeroso, puesto que en la variación morfosintáctica los factores internos del sistema lingüístico constituyen un grupo de influencia significativa sobre la preferencia de los hablantes a la hora de optar por alguna de las variantes.

a) Tipo de contenido semántico del verbo. Esta variable muestra una caracterización compleja motivada por los diferentes criterios de clasificación verbal. Por ello, considerando que el contenido semántico del verbo involucrado en la expresión de futuridad representa un elemento potencialmente determinante de la preferencia hacia las diferentes fórmulas expresivas de futuridad, se ha optado por diseñar dos variables diferenciadas: una de ellas codifica el tipo de verbo desde el punto de vista de su contenido semántico[26] y la otra, el tipo de predicado generado por el núcleo verbal. La clasificación adoptada aquí es la siguiente:

a.1) Verbos de percepción sensible. Se catalogan en esta categoría aquellos verbos cuyo contenido semántico verbal está vinculado con alguno de los sentidos, como serían los verbos 'ver, oír, sentir, observar', entre otros.

(27) pues me sacaré la silla a la puerta de la casa y lo *veré* caer / ¿qué vas a hacer? / ¿te vas a esconder? / no vale la pena

Entrevista 21, 33HB (32:18)

a.2) Verbos de entendimiento, pensamiento o actividad mental. Son aquellos en cuyo contenido semántico se pone de manifiesto una acción directa o indirectamente relacionada con la actividad intelectual. Entre los verbos prototípicamente de pensamiento se encuentran 'saber, recordar, imaginar, pensar, creer, suponer, comprobar', entre otros.

(28) que podemos opinar críticamente y que y yaa / implica que en un futuro / la gente por ponerte un ejemplo podrá votar y *entenderá* por qué vota a esa persona / yy que pueda entender / lo que es el mundo / peroo / también por otro lao pienso que es malo

Entrevista 18, 31MC (20:18)

26 Estas son algunas de las clasificaciones de los verbos desde el punto de vista semántico empleadas en estudios anteriores. Bentivoglio (1987: 50), a partir de los presupuestos de Givon (1984), distingue entre verbos de actividad cognoscitiva o mentales, de percepción o sensación, de dicción o pronunciación oral, de volición y otros. Porto Dapena (1989: 148) clasifica semánticamente los verbos en indicadores de emoción, voluntad, prohibición, percepción y otros. Troya (1998: 86) aplica en su estudio la siguiente clasificación semántica de los verbos: percepción, actividad mental, voluntad y mandato, estado, dicción, movimiento y otros. Lapesa (2000: 840-842) distingue entre verbos enunciativos o de conocimiento, voluntativos o de deseo, de percepción y, por último, de temor y esperanza. Aaron (2006b: 49) establece las siguientes categorías: verbos estativos, movimiento, sicológico, percepción, dinámicos y otros.

a.3) Verbos enunciativos, de habla o *verba dicendi*. Son los verbos cuyo contenido semántico refiere procesos de dicción o enunciación. Es el caso de 'decir, comentar, contar, alardear', etc:

(29) pero mira por dónde llega el momentoo / deel servicio militar // que ahora después *hablaré* cómo me enteré / de esta circunstancia / y me toca ir a Melilla / en Melilla /

Entrevista 23, 32HB (09:18)

a.4) Verbos de voluntad, emoción, sentimientos. Son todos los verbos relacionados con el deseo, el interés, la propensión, como 'querer, desear, gustar, encantar, tener la intención', etc., así como aquellos cuyo contenido semántico expresa la postura emocional del hablante ante una determinada realidad, su percepción subjetiva o su inclinación, como 'aceptar, temer, agradecer, sentir, preferir', etc.

(30) poder acoplar nuestros ritmos / dee de funcionamiento / oo ella o esa otra persona *va a preferir* irsee a una discoteca por la noche en París / en lugar dee de levantarse pronto

Entrevista 05, 32MC(40:02)

a.5) Verbos de estado. Comprenden los usos de los verbos 'ser, estar, semejar, parecer', etc.; también se han clasificado aquí determinados usos de verbos como 'haber, quedarse, tener', etc.

(31) la misma pregunta ¿habráa acabaré me harán fijo / *estaré* toda la vida trabajando aquí? / que será que no // y tal

Entrevista 42, 21HB (16:19)

a.6) Verbos dinámicos. Se trata de verbos que entrañan proceso, cambio de estado, intervención, como 'decidir, trabajar, hacer, empezar', etc., pero cuya acción no comporta un desplazamiento o un cambio de posición en el espacio real o figurado. Se trata, por tanto, de verbos que refieren acciones cuya principal característica es desarrollarse sin cambio de localización espacial.

(32) me *pegaré* el pateo / me *cansaré* un montón /// *comerée* buñuelos /// *engordaré* un kilo más y poco más

Entrevista 59, 12MC (06:00)

a.7) Verbos de movimiento o desplazamiento. A diferencia de los verbos dinámicos, los verbos de movimiento implican un desplazamiento espacial, físico o representado. Se trata de acciones como 'ir, venir, volver, llegar', etc.

(33) creo que tres o o cuatro añitos // ya me prejubilan yy y me pienso preparar bien / me organizarme bien / viajar como le digo / que entonces aún *viajaré* máss /// yy preparármela bien / yo creo que sí

Entrevista 55, 12HC (25:15)

b) Tipo de predicado. Se ha considerado pertinente introducir esta variable clasificadora de los predicados teniendo en cuenta el aspecto léxico de su núcleo verbal. Dicha característica, también denominada *Aktionsart*, comparte rasgos con el aspecto flexivo en el marco de las aspectualidad verbal, pero identifica un tipo de información específica diferente de la de aquel. Se trata, en esencia, de información léxica sobre el evento contenido en el núcleo verbal que actúa como predicado, entendiendo el término 'evento' en un sentido específico como acción, proceso y estado.

Tal como indica la *Nueva Gramática* (RAE 2009: 431), las propiedades temporales de los verbos pueden ser descritas tomando en consideración tres características esenciales: la telicidad (o delimitación), la dinamicidad y la duración. A partir de estos tres rasgos fundamentales es posible describir cuatro tipos de verbos desde el punto de vista del aspecto de su contenido léxico inherente, los cuales han servido de base para la codificación de las variantes posibles en esta variable:

b.1) Realizaciones: son eventos dinámicos ([+dinamismo]) de cierta duración ([+duración]) con un único punto final definido ([+delimitación]): 'construir una casa, escribir una carta, recitar un poema':

(34) es gente que está desencantada de la vida // o sea están estudiando / y dicen ¡bua! / me *voy a sacar* la carrera y no voy a trabajar y dice estoy estudiando porque tengo que hacer una carrera

Entrevista 09, 31MB (30:16)

b.2) Logros o consecuciones: son eventos dinámicos ([+dinamismo]) que tienen lugar de manera más o menos instantánea ([-duración]) y que pueden ser reducidos a un único punto en el tiempo ([+delimitación]): 'morir, caerse, llegar, alcanzar la cima':

(35) y ahora en cuanto entre buen tiempo ya estoy en el parque // con me *salgo* al paarquee oo // o no sé / o me voy a casa mi hermana que tiene una chiquilla también igual

Entrevista 49, 11MC (22:29)

b.3) Estados: son eventos no dinámicos ([-dinamismo]) cuya acción verbal se prolonga ([+duración]) de modo ilimitado ([-delimitación]) sin que ningún aporte de energía o esfuerzo sea requerido: 'amar, odiar, creer en alguien, tener algo':

(36) es que no me he planteado tampocoo el el futuro // cómoo *va a ser* /// porquee está todo en el aire aún // no no he terminado aún la carrera // no sé cómoo

Entrevista 26, 21HC (25:41)

b.4) Actividades: son eventos cuya acción tiene un carácter dinámico y homogéneo en su estructura ([+dinamismo]), se extiende en el tiempo ([+duración]) y finaliza en un instante arbitrario, es decir, no está inherentemente delimitada ([-delimitación]): 'vender, correr una maratón, cantar, bailar, llover', etc:

(37) puede levantar tarde ¿verdad? que no nos tenemos que ir a ningún sitio / digo no cariño / mañana *duermes* /// pero dormir será hasta las nuevee / las diez como mucho // porque hay que levantarse

Entrevista 28, 21MB (29:23)

Existen diversas pruebas para el reconocimiento del tipo de evento o clase léxica del núcleo de un determinado predicado (cfr. Bosque y Demonte 1999: 3011-3045, RAE 2009: 432, entre otros)[27]. En este trabajo se han seleccionado algunas de estas recomendaciones tomando como referencia su capacidad operativa.

c) Tipo sintáctico de verbo. Esta variable codifica el tipo de estructura sintáctica que condiciona el verbo expresado en futuro. La característica fundamental que tradicionalmente ha servido de base a la clasificación sintáctica de los verbos es la transitividad, si bien han sido numerosos los estudios que al abordar la clasificación sintáctica de los verbos han estipulado la existencia de estructuras diferenciadas. Alcina y Blecua (1988: 887) fijan cuatro esquemas sintácticos básicos o primarios (un esquema impersonal, con complemento directo, transitivo e intransitivo) y una serie de esquemas secundarios en los que interviene el

27 Para más información, pueden consultarse las indicaciones propuestas por la iniciativa RRG (*Role and Reference Grammar*) de Van Valin (1993, 2005) y Van Valin y Lapolla (1997) para la clasificación de los predicados a partir de su *Aktionsart* en <http://linguistics.buffalo.edu/people/faculty/vanvalin/rrg.html>. También están accesibles las pautas de clasificación en castellano en el portal electrónico <http://www.lexicom.es/drupal/files/protocoloAktionsartRRG.pdf>.

morfema reflexivo. Por su parte, la *Nueva Gramática* (RAE 2009: 46) distingue entre verbos transitivos, intransitivos y copulativos, y señala que muchos del segundo grupo y algunos del primero pueden ser pronominales. Aquí se ha optado por aplicar una clasificación tradicional constituida por las siguientes categorías:

c.1) Verbos de régimen.

(38) acabaremos en algún follón gordoo // por parte de Estados Unidos / Irak / oo algúnn algún país destos quee no me gustaría pensar quee que *vamos a meternos* en una guerra / mundial o algo así // pero es algo que no es tan irreal

Entrevista 60, 12MC (28:23)

c.2) Verbos copulativos. Junto a los verbos copulativos tradicionales se clasifican aquí los usos semicopulativos de verbos como 'quedarse, mostrarse, verse, seguir', etc.:

(39) pues son lógicas hasta cierto punto aunque no las acabemos de de entender o no las acabe de entender pues porquee la diferencia / de edad vamos / *va a ser* siempre pues un un handicap

Entrevista 07, 31HB (14:17)

c.3) Verbos transitivos.

(40) ¿qué planes para la jubilación? / puees por el momento la jubilación es yo creo que / la *cogeré* con ganas // llevo treinta y siete años trabajando // yy aún me quedan unos cuantos / y si no pasa nada pues / se tienen que cumplir

Entrevista 66, 12HB (31:44)

c.4) Verbos intransitivos.

(41) vienen mis hijos de Barcelona / reuniré nietos / y entonces habrá bastantee jaleo en casa / peroo *disfrutaré* mucho / con todos ellos

Entrevista 44, 23MC (07:22)

c.5) Verbos pronominales. Son clasificados como tales los usos pronominales de cualquier verbo, tenga o no una naturaleza estrictamente pronominal.

(42) muy cariñoso / se hace de querer // yo lo quiero mucho / yo si si mi hija no se casa con él / *me voy a casar* yo // fíjate si lo quiero

Entrevista 59, 12MC (33:00)

c.6) Locuciones verbales. Como señala la RAE (2009: 53), la locución verbal es un grupo lexicalizado de palabras que constituye una única pieza léxica y que ejerce función sintáctica de núcleo del sintagma verbal. Es el caso de construcciones como 'echar una mano, dar cuenta, meter la pata', etc., que conforman unidades verbales equivalentes a otras formas verbales formadas por una única palabra, como 'ayudar, explicar' y 'equivocarse', respectivamente y que pueden desempeñar las funciones propias de un verbo:

(43) puess tengo doce días en abril // la segunda quincena de abril /// no lo sé porque como mi hermana *va a dar a luz* en esas épocas noo / no sé

Entrevista 40 21MC (26:02)

c.7) Otros. Se incluyen en este grupo aquellas estructuras sintácticas que no han podido ser catalogados en ninguna de las categorías anteriores; por ejemplo, las perífrasis verbales:

(44) más allá de lo lógico de la edad y dee y de las posibilidades que tengas en ese momento porque yo siempre he hecho lo mismo / por lo tanto *seguiré // haciendo* lo mismo ¿no? / es quee con más o menos ganas o más o menos esfuerzos o más o menos / habilidaad

Entrevista 03, 32HC (41:40)

d) Persona gramatical. Esta variable codifica los diferentes valores que puede adoptar la persona gramatical involucrada en cada caso de expresión de futuridad. Las personas establecidas son la primera, la segunda y la tercera personas, tanto del singular como del plural[28]. Se contempla un valor residual para las construcciones impersonales.

e) Tipo de sujeto. Se trata de una variable considerada relevante en algunos estudios previos, si bien estamos ante estratificaciones diferentes; así, mientras. Blas Arroyo (2008: 108) establece tres categorías basadas en la animación del sujeto (humanos, animados con menor grado de agentividad e inanimados), Aaron (2007: 260) considera exclusivamente los sujetos animado e inanimado, y Almeida y Díaz Peralta (1998: 4) diseñan tres posibles sujetos: no expreso (elíptico), pronominal y sintagmático. La codificación establecida es:

e.1) sujeto animado, cuando el sujeto de la acción descrita por la forma verbal involucrada en la expresión de tiempo futuro tiene capacidad de actuación y actividad propia (personas y animales);

28 Así como en otros estudios se ha optado por diseñar dos variables independientes diferentes para reflejar la persona gramatical, por un lado, y el número, por otro, aquí se ha preferido unificarlas en una sola.

e.2) sujeto no animado cuando el sujeto concordado con el verbo no es animado (resto de sujetos); y

e.3) un valor residual para los casos en que el sujeto no esté especificado, para cuando no sea recuperable del contexto o cuando el verbo constituya el núcleo de una construcción no personal.

f) Modalidad oracional. Tradicionalmente se identifica en los enunciados un contenido determinado (*dictum*) y un modo particular de presentarlo (*modus*). La RAE (2009: 3113-3114) señala que la modalidad oracional se identifica con el *modus* y corresponde a aquellos mecanismos que marcan en los enunciados la actitud del hablante o el modo particular de presentar un determinado contenido. Las modalidades oracionales que presenta son: modalidad declarativa o asertiva (también enunciativa), interrogativa, exclamativa, imperativa y desiderativa u optativa. Dado que todas las modalidades indicadas pueden presentar variantes afirmativas y negativas, se considera que la negación no constituye una modalidad enunciativa independiente.

Son numerosos los estudios que incorporan esta variable lingüística independiente para investigar la influencia que pudiera estar ejerciendo sobre la preferencia por una determinada forma de tiempo futuro, entre ellos, Sedano (1994, 2005) y Aaron (2007), pero de nuevo encontramos clasificaciones diferentes; así, Aaron (2007: 260) codifica la modalidad propiamente dicha con dos valores (declarativa e interrogativa) y Blas Arroyo (2008: 100) contempla cinco categorías diferentes: oraciones afirmativas declarativas, oraciones negativas, oraciones exclamativas y exhortativas, oraciones interrogativas y un valor específico adicional (oraciones interrogativas indirectas). Por nuestra parte, al incorporar esta variable, tratamos de codificar actitudes del hablante ante sus enunciados, rastreables a través de la observación de una serie de marcas verbales y de la curva entonativa que las acompaña. Las modalidades oracionales consideradas son:

f.1) Declarativa afirmativa. El hablante mantiene una actitud neutra ante su enunciado, en el que presenta predominantemente una información que considera verdadera. Se limita a informar, a aportar una determinada información o posición sin introducir marcas específicas de otras modalidades. Se trata de la modalidad por defecto o no marcada:

(45) te he comentado antes / de ir al baile / este / el baile de salón / a a la Sociedad Musical / de Alboraya /// después de ahí / *tenemos* esta noche estee fin de semana este sábado / tenemos una cena

Entrevista 29, 22MB (25:08)

f.2) Declarativa negativa. El hablante mantiene una actitud neutra ante su enunciado y se limita a presentar una información que considera verdadera, pero en un entorno de negación. Se trata también de la modalidad por defecto, pero marcada por la presencia de partículas de negación:

(46) E: [...] cuando las acabas / ¿dónde las guardas?
I: en mi casa / ess mi abuela / dice que *no no* me *harán* falta muebles en mi casa cuando nos casemos / dice porque tengo maquetas por todas partes

Entrevista 41, 21HB (09:05)

f.3) Interrogativa directa. Las oraciones interrogativas directas se usan para solicitar información pero también para expresar ofrecimiento, reconvención, recomendación, solicitud, etc. Se han codificado como oraciones interrogativas directas tanto las directas totales como las parciales, así como los enunciados interrogativos retóricos y las interrogativas bimembres:

(47) llaman pues tienen una forma y yoo / según como lo pronuncien pues me entero o no me entero de lo que me dicen / y entonces dicen ¿cuándo *vas a aprender*? / tantos años aquí / y digo si no me enseñáis / me enseñáis a decir tonterías pero no no me enseñáis a hablar

Entrevista 40 21MC (03:44)

f.4) Interrogativa indirecta. Consideramos consideran interrogativas indirectas tanto las proposiciones subordinadas sustantivas introducidas por la conjunción subordinante 'si' (interrogativas indirectas totales) o por los pronombres, determinantes y adverbios interrogativos o los grupos sintácticos formados por ellos (interrogativas indirectas parciales) (RAE 2009: 3257) como las construcciones interrogativas encubiertas (RAE 2009: 3269):

(48) entonces / yo creo que la gente está desconcertada por eso porquee / no sabe no sabemos por dónde *van a salir* mañana // estamos a la espera de que a ver por dónde salen hoy

Entrevista 02, 31HC (25:36)

f.5) Exclamativa. Se incluyen en este grupo las exclamativas indirectas, distinguibles de las interrogativas indirectas por la diferencia de entonación, por los predicados introductores y por los significados manifestados.

(49) pues / esta mujer me la tiene que pagar a mí / esta mujer me la pagará / ¡claro que me la *pagará*! /// ¡de mí no se me burla nadie! / seis años yo / siete años tendría / siete años // me fui a casa

Entrevista 53, 13HB (06:50)

f.6) Desiderativa. La modalidad desiderativa caracteriza la expresión de deseos, anhelos, propósitos, imprecaciones, etc.:

(50) así es mi parque / así por lo menos en espíritu *rondaré* por ahí / y veré Japón // eso sí / el tiempo no te lo quita nadie /// no sé / tendría cosas comoo salir con más chicos

Entrevista 72, 11MB (30:08)

f.7) Imperativa o exhortativa. Los hablantes construyen un enunciado imperativo o exhortativo para dar forma a un ruego, consejo, orden o prohibición. Aquí se identifica también este tipo de modalidad en aquellos casos en los que se infiere una cierta solicitud o requerimiento más allá de la modalidad aparente del enunciado:

(51) ven / oye Manolo / *vas a tener* una responsabilidad / tú *vas a cuidar* de esta / parte y tú *vas* ahí y *vais a ver* en la pizarra lo que ponéis

Entrevista 24, 33MB (18:39)

g) Modalidad epistémica. Esta variable atiende al grado de certeza o duda que el hablante muestra respecto del valor de verdad de las proposiciones contenidas en sus enunciados. Díaz Peralta y Almeida (2000: 217) indican que los hablantes eligen una forma de futuridad u otra dependiendo del grado de seguridad inherente en lo afirmado, de modo que la seguridad máxima se asocia al presente pro futuro y la inseguridad máxima al futuro sintético. En cuanto a la codificación hay diferentes propuestas; mientras Sedano (2005: 233) señala seis posibles índices epistémicos: posible, probable, seguro, no seguro, no probable y no posible, Lastra y Martín Butragueño (2008: 14) optan por la codificación de cuatro modalidades epistémicas: seguridad, inseguridad, interrogativa y sin explicitud. En nuestra opinión, el grado de seguridad acerca de lo afirmado puede reconocerse gracias a la presencia en el contexto de determinados marcadores conversacionales, ya sean reforzadores del valor de verdad de lo dicho o determinados verbos modales y variaciones en el modo del verbo; en virtud de su presencia o ausencia y de la naturaleza de estos marcadores se contemplan en este estudio las siguientes posibilidades:

g.1) Ausencia de marca modalizadora clara.

g.2) Duda, inseguridad, posibilidad, probabilidad. Se catalogan dentro de esta categoría aquellas ocurrencias de marcas de futuridad sometidas a la influencia de marcadores modales como 'probablemente, quizá, tal vez, algún día, presuntamente, aparentemente, supuestamente, alguna vez', etc., así como de construcciones que aporten matices de duda, probabilidad, posibilidad (por ejemplo, determinados verbos, como 'creer, suponer', etc.):

(52) ahora por ejemplo conn estos profesores franceses / hemos organizao una semifiesta / para de aquí un año / y entonces esa sí que la *organizaré probablemente* en la casa nueva quiero comprar un ático grandote

Entrevista 19, 32MB (17:05)

g.3) Certeza, refuerzo del valor de verdad de la aserción. Presentan esta modalidad epistémica aquellas construcciones en las que se constata una certeza manifiesta y enfatizada sobre lo dicho a través del uso de marcadores de refuerzo del valor de verdad de la aserción, construcciones con esa misma función pragmática ('claro, toda la vida, en la vida'), determinados usos de perífrasis ('tiene que ser así, es seguro que', etc.):

(53) mi hijo mis hijos pues lógicamente ellos tendrán / pues / otras intenciones // que *indudablemente* pues / *diferirán* de las mías ¿no?

Entrevista 07, 31HB (13:47)

g.4) Negación. Con el fin de poder analizar la influencia de los contextos modales de negación sobre la marcación de la futuridad se contempla esta categoría dentro de las modalidades epistémicas. En estos casos, la aserción aparece modalizada por un marcador de negación:

(54) dos horas y daale que te pego y machaca y aconsejando lo mejor porque yo les tengo dicho / quee / señora usted ha entrao aquí / *no* se me *va a escapar* pero si se si compra / para que vuelva / si no tiene que volver no compre

Entrevista 24, 33MB (21:49)

h) Especificación temporal. El lapso de tiempo que media entre el momento en que tiene lugar la acción referida por la marca de futuro y el punto de referencia (situado en el momento del habla) representa uno de los factores tradicionalmente más estudiados y de influencia más relevante en el estudio de la marcación de futuridad. Diversos autores han descubierto una influencia significativa de este factor para el español, como

Bauhr (1989, 1992), Silva-Corvalán y Terrell (1989), Sedano (1994) y Orozco (2005), y también para otras lenguas romances, como Blanche-Benveniste *et alii* (1990), Sundell (1991), Poplack y Turpin (1999), y Poplack y Malvar (2007). Si bien no existe unanimidad en la interpretación de los resultados obtenidos, sí se comprueba una cierta tendencia a asociar el uso del futuro morfológico con situaciones discursivas de indeterminación temporal.

Categorizar esta variable presenta serias dificultades si deseamos establecer un modelo que refleje con rigor y fiabilidad una potencial asociación entre la distancia temporal expresada y una determinada fórmula expresiva de futuro. Sedano (1994: 231, 2005: 11) se centra en los casos en los que la expresión de futuro cuenta con algún complemento circunstancial de tiempo y los clasifica en tres grupos: presencia de complementos de posterioridad inmediata; presencia de complementos temporales de posterioridad relativamente próxima (día, semana, mes, año); y presencia de complementos de posterioridad alejada o muy amplia (futuro percibido como lejano, impreciso o como muy amplio, como 'algún día, en un futuro, dentro de unos años, siempre, nunca, jamás', etc.). Por su parte, Lastra y Martín Butragueño (2008: 10) distinguen entre dos tipos de distancia temporal especificada: la distancia explícita (próxima, relativamente próxima, alejada o imprecisa y sin referencia temporal) y la distancia temporal interpretada o inferida (próxima, relativamente próxima y alejada o imprecisa).

Nuestro estudio pretende combinar tres aspectos: la amplitud de tiempo —objetiva o subjetiva— contenida en las expresiones futuras, el carácter explícito o implícito de las indicaciones adverbiales temporales y su grado de especificidad. En esencia, esta variable se define en relación tanto con las marcas explícitas como las implícitas a cuatro niveles diferentes: inminencia, día en curso, más allá del día en curso y tiempo indefinido:

h.1) No se identifica especificación temporal alguna, ni explícita ni implícita.

h.2) Especificación temporal implícita de inminencia. Se constata la inminencia de una acción, aunque no se registran especificaciones explícitas:

(55) es la cabeza visible /// a nivel administrativo // // tiene playa // es uunn un pueblo costero // la playa es muy buena / *voy a hacerle* propaganda buena a

la playa del Puerto tienee tiene dos avenidas / que ambas llevan a la playa // la una baja desdee Sagunto

Entrevista 06, 31MB (16:36)

h.3) Especificación temporal implícita dentro del día en curso. No se detectan marcas adverbiales temporales explícitas pero se infiere pragmáticamente que la acción referida tendrá lugar en algún momento posterior al momento del habla no conectado a él, es decir, no derivado de la situación presente por efecto únicamente de su propio desarrollo natural.

(56) yo cuando se marchan le digo [a mi mujer] ¡chsshh! guarda el género que esa no *vuelve* / ¡che! / que no vuelve / pasa la mañana / pasa la tarde

Entrevista 46, 23HC (15:28)

h.4) Especificación temporal inferida, proyectada más allá del día en curso e indefinida. Se catalogan en este grupo las expresiones de futuridad que no cuentan con ningún tipo de especificación temporal explícita y que se orientan hacia un punto de la línea de tiempo posterior al momento del habla que rebasa los límites del día en curso:

(57) pues si no viene eso / puess // la técnica *irá* progresandoo / el hambre en el mundo se *acabará* / la contaminación / pues supongo que *podremos* dominarla

Entrevista 21, 33HB (31:35)

h.5) Especificación temporal interpretada, para más allá del día en curso y definida. Se agrupan en esta categoría las ocurrencias de fórmulas de futuridad que carecen de marcas temporales explícitas adyacentes y que refieren un tiempo específico (interpretado a partir de marcas contextuales o inferidas pragmáticamente) situado más allá del día en curso:

(58) me gustan mucho las bandas de música / me gustaan los cohetes / me gusta me gusta mucho el ambiente de fallas // me encanta // entonces pues supongo que *me iré* a ver fallas // como todo el mundo / me pegaré el pateo

Entrevista 59, 12MC (05:58)

h.6) Especificación temporal explícita y de inminencia. En este grupo, se incluyen los casos de futuridad acompañadas por una marca adverbial temporal explícita de inmediatez respecto de la acción descrita. Se entiende por inmediatas las acciones que, o bien se llevan a cabo justo a continuación de ser anunciadas o bien se prevé que sucedan de manera inminente e inmediatamente a continuación de la acción o situación en curso.

(59) entonces pues sí / en cuanto llego a casa la verdad es que *en cuanto salga de aquí* / pues me *voyy* rápidamente a casa paraa / poder disfrutar un poquito del niño

Entrevista 07, 31HB (10:09)

h.7) Especificación temporal explícita para el día en curso. Se incluyen aquí todas las ocurrencias de futuro acompañadas por marcadores explícitos de tiempo referido a un momento posterior al momento del habla situado dentro del día en curso y más allá de la inminencia:

(60) E: muy bien y esta noche ¿qué?
I: pues *esta noche* no sé si *iré* a tomar algo / alguna tapa por ahí / y nada / y después a descansar

Entrevista 11, 33MC (35:56)

h.8) Especificación temporal explícita, para más allá del día en curso e indefinida. Se incluyen en esta categoría las fórmulas de futuridad acompañadas de indicaciones temporales explícitas proyectadas más allá del día en curso pero no localizables en la línea de tiempo:

(61) no no he terminado aún la carrera // no sé cómoo *va a estar dentro dee unos años* el trabajoo /// no sé si *seré* capaz paraa paraa acceder a un trabajoo específicoo a mi carrera oo o sii me pondría a trabajar enn en otraa en otra cosa

Entrevista 26, 21HC (25:53)

h.9) Especificación temporal explícita, para más allá del día en curso y definida. Se incluyen en este grupo los casos de expresión de futuridad en los que se constata la presencia de un marcador temporal adverbial explícito que refiere un tiempo concreto y definido situado en la línea de tiempo más allá del día en curso:

(62) vamos a ver // *el próximo [domingo]* / como no *juega* mii gran equipo / que es el Levante // porque yo soy del Levante / soy granota // pues no *iré* al fútbol / que no *iré* al fútbol / porque *juega* fuera de casa

Entrevista 47, 23HB (07:53)

i) Estructura oracional. Se trata de una variable habitualmente incluida en este tipo de estudios. Junto a taxonomías muy exhaustivas (Moreno de Alba 1977, Gómez Manzano 1988a), encontramos otras clasificaciones más simplificadas (Troya 1998) e incluso muy reducidas (Bauhr

1989: 93, Almeida y Díaz Peralta 1998: 4, Blas Arroyo 2008: 110). Nuestra codificación contempla tres posibles estructuras oracionales.

i.1) Oración simple, yuxtapuesta o proposición principal de una estructura subordinada:

(63) con lo cual abajo me me has dicho que te lo describa y no te lo estoy describiendo te estoy contando la vida ¿no? / te lo *voy a describir* / abajo hay / dos grandes puertas

Entrevista 19, 32MB (22:21)

i.2) Oración coordinada:

(64) lo stoy buscando pos por aquello de que bi prefiero un español / porquee o me *voy a entender* mejor con él oo me *voy a fiar* más // llámalo como quieras // pero no hay / no haay

Entrevista 60, 12MC (14:56)

i.3) Proposición subordinada:

(65) tener una situación económica para poder pasar una vejez bien // los jóvenes de ahora no // los jóvenes de ahora / viven al día / porque piensan quee // *van a seguir* así toda la vida // tienen seguridad en en los enn enn los las organizaciones gubernamentales

Entrevista 45, 23HB (26:13)

j) Correferencia de sujetos. Esta variable ha resultado significativa en algunos estudios anteriores y pretende analizar la influencia de la correferencia entre los sujetos de las proposiciones de una estructura oracional subordinada sobre la preferencia por una determinada variante de futuridad. Samper, Hernández y Troya (2001: 186), en su exhaustivo estudio comparativo sobre el español hablado en España y América, señalan un porcentaje de uso del futuro perifrástico menor de lo habitual entre las subordinadas objetivas, especialmente en aquellas que no comparten sujeto con la proposición principal, mientras que el porcentaje asciende a un 16% si el sujeto es compartido por ambas cláusulas. Nuestra categorización establece dos variantes: existencia de correferencia de sujetos —ejemplo (66)— frente a no correferencia —ejemplo (67)—:

(66) pues este fin de semana seguiré como el fin de semana pasao // quiero decir / si *podemos* / *saldremos* a dar una vuelta // y como son fiestas pues seguro que salimos

Entrevista 32, 22HB (05:47)

(67) porque mi padre a veces de cachondeo siempre dice ¡bah! pues si se *muere* tu madre antes / me *voy a buscar* otra / y yo digo a mí búsquese la que quiera / a mí no me la traiga

Entrevista 59, 12MC (32:02)

k) Presencia de perífrasis en el cotexto. Ante las indicaciones realizadas por algunos estudios previos que han señalado la posibilidad de que las ocurrencias de expresión de futuridad tienden a aparecer en el discurso siguiendo un determinado patrón de agrupamiento y no con una distribución azarosa u homogénea, se ha llevado a cabo un análisis exploratorio sobre un reducido grupo de entrevistas con el fin de verificar esta tendencia y se ha comprobado su existencia, independientemente de las cuestiones o temas planteados. Puede observarse que dichos usos tienden a concentrarse en franjas reducidas y concretas de tiempo y que, además, suele perseverar también la fórmula de futuridad seleccionada, aunque no ocurre lo mismo en todos los casos.

   Con el fin de establecer márgenes empíricos de medida para el cotexto que se considera en el estudio de esta variable, se han tenido en cuenta algunas especificaciones procedentes de la psicología de la memoria y la neurociencia cognitiva. Así podremos verificar la fuerza de condicionamiento que ejerce una determinada ocurrencia de futuro sobre otras ocurrencias subsiguientes como consecuencia del efecto de perseveración. Dado el carácter experimental de esta variable y considerando las particularidades gramaticales del futuro perifrástico, se ha determinado considerar solo el grado de incidencia que la presencia de construcciones perifrásticas pueda ejercer sobre las tres fórmulas de expresión de futuridad seleccionadas. Para cada marca de futuro del corpus se tendrán en cuenta, por tanto, las siguientes situaciones: ausencia de perífrasis en el cotexto previo o entorno (tal y como se ha definido anteriormente) / presencia de perífrasis <ir a + infinitivo> (con o sin valor de futuro) / presencia de otras perífrasis.

5.2.2 Variables pragmáticas

Evaluar todos los factores lingüísticos y extralingüísticos que puedan condicionar la variable lingüística objeto de estudio es uno de los requisitos de la sociolingüística variacionista y, entre ellos, el componente pragmático está adquiriendo cierta relevancia en los últimos tiempos. Es evidente que las informaciones no explícitas y las relaciones lógicas que se establecen más allá de los contenidos léxicos y semánticos de los elementos lingüísticos no solo delimitan los valores interpretados por el hablante y su interlocutor sino que determinan, en gran medida, el tipo de elementos verbales que se actualizan en cada momento. Si bien el componente pragmático ya ha aparecido tangencialmente en la caracterización de algunas variables anteriores, consideramos oportuno incorporar a la investigación dos variables de corte netamente pragmático a fin de descubrir si manifiestan alguna incidencia en la elección de una u otras variantes para expresar la futuridad.

l) Evidencialidad. La evidencialidad es, *lato sensu*, la capacidad de los enunciados de reflejar la actitud epistemológica del hablante y tiene en su esencia un carácter modal (Chafe 1986, Palmer 1986); *stricto sensu*, es el dominio semántico relacionado con la fuente de la información expresada en un enunciado (Chafe 1986: 262). En ambos casos, se contempla que los marcadores evidenciales son formas lingüísticas cuyo significado orienta acerca del origen de la información manifestada en la proposición (Bybee y Pagliuca 1985: 184). Según Aikhenvald (2004) todas las lenguas cuentan con mecanismos gramaticales opcionales para revelar la fuente de la información, aunque al menos un tercio de las lenguas existentes incorporan la obligación a sus hablantes de especificarla mediante algún mecanismo gramatical puesto a su disposición; en su opinión, la evidencialidad es un dominio semántico extendido desde la sintaxis al ámbito cognitivo, comunicativo y cultural.

Son varios los autores (Anderson 1986, Willet 1988, Plungian 2001, Aikhenvald 2003, 2004, Wachtmeister 2005) que han analizado la evidencialidad como ámbito de la posición ontológica del hablante con respecto a sus fuentes de información y la clasifican como directa, razonada o transmitida. La codificación aplicada en este trabajo sigue la taxonomía propuesta por Frawley (1992) y establece cuatro posibles fuentes de información o marcas evidenciales:

l.1) Origen cognitivo (desde el yo, la información se ha generado en el interior del propio hablante —evidencia endofórica—); algunas marcas textuales utilizadas como referencia para determinar la evidencialidad asociada a una fórmula expresiva de futuridad concreta son el tipo de contenido semántico del verbo ('pensar, saber, sospechar', etc.) y la presencia de la primera persona gramatical, aunque no exclusivamente.

(68) gracias a dios tengo un trabajo yy / la empresa funciona bastante bien // pero *me parece* bastante difícil y bastante / sacrificado de que me *voy a tener que* / *pasar* muchas horas / coger muchos cabreos yo solo yy / no mandar a a la mierda muchas veces a

Entrevista 20 31HC (32:33)

1.2) Origen sensorial (hacia el yo, la información ha sido captada por los sentidos); entre las marcas empleadas como referencia para la determinación del origen sensorial de una proposición dada están la presencia de verbos de percepción ('ver, escuchar, oír', etc.) u otros verbos o locuciones verbales empleados con ese valor ('llegar a los oídos, notar, captar', etc.).

(69) el otro día comentábamos nosotros / somos ocho hermanos / yo he sido tremendamente disciplinada /// a mí mi padre me decía ven que te *voy a pegar* // y yo iba a que me pegara // eso lo comentábamos el otro día
Entrevista 27, 23MC (17:47)

1.3) Origen ajeno (desde el otro, la información procede de rumores, comentarios, etc.); podemos identificar esta evidencialidad a partir de determinadas construcciones de verbos enunciativos ('dicen, comentan, rumorean', etc.) o de la propia naturaleza de la información aportada (en ocasiones, imposible de obtener por medios propios del hablante).

(70) la UEFA / hemos pasado ahoraa la eliminatoria // yy *dicen* que si pasamos la eliminatoria siguiente / *jugamos* contra el valencia / esperemos eliminar al valencia // ya que el valencia nos eliminó el año pasado a nosotros
Entrevista 66, 12HB (11:36)

1.4) Origen universal (hacia el otro, la información está dada); algunas marcas de esta evidencialidad son la presencia de conocimiento compartido, tópicos, el empleo del 'tú' impersonal, etc.:

(71) E: [...] pues *ya pasará esa etapa*
I: ya pasará no / sí / seguro seguro / que *pasa*
E: bueno vamos a ver
Entrevista 06, 31MB (32:34)

Independientemente de los recursos lingüísticos considerados en cada caso, y dado que no existe de momento un catálogo de recursos gramaticales para determinar los tipos de evidencialidad, ha sido frecuente recurrir al análisis de determinadas relaciones lógicas implícitas o explícitas que en ocasiones se establecen entre unos enunciados y otros, o entre algunos enunciados y ciertas circunstancias contextuales. No se trata de elementos lingüísticos concretos, sino de corrientes de sentido, a menudo imperceptibles a un análisis superficial, que denotan una determinada fuente de información. Como ejemplo para ilustrar estas situaciones:

(72) no es que no hay trabajo / es que la estamos cagando /// o sea / estamos dándolee demasiao trabajo para que vengann / muchos de fuera / y *llegará* un momento que vendrán tantos / que nosotros nos vamos a tener que ir no lo

Entrevista 60, 11MC (15:35)

Aquí resulta evidente que la información sobre «llegará un momento» en que los españoles tendrán que irse del país por la masiva entrada de inmigrantes no ha podido ser obtenida a través de los medios de comunicación, ni formaba parte en aquel momento de la opinión colectiva como para poderse considerar un universal; ante la inexistencia de otros elementos que apunten a que se trata de una información captada, todo apunta a que se trata del producto de un razonamiento personal.

De otra parte, algunos estudios recientes en el ámbito de la pragmática (Escandell 2010) apuntan la posibilidad de que el futuro morfológico esté desarrollando funciones evidenciales, y más específicamente, que esté gramaticalizando su función como marcador de evidencialidad inferida.

m) Tipo de acto de habla. Hemos considerado pertinente incluir esta variable dada la estrecha relación que se observa, a partir de lo indicado en otros estudios (Blas Arroyo 2008: 101), entre la forma escogida por el hablante para expresar la futuridad y el modo como se manifiesta su subjetividad. Si, como apuntan estos trabajos, las marcas de subjetividad empleadas por el hablante influyen de modo tan decisivo sobre la preferencia por una determinada marca, cabe suponer que el tipo de acto de habla involucrado condicionará igualmente dicha preferencia, puesto que dicha variable representa el tipo de propósito u orientación pragmática que el hablante pretende dar a sus enunciados. Los valores establecidos para esta variable siguen los tipos de habla descritos por Austin (1962) y Searle (1977):

m.1) Actos asertivos o expositivos. En estos actos el hablante niega, asevera o corrige con diferente grado de certeza. El propósito comunicativo fundamental del hablante en estos casos es transmitir una información más o menos objetiva o manifestar su posición respecto a una información aportada por el interlocutor.

(73) I: [...] lo tengo un poco en duda // pero su hermano el mayor sí que le ha sacaoo // quee es del Real Madrid el caballero // y dice que le *va a regalar* el equipaje del Real Madrid

E: ¡ah! muy bien / ¿le gusta el fútbol?

Entrevista 52, 12MC (12:37)

m.2) Actos directivos. El hablante intenta obligar al oyente a ejecutar una acción, condicionar su comportamiento, dirigirlo y regirlo. La detección de este tipo de acto de habla se puede llevar a cabo sondeando la presencia de marcas lingüísticas propias de la expresión de una orden (modo imperativo, presencia de enfatizadores, etc.) pero atendiendo también a marcas pragmáticas de obligación implícita (ciertos usos del presente de indicativo o del subjuntivo, presencia de la segunda persona gramatical, presencia de una argumentación lógica que concluye en un mandato implícito, etc.):

(74) luego de comer el papá te va a dar un puro // yo enciendo tu puro / tú te *fumas* el puro / igual que me lo fumo yo // tú te haces igual que yo
Entrevista 46, 23HC (33:37)

m.3) Actos compromisivos. El hablante asume y formula un compromiso, una obligación o un propósito. En estos casos, las marcas lingüísticas suelen ir referidas de un modo más directo al propio hablante (predominio de la primera persona gramatical).

(75) vas a pagar en cuanto a que no te va a dar el servicio / que yo te *voy a dar* / ni vas a tener la accesibilidad que va a tener mi banco
Entrevista 48, 22HC (13:31)

m.4) Actos declarativos. Se trata de un acto de habla con límites algo difusos, si bien se puede identificar en la interacción comunicativa. Aquí, el hablante explicita un propósito de actuación cuya ejecución se inicia precisamente en el momento mismo de la formulación del enunciado. El efecto de estos actos es doble: por un lado, anticipan un cambio de estado y, por otro, lo inician al mismo tiempo.

(76) vamos a empezar por la fumada /// empezó a decir quee yo quería fumar / fuma lo que quieras / pero el papá te *va a decir* una cosa / no tu padre ¿eh? el papá / te vas a fumar un puro
Entrevista 46, 23HC (33:21)

m.5) Actos expresivos. Las marcas lingüísticas que sirven de referencia para la detección de este tipo de actos de habla son las propias de este tipo de actuaciones comunicativas (enfatizadores, marcas tonales, refuerzos expresivos, empleo de formas expresivas, etc. y, sobre todo, valores contextuales que orientan la interpretación del enunciado en esta dirección).

(77) I: [...] nos alegramos mucho y pues ¡hola! / Manolín // ¡hola! / Maruja // bueno / Manolín // digo pues sí / yo *seré* pa ti siempre Manolín
E: ¡claro que sí! /// bien / Manolo / ¿juegas a la lotería?
Entrevista 58, 12HB (29:02)

5.2.3 Variables estilísticas

Como señala Martín Butragueño (1994), la variación gramatical depende de la perspectiva del discurso y obedece a la influencia de factores sociales, estilísticos, pragmáticos y contextuales internos. De ahí que incluyamos una serie de variables de índole estilística con el fin de cuantificar y verificar la influencia que ejercen este tipo de condicionantes sobre la variación en la expresión de futuridad. Las diferentes variables que integran este grupo son las establecidas por el PRESEEA, hecho que permitirá realizar estudios comparativos con otras comunidades de habla integradas en el proyecto panhispánico.

n) Campo. Se refiere al grado de especialización del tema objeto de conversación; los valores contemplados son dos:
   n.1) Campo no técnico (la ocurrencia de futuridad se inserta en un contexto gobernado por un tema general no específico, como la vida cotidiana, la familia, los amigos, etc.).
   n.2) Campo técnico (la estructura aparece en un contexto temático específico —trabajo, estudios, etc.—).

o) Tipo de texto. Esta variable se considera pertinente por la estrecha relación que la elección de una determinada tipología textual guarda con la finalidad o el propósito comunicativo y, por tanto, con el registro. Las entrevistas que constituyen el corpus de este estudio combinan una serie de propósitos comunicativos (funciones o intenciones informativa, explicativa, persuasiva, prescriptiva, etc.) que se corresponden con diferentes secuencias (Calsamiglia y Tusón 1999: 319, cfr. Gómez Molina coord. 2001: 34). El informante, guiado por un propósito interactivo y transaccional, construye sus contenidos lingüísticos secuenciados en diferentes enunciados o unidades de intención (Portolés 1995: 153-156) que adoptan la forma de secuencias textuales con características propias y diferenciadoras en respuesta a las propuestas o preguntas formuladas por el entrevistador.

   Los módulos temáticos diseñados para la entrevista semidirigida posibilitan la aparición de cinco secuencias textuales o discursivas, que actúan como variantes:

o.1) Secuencias narrativas favorecen la manifestación de la subjetividad del entrevistado al narrar sus propias vivencias y testimonios; en este tipo de secuencias, el carácter temporal articula la actividad lingüística.

o.2) Secuencias expositivas ofrecen una información que contribuye a incrementar el conocimiento, el punto de vista y las opiniones del destinatario. Ofrece información para saber hacer, para hacer comprender y para clarificar cuando hay demandas de explicación[29]; esta secuencia se combina con secuencias descriptivas y argumentativas.

o.3) Las secuencias argumentativas responden a una función persuasiva, de convencimiento, orientada hacia el receptor para lograr su adhesión, para (Anscombre y Ducrot 1994, Álvarez Angulo 2001) «hacer creer». En estas secuencias, el entrevistado manifiesta su modo de interpretar la realidad a través de expresiones razonadas, axiológicas (evaluativas) y moralizadoras.

o.4) Las secuencias descriptivas presentan siempre un anclaje que orienta al destinatario mediante claves espaciales (lugares, objetos, etc.). La descripción se aplica tanto a estados como a procesos.

o.5) Por último, las entrevistas del corpus permiten una interacción dialogal con intervenciones cortas de mayor espontaneidad sobre temas reales e hipotéticos que son, en esencia, el trasfondo o la base sobre la que se desarrolla la entrevista.

p) Tenor - estatus. Esta variable recoge la información correspondiente a la relación de estatus social entre el informante (I) y el entrevistador (E). Dicha información es aportada en la ficha del hablante incorporada junto a la entrevista por el propio corpus y constituye un rasgo básico de cara al análisis de la posible influencia del registro sobre la forma de futuridad seleccionada por el hablante en cada caso. Se contemplan tres posibilidades:

p.1) Iguales (mismo estatus o prestigio social).

p.2) Jerarquía I<E (el informante muestra un estatus inferior respecto del entrevistador).

p.3) Jerarquía I>E (el informante muestra un estatus superior respecto del entrevistador).

29 Adam (1992) comenta la confusión entre textos expositivos y explicativos, y concluye que los expositivos (responden al cómo) son una variante de los explicativos (responden al porqué), pues estos incluyen la justificación.

q) Tenor - edad. Es evidente que el grado de formalidad, las formas de tratamiento y las marcas modales introducidas en cada entrevista dependen en gran medida de la relación etaria o generacional que se establezca entre los participantes. Esta variable pretende descubrir si la diferencia de edad entre interlocutores incide o no en la elección de una determinada forma de expresión de futuridad; también se han codificado tres posibles valores:
   q.1) Iguales (hablante y entrevistador tienen, aproximadamente, la misma edad).
   q.2) I<E (el informante es más joven que el entrevistador).
   q.3) I>E (el informante es mayor que el entrevistador).

r) Tenor - proximidad. También la relación entre entrevistador y entrevistado varía en las muestras de habla obtenidas y con ello la tensión comunicativa o grado de espontaneidad. Los lazos contemplados en nuestro estudio en relación a la red social son dos:
   r.1) *Insider* Representa una relación estrecha entre el entrevistador y el informante (amistad, parientes, compañeros o vecinos de la red personal de contactos).
   r.2) *Outsider* Hablante y entrevistador presentan vínculos débiles de contacto; asimismo, cuando la relación ha surgido en la propia entrevista.

5.2.4 Variables sociales

Todo estudio variacionista incluye, como mínimo, tres variables sociológicas: el sexo, la edad y el nivel sociocultural. En esta investigación, dadas las características particulares de nuestra comunidad de habla, se ha considerado oportuno incorporar la lengua habitual y el modo de vida, esta con carácter experimental.

s) Sexo. Diversos estudios (Chambers 1995: 115-116, Silva-Corvalán 2001: 97-98, Cheshire 2002) muestran que el comportamiento lingüístico de hombres y mujeres desempeña un papel importantísimo en los fenómenos lingüísticos de variación. Así pues, la clasificación de esta variable referida al género biológico establece dos variantes: hombre y mujer.

t) Edad. Es un factor clave, capaz de informar acerca de la situación de un fenómeno sometido a variación y de anticipar, en cierta medida, su devenir a medio y corto plazo. Pero no todos los autores establecen la misma estratificación generacional; así, mientras Blas Arroyo (2008: 111) señala cuatro franjas de edad, Lastra y Martín Butragueño (2008: 22) codifican jóvenes, adultos y mayores sin señalar específicamente las edades comprendidas. Por nuestra parte, establecemos tres estratos según las indicaciones del PRESEEA:

t.1) De 20 a 34 años.
t.2) Entre 35 y 55 años.
t.3) Mayores de 55 años.

u) Nivel sociocultural. Esta variable postestratificacional se ha codificado atendiendo a dos dimensiones: el nivel de estudios (años de formación escolar o grado de instrucción), estrechamente relacionado con el nivel de competencia lingüística de los hablantes, y la ocupación laboral. La gradación establecida es:

u.1) Nivel sociocultural bajo.
u.2) Nivel sociocultural medio.
u.3) Nivel sociocultural alto.

v) Lengua habitual. Dado que la comunidad de habla que sirve de marco a esta investigación es una comunidad bilingüe (el 52% de la población conoce y utiliza tanto el castellano como el valenciano, y el 48% monolingüe se expresa en castellano, aunque demuestra una competencia pasiva en valenciano), se ha incorporado esta variable para averiguar si el perfil lingüístico del hablante incide en la preferencia por una determinada fórmula de expresión de futuridad. La estratificación establecida distingue entre castellanohablante (bilingüe pasivo) y bilingüe (bilingüe activo) y su resultado permitirá corroborar o no una de las hipótesis planteadas en la investigación.

w) Modo de vida. Esta variable, de carácter experimental, intenta resolver algunos problemas que plantean los estudios de redes sociales. Milroy y Milroy (1992) adaptan para el ámbito sociolingüístico un modelo social que había desarrollado antes Højrup (1983). El modo de vida busca asociar los modos de producción, las prácticas subculturales, los universos ideológicos y las relaciones sociales con las redes sociales y con la variación y el cambio lingüístico[30]. De acuerdo

30 Los modos de vida responden a un modelo en que los grupos sociales son considerados como entidades internamente estructuradas y relacionadas con otros grupos. Si se aplica una escala de tres niveles de naturaleza sociolingüística, la estructura social, política y económica de una comunidad corresponde a un macronivel, los modos de

con la concepción de Lastra y Martín Butragueño (2000: 25) se han establecido tres categorías:

w.1) Familia: autoempleo, unidad de producción; en ella confluyen trabajo y tiempo libre.

w.2) Ocio: el trabajo proporciona un salario con el que disfruta del tiempo libre (la familia y el trabajo están delimitados).

w.3) Trabajo: el hablante ostenta una profesión cualificada, es capaz de controlar la producción y de dirigir los trabajos de otras personas (su objetivo es el éxito, persiguen el ascenso laboral y consideran el tiempo libre un tiempo que debe emplearse para avanzar).

6. Tratamiento estadístico de los datos

Tal como señala Martín Butragueño (1994: 33), la cuantificación de los datos es el proceso que mejor caracteriza al variacionismo frente a otras perspectivas de estudio del hecho lingüístico. Al asumir que la variación es inherente al lenguaje, que no es aleatoria ni caótica sino que obedece a patrones cuantificables, reconocemos la función primordial de la estadística como instrumento metodológico para la recolección, el análisis y la interpretación de estos fenómenos.

Por otra parte, los avances teóricos que se han venido produciendo en el desarrollo de nuevos modelos estadísticos ponen en evidencia cierto desfase de algunos métodos empleados por el variacionismo en los últimos años. Como indica Johnson (2009: 359), incluso es oportuno revisar la noción de regla variable:

> The variable rule, as originally conceived, is no longer a preferred theoretical concept for accounting for linguistic variation [...]; indeed, much of current phonological theory has moved away from rules in general. But the name has persisted, often abbreviated as VARBRUL, to refer to a type of quantitative variationist analysis, as well as the computer programs that make it possible.

En estos últimos años se está produciendo una auténtica revolución, promovida por una corriente que se muestra muy crítica no solo con los

---

vida a un nivel intermedio y las redes sociales a un micronivel (cfr. Højrup 1983: 1-50, Milroy y Milroy 1992: 206-220).

instrumentos informáticos utilizados tradicionalmente, sino también con los propios modelos estadísticos que implementan estas herramientas. La investigación sociolingüística dispone en la actualidad de un buen número de paquetes informáticos estadísticos capaces de llevar a cabo todo tipo de análisis, automatizados y manuales, en los que complejos y tediosos cálculos se realizan en segundos. Pero no todos los programas implementan del mismo modo los modelos estadísticos que sirven de base teórica al estudio de la regla variable, especialmente los de regresión logística, ni proporcionan los mismos resultados ni la misma medida de la fiabilidad de los modelos obtenidos. Consideramos necesario presentar, de forma sucinta, el modo como algunos de estos programas llevan a cabo sus análisis, cuáles son sus principales limitaciones y qué fiabilidad nos conceden sus resultados.

6.1 Instrumentos informáticos empleados

Un programa de análisis de la regla variable evalúa los efectos que múltiples factores internos (lingüísticos) y externos (estilísticos y sociales) ejercen sobre una elección lingüística de carácter binario. Para ello identifica qué factores condicionan la respuesta de la variable objeto de estudio de un modo significativo e indica en qué dirección y en qué medida se produce dicha influencia. La relevancia que han adquirido los programas informáticos que implementan los modelos estadísticos de análisis de la regla variable en la investigación sociolingüística variacionista actual, es puesta de manifiesto por Johnson (2009: 360) al señalar que aproximadamente el 40% de los artículos publicados en *Language Variation and Change* emplearon técnicas de análisis de la regla variable entre 2005 y 2008.

El variacionismo ha contado casi desde sus inicios con programas informáticos que han ofrecido soporte técnico al cálculo de la fórmula de regresión logística de máxima verosimilitud que es el modelo estadístico de análisis de la regla variable empleado tradicionalmente. Los programas informáticos que han prestado cobertura a este modelo estadístico son *Varbrul* (Cedergren y Sankoff 1974), *Varbrul 2* (Sankoff 1975, Sankoff y Thibault 1977, Labov y Labov 1977), *Varbrul 2S* (Poplack 1979), *Varbrul 2S* para ordenadores personales (Pintzuk 1986), *Varbrul 3* (Rousseau y Sankoff 1978a, Rousseau 1989) y, posteriormente, *Goldvarb 2.0* (Rand y

Sankoff 1989), *Goldvarb X* (Sankoff, Tagliamonte y Smith 2005) y recientemente *Goldvarb Lion*[31] (Sankoff, Tagliamonte y Smith 2012).

El desarrollo de la teoría estadística en las tres últimas décadas ha proporcionado al variacionismo nuevas técnicas e instrumentos de análisis, como los modelos generalizados de efectos mixtos, capaces de compensar determinadas carencias o inexactitudes de la regresión logística aplicada a la variable lingüística; entre ellas, el tratamiento dado por la regresión logística a los factores externos incluidos en la investigación en relación a los internos (Bates 2005, Baayen 2008, Baayen, Davidson y Bates 2008, Jaeger 2008, Johnson 2009). Estos nuevos modelos han sido implementados e incorporados en paquetes estadísticos de distribución libre, como *Rvarb* (Paolillo 2002) o *Rbrul* (Johnson 2009). En la actualidad existe un intenso debate abierto acerca de qué modelo estadístico constituye el mejor instrumento teórico de análisis de la regla variable y cuál de estas herramientas informáticas implementa de manera más fiable y rigurosa dichos modelos[32].

Considerando los objetivos que Rousseau y Sankoff (1978a: 59-60) formularon para los programas de análisis probabilístico, hemos decidido examinar, en primer lugar, el programa *Goldvarb* —especialmente la última versión, *Goldvarb X*— y desentrañar su funcionamiento. Es necesario valorar adecuadamente sus ventajas y sus inconvenientes con el fin de que se pueda determinar si es la herramienta que mejor se ajusta a los propósitos de la investigación sociolingüística variacionista en general y a nuestras necesidades específicas en particular. Asimismo, dado que consideramos necesario conocer otras alternativas de análisis, comentamos otros programas estadísticos con el fin de ampliar el abanico de posibilidades con las que el investigador variacionista puede contar a la hora de analizar cualquier fenómeno lingüístico.

6.1.1 Goldvarb

Dado que los manuales a los que se puede recurrir para obtener indicaciones específicas sobre el manejo de este programa son varios (Moreno

31 Únicamente disponible, a fecha de hoy, para plataformas Macintosh.

32 Algunos autores acaban de publicar varios casos prácticos en los que demuestran hasta qué punto nuevos modelos estadísticos pueden aportar nueva información y mejores niveles de verosimilitud que los hasta ahora obtenidos en la investigación variacionista por los instrumentos tradicionales. Algunos de estos nuevos modelos únicamente se encuentran disponibles en el programa informático *Rbrul* bajo la plataforma *R*. *Vid.* Tagliamonte y Harald Baayen (2012).

Fernández 1994a, Robinson, Lawrence y Tagliamonte 2001, Paolillo 2001, Sankoff, Tagliamonte y Smith 2005), presentamos una somera descripción de su funcionamiento. El programa requiere unas condiciones mínimas que deben ser satisfechas: es imprescindible que los datos recojan los valores de dos grupos de factores o variables independientes diferentes, como mínimo; todas las ocurrencias deben contar con el mismo número de valores, es decir, para cada ocurrencia del fenómeno variable estudiado deben hacerse constar los valores correspondientes a todas las variables independientes consideradas; son imprescindibles al menos dos factores o categorías diferentes para cada variable independiente; por último, es necesario que todas las categorías contempladas en todas las variables independientes se vinculen en algún momento con las dos variantes de la variable dependiente, es decir: como mínimo debe producirse alguna asociación de cada valor adoptable por cada variable independiente con las dos variantes de la variable independiente.

Además, el programa exige que se le especifiquen cuáles son las condiciones de los datos proporcionados, es decir, cuántas variables constituyen el estudio, cuántas variantes (o categorías diferentes) conforman cada grupo de factores y cuántos registros, ocurrencias o *tokens* totales completan el archivo de datos. En este paso se indica también cuál es la categoría de la variable dependiente que actuará como valor de aplicación, y cuál (o cuáles) servirán como valores de referencia; el resultado de esta especificación es un archivo nuevo, denominado 'archivo de condiciones', a partir del cual el programa llevará a cabo la siguiente fase del cálculo. Una vez verificados los datos proporcionados, se ordena la ejecución de alguno de los dos tipos de algoritmo de regresión implementados a petición del usuario: regresión binomial en un único paso (de un nivel) o regresión binomial por pasos (de subida y bajada). Se puede solicitar al programa que aporte índices suplementarios de valoración de la función de regresión generada, tales como el logaritmo de máxima verosimilitud (*maximum possible likelihood*) que se utilizará para la medida del ajuste del modelo por comparación con la verosimilitud[33] (*log likelihood*) y el estadístico *chi*-cuadrado con indicación de significación (valor *p* o *p*-valor), cuyo valor por debajo de 0.05 nos permite rechazar la hipótesis nula de que los datos se deben al azar[34] e indica, por tanto, un buen ajuste del modelo a los datos reales.

33 Más específicamente, con el logaritmo neperiano de la verosimilitud.

34 Para obtener un índice de aceptabilidad del grado de interacción entre los factores es necesario consultar manualmente la distribución *chi*-cuadrado con dos valores: el valor

Recientemente, autores como Sigley (2003) y Johnson (2009) han señalado las limitaciones del programa *Goldvarb* en ciertos aspectos técnicos relacionados con el modo de implementación del modelo de regresión logística binomial. También Roy (2011: 2) apunta que, desde un punto de vista interno, es técnicamente incorrecto e incluso algo engañoso afirmar que *Goldvarb* implementa un tipo especializado de regresión logística (cfr. Sankoff 1988: 990, 2004: 1157, Tagliamonte 2006: 133, Johnson 2009: 360), pues tanto *Goldvarb X* como sus versiones anteriores implementan un algoritmo iterativo de ajuste proporcional (*Iterative Proportional Fitting* o *IPF*) que crea una tabla de contingencia multidimensional basada en los factores. Las exigencias y características que impone *Goldvarb* a los datos (como el hecho de no poder darse valores únicos —frecuencias 0— para categorías o que deban proporcionarse valores mínimos para cada variante de la variable dependiente) son consecuencias directas del cálculo de ese algoritmo iterativo IPF que otros programas no efectúan. El hecho de que *Goldvarb* no implemente exactamente un algoritmo de regresión logística repercute en los resultados que proporciona; según Roy (2011: 7), a partir de un mismo conjunto de datos de partida, la diferencia media entre los pesos probabilísticos calculados por este programa frente a los calculados por un algoritmo de regresión logística es superior al 6%.

Esta crítica a *Goldvarb* también afecta a determinadas características que se han interpretado como idiosincrásicas del programa y que surgen, realmente, del tipo de algoritmo matemático que se implementa para calcular los pesos probabilísticos; una de ellas es la incapacidad del programa para manejar los *knock out*, es decir, las situaciones con 0% o 100% de aplicabilidad de un valor ya que en ese caso todas las ocurrencias de una determinada categoría de variable independiente se asocian a una única variante de la variable dependiente. El problema es, como indica Roy (2011), que al asumir que los *knock out* representan una restricción real de una categoría dada sin variación y que, por lo tanto, deben ser excluidos de un análisis que estudia la variabilidad (Labov y Sankoff 1980), se elimina la posibilidad de que la variabilidad asociada al factor esté representada en esos datos. Todo ello plantea desajustes en el estudio comparado de investigaciones sobre un determinado fenómeno lingüístico que cuenta con resultados de variación de un determinado factor en los que dicho factor no presenta variación alguna.

---

de *chi*-cuadrado (en este caso, *chi*-cuadrado total) y los grados de libertad (que en este caso resultan de restar al número total de variantes del modelo el número de variables).

Pero entre las diversas objeciones planteadas al programa, el problema más serio en el uso de este programa tiene que ver, según Johnson (2008: 363), con el modo como evalúa la significatividad de los grupos de factores. El modelo de regresión asume que los datos procedentes de las variables explicativas son independientes, es decir, que las diferentes ocurrencias registradas son independientes de las demás. Sin embargo, en la investigación lingüística es muy habitual que no se cumpla esta condición, dado que las ocurrencias bajo estudio suelen aparecer agrupadas por hablantes que las han producido; es decir, las condiciones generales de recogida de muestras de habla indican que todas las ocurrencias proporcionadas por un mismo hablante tienen el mismo perfil estilístico[35] y sociolingüístico.

Al asumir la independencia de las ocurrencias y actuar sobre ellas como si cada observación procediera de un hablante diferente, *Goldvarb* sobrestima potencialmente la significatividad de los factores externos, es decir, las variables sociales como la edad, el sexo, etc. La solución que propone Sankoff (2004: 1159) a este problema consiste en aplicarlo únicamente a los factores que realmente cumplen la condición de independencia —esto es, a los internos— y utilizar otras herramientas de análisis estadístico para los factores extralingüísticos. Sin embargo, Johnson (2008) recuerda que otros programas informáticos implementan un algoritmo de regresión logística que no requiere este tipo de análisis en dos tiempos y que aplican modelos estadísticos capaces de incorporar este tipo de consideraciones; entre dichas alternativas destacan los programas desarrollados sobre la plataforma *R* (*Rvarb* de Paolillo 2002 y *Rbrul* de Johnson 2008) así como el programa *SPSS*, capaces de generar una salida de resultados para el algoritmo de regresión logística binaria muy similar. Estas herramientas permiten reproducir el cálculo que *Goldvarb* implementa y aplican estrictamente la modelización estadística que este instrumento simula —de manera que eluden los problemas técnicos derivados de esa simulación—, ofrecen índices y estadísticos equivalentes junto a otros estimadores de los que el programa carece y que permiten valorar de manera más precisa y rigurosa, entre otras, la bondad de los ajustes calculados. En definitiva, los sistemas estadísticos *R* y *SPSS* constituyen instrumentos de análisis estadístico completos y potentes capaces de obtener modelos analíticos adicionales diferentes al de regresión logística binomial en caso de que fuera necesario.

35 Evidentemente, el autor asume que las condiciones que definen la situación en la que se produce la recogida de las muestras de habla se mantienen uniformes durante el proceso de registro.

6.1.2 R y *Rbrul*

R es un lenguaje de programación y un entorno de desarrollo integrado específico para cálculos estadísticos y representación gráfica. Fue creado originalmente por Ross Ihaka y Robert Gentleman en 1993 y ha seguido desarrollándose como código abierto a partir de diversas colaboraciones procedentes de distintos lugares del mundo. Esta herramienta cuenta con una gran cantidad de código compilado dispuesto para ejecutarse sin modificaciones, característica que lo diferencia de otros lenguajes y entornos similares (como *S*) y constituye una base de programación altamente extendible mediante el empleo de paquetes o librerías específicas (muchas de las cuales vienen integradas en el paquete básico de instalación). De entre los diferentes paquetes disponibles en la red de distribución de *R* (*CRAN, Comprehensive R Archive Network*), los análisis efectuados en esta investigación se han realizado con la versión 2.15.1.

Por su parte, *Rbrul* es una interfaz basada en texto desarrollada sobre la plataforma básica de *R,* que aprovecha funciones ya implementadas en este sistema, específicamente las funciones *glm* y *glmer* para el ajuste de modelos de Bates y Sarkar (2008). Este programa puede dar cobertura a diferentes tipos de análisis, aunque el modelo estadístico más característico es un tipo de modelo lineal generalizado denominado 'modelo de efectos mixtos', preferible al modelo de regresión logística para datos sociolingüísticos variacionistas (Gorman 2010, Johnson 2009, Johnson, Gomes y Melo 2009). Su principal atractivo reside en la posibilidad de introducir los factores externos relativos a hablantes como efecto aleatorio (Johnson 2008: 365).

El programa *Rbrul* incorpora numerosas funcionalidades técnicas, la mayoría de ellas relacionadas con el manejo del programa, que suponen en general una mejora con respecto a *Goldvarb* a la hora de preparar los datos y realizar los cálculos. Este programa efectúa los mismos análisis que *Goldvarb* pero elimina ciertas restricciones: soporta variables independientes continuas —como podrían ser índices de frecuencia léxica, la edad, etc.—, también admite variables dependientes continuas y ajusta modelos mixtos con efectos aleatorios, tanto en la consideración de las correlaciones por hablante y por categoría como en la estimación de los efectos en el interior y en el exterior de los grupos de factores. Por otro lado, permite ajustar el umbral de error considerado (que en *Goldvarb* está fijado en el 0.05 de manera convencional) e incorpora potentes herramientas de representación gráfica.

No obstante, el modelo estadístico logístico de efectos mixtos que implementa *Rbrul* también ha recibido recientemente algunas críticas; así, Roy (2011: 10-11) señala que en estos modelos los efectos fijos están condicionados por los efectos aleatorios y concluye que, en los estudios variacionistas, los efectos aleatorios acaban por ser manejados de tal modo que el cálculo introduce para cada hablante una media y una varianza diferentes al resto de factores, de manera que los efectos fijos resultan condicionados por los efectos aleatorios de los hablantes. En esta situación los resultados son generalizables únicamente a los hablantes incluidos en la muestra y no a la población de la que han sido seleccionados en su conjunto. Además, lleva a cabo un ejemplo práctico comparativo entre el algoritmo iterativo de *Goldvarb* y un algoritmo de regresión generalizado por efectos mixtos y llega a la conclusión de que se produce en torno a un 13.3% de desviación media entre los pesos probabilísticos que ambos proporcionan procedente, en su mayor parte, de las desviaciones medias en los factores sociales (14.1%); por otra parte, doce de cuarenta factores que habían resultado significativos con *Goldvarb* en su ejemplo son descartados como significativos por el modelo de efectos mixtos. En definitiva, el modelo de efectos mixtos afecta a la significatividad estadística y la magnitud del efecto de los factores sociales pero no presenta diferencias relevantes por lo que respecta a los factores internos o lingüísticos. De ahí que sea el investigador quien debe decidir qué tipo de aproximación a la cuantificación de las ocurrencias desea ejecutar: una en la que se contabilicen las ocurrencias por contexto (como calcula *Goldvarb*) u otra en la que no (como en los otros dos algoritmos).

6.1.3 SPSS Statistics

El paquete informático *SPSS*[36] contiene un amplio abanico de herramientas para la cuantificación y el análisis estadístico. Este programa aporta numerosas opciones de estadística descriptiva (tablas de contingencia, frecuencias, etc.), estadística bivariable (medias, tests *t*, ANOVA, correlación —bivariada, parcial, distancias—, así como test no paramétricos) y estadística predictiva con variables dependientes continuas o cuantitativas (regresión lineal), estadística predictiva para identificación de grupos

36 Conocido como *PASW Statistics* hasta agosto de 2010 y actualmente como *IBM© SPSS Statistics*. Todos los análisis llevados a cabo en este estudio utilizan la versión *PASW Statistics* 18.0.

(análisis factorial, análisis de *clusters*, análisis discriminante), etc. Para los objetivos de nuestra investigación, el paquete *SPSS* incorpora opciones de diverso tipo que implementan el modelo estadístico de regresión logística binaria, tanto por efectos fijos como por efectos mixtos.

Una de las características más atractivas del programa reside en su capacidad para configurar y personalizar cada análisis de un modo específico y perfectamente adecuado a las necesidades concretas de una investigación en cualquier momento. Prácticamente, cada uno de los parámetros que intervienen en el análisis (contraste, modo de selección de las variables, variante de referencia, etc.) puede ser adaptado a criterio del usuario. Asimismo, considera todas las variables como covariables (variables cuantitativas) pero permite identificar las variables categóricas o cualitativas. También es posible guardar en un archivo de datos adjunto determinados resultados de interés para el reprocesamiento posterior, tales como valores pronosticados —probabilidades o grupos de pertenencia, estadísticos de influencia y residuos— así como una matriz de covarianzas cuando se considera pertinente. En caso de que se incluyan variables categóricas, es posible determinar el tipo de contraste, es decir, el tipo de comparación que establecerán los resultados de cada categoría con los de las demás; para nuestros intereses, el contraste seleccionado ha sido 'desviación', que es el contraste por defecto en el análisis de regresión logística que implica la comparación de cada categoría de la variable predictora o independiente —salvo la categoría de referencia— con el efecto global mediante contraste de la verosimilitud. Por último, también es posible determinar cuál es la categoría de referencia dentro de cada variable independiente, sea la primera o la última.

El programa permite determinar los estadísticos y gráficos que habrán de realizarse; también es posible solicitar el historial completo de iteraciones o solamente la iteración del modelo final, así como también modificar las probabilidades límite para el método por pasos, tanto por lo que respecta al límite exigido para la entrada en el modelo —en la subida— como al de salida —en la bajada—; admite indicar el número de iteraciones máximas para la convergencia por modelo, establecido inicialmente en 20 como en *Goldvarb* pero, a diferencia de aquel, con posibilidad de ser modificado, y decidir si se desea la inclusión de una constante en el modelo o no. Otro rasgo destacable de este programa consiste en la posibilidad de elegir el método de selección de variables en el proceso iterativo de búsqueda de la convergencia. Los métodos disponibles en este programa son diversos, pero los más interesantes para nuestro objetivo han sido: método 'introducir', que equivaldría al método de un nivel o un solo paso de *Goldvarb*; selección 'hacia delante' (razón de verosimilitud) y selección 'hacia atrás' (razón de verosimilitud).

En definitiva, con *SPSS* obtenemos un conjunto de resultados similar al que calcula *Goldvarb* pero más completo y fiable, pues nos permite realizar análisis como la regresión logística multinomial cuando la variable dependiente presenta tres variantes mutuamente excluyentes.

Análisis estadísticos y resultados

Los resultados obtenidos en distintas investigaciones sobre cómo expresamos una acción futura en español muestran, de forma general, una mayor frecuencia de uso del futuro perifrástico sobre el morfológico tanto en comunidades de habla monolingües y bilingües como en un número creciente de contextos (Bentivoglio y Sedano 1993, Silva-Corvalán 1994, Zentella 1997, Escobar 1997, Gómez Manzano 1988a, 1988b, Troya 1998, Samper, Hernández y Troya 2001, Orozco 2005, 2007a, 2007b, Blas Arroyo 2008). No obstante, la diferencia de frecuencias en el español de España resulta muy inferior a la obtenida en los estudios variacionistas sobre el español de América. Por otra parte, estos datos sugieren la rápida difusión del futuro perifrástico para la manifestación temporal y el desplazamiento del futuro sintético al ámbito expresivo modal.

Desde una perspectiva diacrónica, Aaron (2010: 13-14) sostiene que el futuro morfológico español podría encontrarse en la última de cuatro fases de gramaticalización del contenido epistémico (cfr. Bybee, Fleischman, Pagliuca y Perkins 1991), proceso que podría resolverse con una restricción de significado, su fosilización como marca modal epistémica e incluso su desaparición como forma de expresión de temporalidad; este proceso de gramaticalización hacia un contenido predominante modal se encuentra en un estado más avanzado en el español de América. Esta opinión coincide con lo expuesto por Durán Urrea y Gradoville (2006: 20) al señalar un predominio generalizado de los valores modales epistémicos en los usos de futuro morfológico, y con lo ocurrido, por ejemplo, con el futuro sintético portugués (cfr. Poplack y Malvar 2007).

Una estimación similar precedida en el tiempo fue la de Alonso y Henríquez Ureña (1971: 153-154), quienes ya postulaban que el uso temporal del futuro morfológico podría estar a punto de desaparecer (desplazado por las opciones de presente pro futuro, futuro perifrástico o incluso por otras locuciones verbales) al mismo tiempo que podría estar ocupándose cada vez de modo más sistemático de la expresión de contenidos modales, fundamentalmente con valor epistémico o conjetural.

Pero mientras el uso del futuro morfológico en el español americano parece estar motivado por consideraciones modales y sociolingüísticas, en el español peninsular el empleo del futuro perifrástico parece condicionado por criterios aspectuales (Durán Urrea y Gradoville 2008: 2). Según Westmoreland (1997), la existencia de esa tendencia en el español americano a optar por las formas perifrásticas, constatada en estudios semejantes realizados sobre otras lenguas americanas, como el inglés, el francés canadiense y el portugués brasileño, puede atribuirse a la específica configuración de las situaciones de colonización en las que se ha producido un cierto grado de bilingüismo. En este sentido, según Westmoreland (1997: 388), las formas perifrásticas resultarían más transparentes y fáciles de aprender, así como más expresivas gracias a su naturaleza analítica.

Como ya conoce el lector, nuestro propósito es conocer la frecuencia y la relevancia que los diferentes factores internos y externos ejercen en la preferencia por una u otra alternativa para manifestar el tiempo futuro en nuestra comunidad de habla (§ 7, 8 y 9) y facilitar la comparación de nuestros resultados con los de otras comunidades (§ 9 y 10). Para ello se ha decidido un orden progresivo de análisis y resultados:

- univariante, cuantificamos la variable dependiente desde un punto de vista puramente descriptivo;
- bivariante, análisis descriptivo y explicativo mediante la elaboración de tablas de contingencia entre la variable dependiente y cada una de las variables independientes con el fin de cuantificar las posibles correlaciones establecidas entre ellas, así como para determinar su intensidad y dirección;
- multivariante, se realizan diferentes análisis inferenciales multivariables de regresión logística, tanto el clásico binomial (con los tres programas estadísticos *Goldvarb*, *Rbrul* y *SPSS*) como el multinomial (exclusivamente con *SPSS*) con el fin de obtener el mayor número posible de indicadores fiables y adecuados que permitan elaborar una interpretación conjunta, unificada y significativa. En el caso de los análisis de regresión logística binomial, y dada la limitación técnica que exige confrontar las formas de futuro dos a dos, se adopta como análisis principal o de referencia el modelo obtenido a partir de las variantes de futuro perifrástico y futuro morfológico; posteriormente se obtienen los modelos correspondientes a la confrontación de cada una de estas variantes con el presente pro futuro (análisis complementarios). El objetivo final consiste en conformar un marco interpretativo general que asuma e integre los resultados obtenidos en todos los análisis y constituya un modelo global en el que tengan cabida simultáneamente las tres variantes expresivas de futuro.

7. Análisis descriptivo

Los resultados obtenidos en la cuantificación de la variable lingüística 'expresión del futuro' en el corpus de español hablado de Valencia señalan un total de 1075 casos con la distribución reflejada en la gráfica 1:

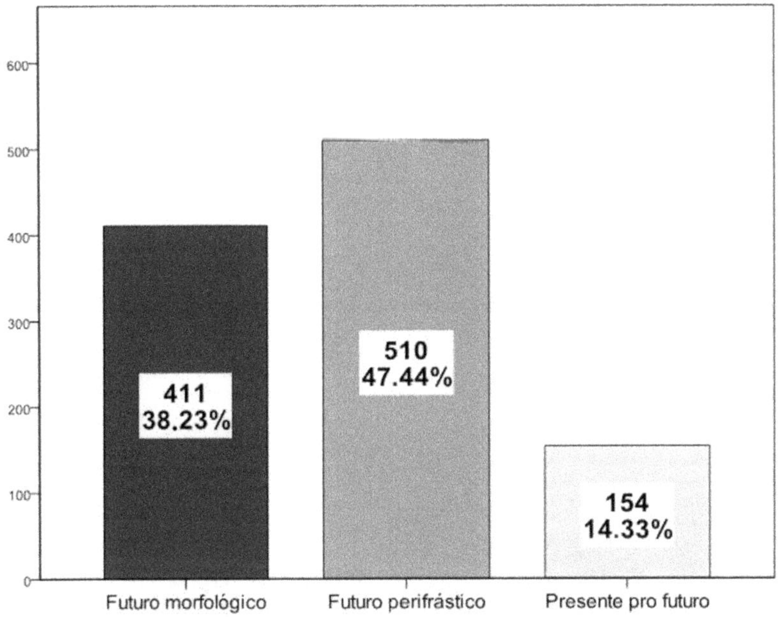

Gráfica 1. Frecuencias absolutas y relativas de empleo.

Como se observa, el futuro perifrástico es la variante más empleada en la expresión de la futuridad en el español de esta comunidad de habla bilingüe seguida por el futuro morfológico y por el presente pro futuro, que representa algo menos de la sexta parte de los usos totales. Y si comparamos estos resultados con los obtenidos en otras áreas hispanohablantes, comprobamos que la frecuencia de empleo del futuro perifrástico en la comunidad de habla de Valencia se encuentra muy por debajo del promedio de uso en el español americano (gráfica 2) y en torno a lo consignado por estudios similares realizados sobre el español peninsular (gráfica 3)[1]:

1 Los referencias acompañadas de un (*) reflejan los porcentajes correspondientes a las dos opciones gramaticales, aunque los estudios de los que proceden contemplan

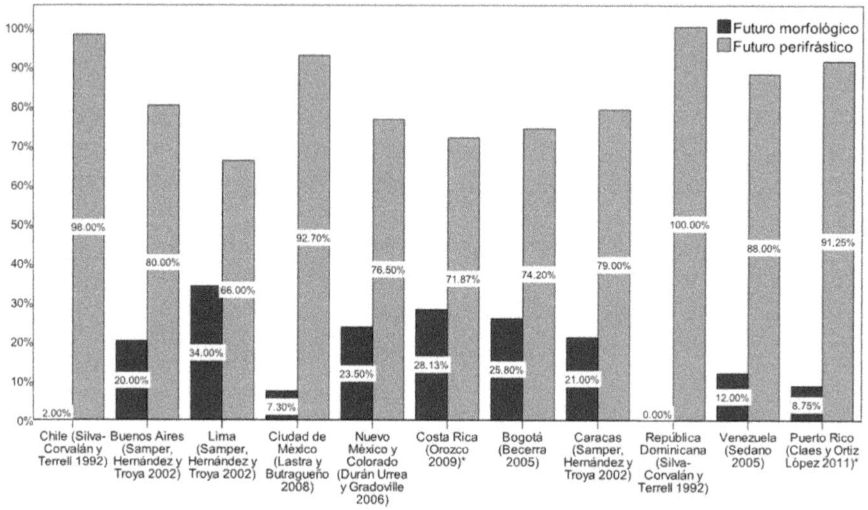

Gráfica 2. Frecuencias relativas de uso del futuro morfológico y del futuro perifrástico en comunidades de habla de español americano.

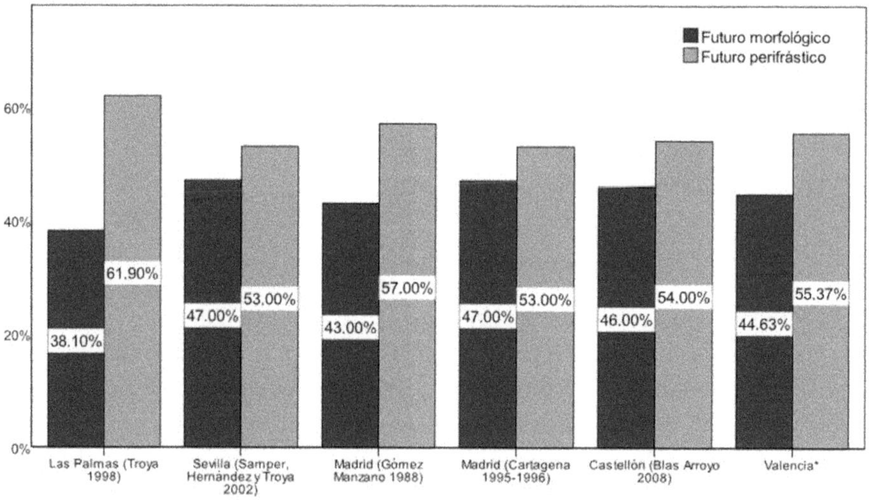

Gráfica 3. Frecuencias relativas de uso del futuro morfológico y del futuro perifrástico en comunidades de habla de español de España.

---

también la variante de presente pro futuro. Estos porcentajes, por tanto, han sido ajustados para preservar su comparabilidad con el resto.

Finalmente, si agrupamos los datos, tal como muestra la gráfica 4, los resultados obtenidos en Valencia son similares a los de otros estudios en España, donde se constata el predominio del futuro perifrástico sobre el morfológico[2] con una diferencia promedio de 8.63%, mientras que la diferencia promedio entre las frecuencias de uso de ambas formas en el español americano es del 57.97%.

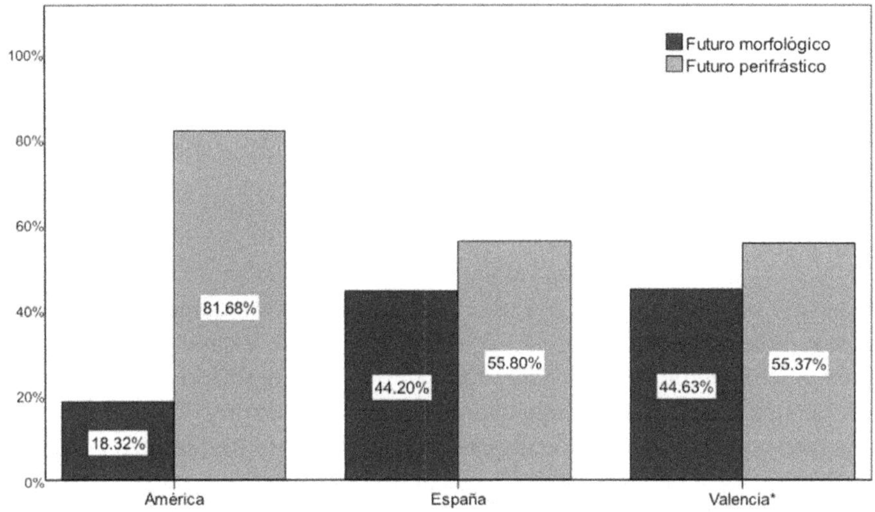

Gráfica 4. Frecuencias relativas de uso del futuro morfológico y del futuro perifrástico en comunidades de habla de español de España y América. Los porcentajes correspondientes a Valencia se han ajustado para incluir solo las dos variantes gramaticales y preservar de este modo la comparabilidad de los resultados con el resto de estudios.

Ahora bien, si consideramos los porcentajes correspondientes a las tres variantes y los comparamos con resultados de otros estudios que han

2 El estudio sobre el español de Las Palmas realizado por Almeida y Díaz Peralta (1998) presenta resultados notablemente alejados de las frecuencias medias de uso de ambas formas registradas en estudios sobre el español de España; estos autores obtienen una frecuencia de uso del 71.46% para el futuro morfológico, lo cual representa una importante desviación respecto de estudios similares. Estos resultados podrían explicarse, según indica Martín Rodríguez (1992: 144), por un alto porcentaje de usos epistémicos registrados de la forma de futuro morfológico o por el empleo de una técnica de muestreo basada en un cuestionario de preguntas al informante que podría haber condicionado y alterado en parte los porcentajes originales. En nuestro estudio hemos optado por prescindir de estos resultados para centrarnos en los más relevantes.

contemplado las tres opciones expresivas de futuridad, observamos que las frecuencias de uso en Valencia —futuro perifrástico (47.44%), futuro morfológico (38.23%) y presente pro futuro (14.33%)— se alejan de las obtenidas por Moreno de Alba (1970) para el español culto de Ciudad de México: futuro perifrástico (51.0%), futuro morfológico (23.2%) y presente prospectivo (25.8%); por Pitloun (2005) para Costa Rica: futuro perifrástico (60.1%), futuro morfológico (3.3%) y presente pro futuro (36.6%); y por Orozco (2007b) para Colombia: futuro analítico (45.92%), futuro sintético (18.14%) y presente pro futuro (35.94%).

8. Análisis bivariante

Este tipo de análisis tiene por objeto descubrir las relaciones que se establecen bilateralmente entre la variable dependiente y cada una de las variables independientes consideradas, tanto a nivel descriptivo (analizando las frecuencias de uso de cada una de las fórmulas expresivas de futuro en relación con las diferentes categorías de cada grupo de factores considerado) como a nivel explicativo (aplicando una serie de pruebas estadísticas que muestran el grado de incidencia entre las variables al tiempo que determinan su intensidad y dirección). Estos resultados permiten conocer la influencia de los diferentes factores sobre la variable dependiente y posibilitan una primera interpretación de las tendencias que, considerados individualmente, ejercen sobre la variable lingüística estudiada[3].

3 Una tabla de contingencia no es más que una tabla de frecuencias cruzadas entre la variable dependiente y las variantes de una variable independiente. Permite organizar la información contenida en los valores de dos variables y emplea el test *chi*-cuadrado de Pearson (χ^2): en la medida en que χ^2 se acerque a cero, la dependencia o asociación entre las variables será más débil, mientras que valores altos de *chi*-cuadrado representan grados proporcionales de dependencia. Para suplir las carencias de este test, se suelen añadir otras medidas del grado de asociación que cuantifican la intensidad de la dependencia y eliminan el efecto introducido por el tamaño muestral. En este estudio empleamos Φ (o *Phi*) y V de Cramer. *Phi* es un coeficiente nominal derivado de *chi*-cuadrado que evalúa el grado de asociación entre dos variables. Por su parte, V de Cramer es una extensión de χ^2 que resuelve el efecto del tamaño excesivo de la muestra; se trata de un coeficiente normalizado (sus valores oscilan entre 0 y 1): valores próximos a 0 indican independencia y valores próximos a 1 fuerte asociación.

Presentamos los resultados obtenidos en cada emparejamiento de variables dependiente-independiente siempre que ofrezcan significación estadística, es decir, que se refute la hipótesis nula; asimismo, los compararemos con los de otros estudios cuando sea relevante. Para el comentario y valoración de este análisis seguimos el orden de presentación de las variables independientes establecido en las cuestiones metodológicas.

1. Factores lingüísticos.

a) Tipo de contenido semántico del verbo. Los resultados de nuestro estudio indican una fuerte correlación asociativa entre las variantes de expresión del futuro y los tipos de contenido semántico de los verbos.

Tabla 4. Tabla de contingencia de la variable 'tipo de contenido semántico del verbo'.

Tipo semántico de verbo		Futuro morfológico			Futuro perifrástico			Presente pro futuro			TOTAL	
		N	%	r	N	%	r	N	%	r	N	%
	Percepción	21	5.11%	**4.5**	5	0.98%	**–2.9**	0	0.00%	**–2.1**	26	2.42%
	Pensamiento	14	3.41%	.7	17	3.33%	.7	1	0.65%	–1.8	32	2.98%
Chi-cuadrado de Pearson = 0.000	*Dicendi*	23	5.60%	**–2.9**	60	11.76%	**3.3**	11	7.14%	–.8	94	8.74%
Phi = 0.000	Sentimiento	6	1.46%	2.1	2	0.39%	–1.3	0	0.00%	–1.2	8	0.74%
V de Cramer = 0.000	Estado	64	15.57%	.1	83	16.27%	.7	19	12.34%	–1.2	166	15.44%
	Dinámico	198	48.18%	–1.7	272	53.33%	1.1	84	54.55%	.8	554	51.53%
	Movimiento	85	20.68%	1.7	71	13.92%	**–3.4**	39	25.32%	**2.5**	195	18.14%
	Total	411	100.00%		510	100.00%		154	100.00%		1075	100.00%

De manera particular se descubre una fuerte correlación entre los verbos de percepción y la variante futuro morfológico. El residuo ajustado o corregido indica una fuerte tendencia positiva de este futuro a concurrir en esta asociación (r=4.5) al tiempo que señala una tendencia inversa

Por otra parte, *SPSS* ofrece la posibilidad de incorporar al análisis bivariante los denominados 'residuos' (r). El 'residuo' es la diferencia entre el recuento de valores observados y los valores esperables si las categorías cruzadas fueran independientes. El residuo tipificado corregido o ajustado corrige las deficiencias del residuo estándar y se distribuye siguiendo una distribución normal con media 0 y desviación típica 1; cuanto mayor sea su valor absoluto, más intensa es la relación señalada en el cruce de las dos categorías analizadas, por lo que si son mayores en valor absoluto a ±1,96 tienen un 95% de posibilidades de no deberse al azar y ser significativos. El signo positivo indica relación proporcional directa y el signo negativo relación proporcional inversa.

de la de futuro perifrástico (*r*= –2.9) y de presente pro futuro (*r*= –2.1). Algo similar ocurre con los verbos de sentimiento, el 75% de los cuales concurre con la forma sintética (*r*=2.1) sin que pueda establecerse una tendencia inversa simultánea para las otras dos formas a través de los respectivos residuos corregidos. Por su parte, los verbos enunciativos o *verba dicendi* se usan más frecuentemente con el futuro perifrástico, con una propensión favorable de cierta intensidad (*r*=3.3) subrayada por el residuo corregido, mientras que el futuro morfológico presenta una tendencia inversa (*r*= –2.9). Por lo que respecta a los verbos de movimiento, se constata una asociación bastante equilibrada en cuanto a frecuencias de uso entre las tres alternativas, si bien muestra una leve tendencia a su concurrencia directa con el presente pro futuro (*r*=2.5) e inversa con el futuro perifrástico (*r*= –3.4). Finalmente, los verbos dinámicos, que representan el grupo más frecuente en el corpus, no manifiestan una tendencia específica hacia alguna de las tres formas de futuridad, si bien las frecuencias relativas de uso indican que en la mitad de los casos optan por la forma de futuro perifrástico.

En resumen, se constata cierta tendencia positiva en la asociación de los verbos de movimiento, percepción, sentimiento y, en menor medida, de pensamiento —estos tres últimos susceptibles de comportar un cierto contenido modal— con el futuro morfológico, frente a la de los verbos de habla, dinámicos y de estado con el futuro perifrástico.

Y si comparamos nuestros resultados con los procedentes de otros análisis bivariantes, encontramos que Troya (1998: 30) observa una vinculación entre los verbos de percepción y el futuro morfológico por un lado, y los *verba dicendi* o de habla y el futuro perifrástico por otro, valores coincidentes con los nuestros. Por su parte, Aaron (2006b: 138), desde una perspectiva diacrónica y trabajando con textos tanto orales como escritos, observa que en español antiguo, el futuro perifrástico se emplea fundamentalmente con los verbos dinámicos, tanto con movimiento como sin él, mientras que ya en el siglo XVII el único verbo que no concurre con el futuro perifrástico es el propio verbo 'ir'. Y en la lengua escrita más del 80% de los usos de futuro perifrástico concurren con verbos dinámicos y de movimiento. Concluye la autora que con estos verbos se generaliza el uso de la perífrasis de futuro, y es a partir de ellos que el uso se extiende al resto de verbos con el paso del tiempo y de manera generalizada durante el siglo XX. Finalmente, Torres Cacoullos (2011: 7) señala que solo un pequeño grupo de verbos ('decir, ser, tener') concentra la mayor parte de las ocurrencias de futuro morfológico; de ahí que el futuro morfológico estaría reduciendo no solo sus funciones como forma expresadora de tiempo sino, incluso, su extensión semántica en relación a las acciones involucradas. Esta reducción de tipos de verbos semánticos explicaría, por ejemplo, el desarrollo de ciertas fórmulas rutinarias que han adquirido una función eminentemente discursiva y en las que los valores temporales y semánticos originales se han reducido al mínimo o directamente han desaparecido.

b) Tipo de predicado. Esta variable no presenta una asociación significativa con la variable dependiente. No obstante, constatamos que más de la mitad de los predicados de actividad concurren con el futuro morfológico (53.95%), mientras que casi dos tercios de los futuros perifrásticos y más de dos terceras partes de los presentes pro futuro lo hacen con predicados realizativos (63.33% y 68.18%, respectivamente).

c) Tipo sintáctico de verbo. El análisis muestra una estrecha correlación asociativa entre las diferentes variantes de expresión de futuro y el tipo sintáctico de verbo involucrado.

Tabla 5. Tabla de contingencia de la variable 'tipo sintáctico de verbo'.

Tipo sintáctico de verbo		Futuro morfológico			Futuro perifrástico			Presente pro futuro			TOTAL	
		N	%	r	N	%	r	N	%	r	N	%
Chi-cuadrado de Pearson = 0.000 *Phi* = 0.000 V de Cramer = 0.000	Régimen	39	9.49%	.7	46	9.02%	.3	9	5.84%	–1.4	94	8.74%
	Atributivo	50	12.17%	–.1	68	13.33%	1.0	14	9.09%	–1.3	132	12.28%
	Transitivo	159	38.69%	**–3.0**	256	50.20%	**3.7**	62	40.26%	–1.1	477	44.37%
	Intransitivo	89	21.65%	1.2	87	17.06%	**–2.2**	37	24.03%	1.4	213	19.81%
	Pronominal	22	5.35%	.2	20	3.92%	–1.8	14	9.09%	**2.3**	56	5.21%
	Locución verbal	3	0.73%	–1.5	11	2.16%	**2.0**	1	0.65%	–.9	15	1.40%
	Otros (perífrasis)	49	11.92%	**3.5**	22	4.31%	**–4.4**	17	11.04%	1.4	88	8.19%
	Total	411	100.00%		510	100.00%		154	100.00%		1075	100.00%

Esta dependencia significativa se concreta particularmente en la vinculación entre los verbos transitivos y el futuro perifrástico (*r*=3.7) frente a la disociación de este mismo grupo de verbos con el futuro morfológico (*r*= –3.0). Los verbos intransitivos rechazan levemente su concurrencia en el uso con el futuro perifrástico (*r*= –2.2) y los verbos pronominales se asocian con intensidad leve con el presente (*r*=2.3), mientras que las locuciones actúan de modo semejante con respecto al futuro perifrástico. Por lo que concierne a las construcciones perifrásticas, más de la mitad de los casos se asocian con el futuro morfológico (55.68%) y muestran una tendencia positiva moderada en este cruce (*r*=3.5), mientras que se consigna una tendencia inversa de estas mismas construcciones hacia el futuro perifrástico (*r*= –4.4).

Puede concluirse que existe una tendencia clara de asociación del futuro morfológico con construcciones sintácticas de tipo perifrástico y una resistencia moderada de dicha forma verbal a concurrir con verbos transitivos, mientras que el futuro perifrástico se asocia con mayor intensidad con estos últimos y de manera más leve con las locuciones verbales; por su parte, el futuro perifrástico no se asocia con verbos intransitivos y rechaza aun más las construcciones perifrásticas. Finalmente, el presente pro futuro muestra cierta asociación positiva con las formas verbales pronominales.

d) Persona gramatical. Las pruebas realizadas señalan una asociación significativa entre la persona gramatical y las formas de futuro.

Tabla 6. Tabla de contingencia de la variable 'persona gramatical'.

Persona gramatical		Futuro morfológico			Futuro perifrástico			Presente pro futuro			TOTAL	
		N	%	r	N	%	r	N	%	r	N	%
Chi-cuadrado de Pearson = 0.002 *Phi* = 0.002 V de Cramer = 0.002	1ª p.sg.	153	37.23%	.1	178	34.90%	–1.4	68	44.16%	2.0	399	37.12%
	2ª p.sg.	31	7.54%	–.7	47	9.22%	1.1	11	7.14%	–.6	89	8.28%
	3ª p.sg.	124	30.17%	1.0	157	30.78%	1.6	25	16.23%	**–3.6**	306	28.47%
	1ª p.pl.	43	10.46%	**–2.3**	66	12.94%	–.5	36	23.38%	**3.9**	145	13.49%
	2ª p.pl.	2	0.49%	.1	3	0.59%	.6	0	0.00%	–.9	5	0.47%
	3ª p.pl.	41	9.98%	1.0	45	8.82%	.0	9	5.84%	–1.4	95	8.84%
	Impersonal	17	4.14%	1.1	14	2.75%	–1.0	5	3.25%	–.1	36	3.35%
	Total	411	100.00%		510	100.00%		154	100.00%		1075	100.00%

Más de un tercio del total de ocurrencias corresponde a la primera persona del singular seguida por la tercera del singular, con una frecuencia relativa casi diez puntos por debajo. Son las dos personas gramaticales más usuales y a gran distancia de las demás. En cuanto a los índices de asociación, casi la mitad de las primeras personas del singular (44.61%) concurre con el futuro perifrástico, forma predilecta en todas las personas en general, mientras que el futuro morfológico queda favorecido por las formas impersonales. De forma más específica, la tercera persona del singular muestra una tendencia sustancial a rechazar el presente pro futuro (*r*= –3.6) frente a la primera persona del plural que se asocia de forma relevante con esta misma opción (*r*=3.9).

Si comparamos estos resultados con los de otros análisis, observamos que Troya (1998: 30) obtiene una preferencia del futuro perifrástico por la primera y tercera personas del singular y por la primera del plural; asimismo, si la segunda persona se refiere a un sujeto concreto predomina el futuro morfológico pero los casos de 'tú' impersonal están claramente vinculados con el futuro perifrástico. También Sedano (2005: 12) observa una asociación muy alta entre el futuro perifrástico y la primera persona del singular (91%); y opina que la razón de este vínculo estriba en la expresión modal de la intención que la perífrasis de futuro aporta con mayor facilidad que sus competidoras y que se expresa, predominantemente, en primera persona (cfr. Bauhr 1989: 89).

e) Tipo de sujeto. Según las pruebas estadísticas realizadas, esta variable independiente presenta una correlación significativa con las fórmulas de expresión de futuro. El grupo más numeroso de casos entre las muestras de habla recogidas corresponde a los sujetos animados (76.84%) seguidos muy de lejos por los inanimados (19.53%). En cuanto a los índices de asociación, casi la mitad de los sujetos animados se asocian con el futuro perifrástico (46.85%), aunque también se decantan por el futuro morfológico (37.29%). Por su parte, el presente pro futuro manifiesta cierta tendencia con los sujetos animados (*r*=2.6) al tiempo que rechaza con cierta intensidad su concurrencia con sujetos inanimados (*r*= –3.1).

f) Modalidad oracional. En esta variable podemos abordar dos aspectos diferentes: la modalidad oracional propiamente dicha y la polaridad. Nos encontramos de nuevo con otra variable significativa estadísticamente, tal como señalan las pruebas realizadas. Por lo que respecta a la polaridad, cuantificada únicamente en la modalidad declarativa, tan solo se obtiene una relación positiva de asociación entre el futuro perifrástico y la modalidad declarativa negativa (*r*=2.6), confirmada en todos los cruces señalados anteriormente. Otras estimaciones adicionales al respecto se obtienen a continuación en el análisis de la modalidad epistémica.

Tabla 7. Tabla de contingencia de la variable 'modalidad oracional'.

Modalidad oracional		Futuro morfológico			Futuro perifrástico			Presente pro futuro			TOTAL	
		N	%	r	N	%	r	N	%	r	N	%
	Declarativa afirmativa	304	73.97%	.3	371	72.75%	–.5	114	74.03%	.2	789	73.40%
	Declarativa negativa	40	9.73%	–1.7	74	14.51%	**2.6**	13	8.44%	–1.4	127	11.81%
Chi-cuadrado de Pearson = 0.000	Interrogativa directa	25	6.08%	1.4	22	4.31%	–.9	6	3.90%	–.6	53	4.93%
Phi = 0.000 V de Cramer = 0.000	Interrogativa indirecta	12	2.92%	–1.7	30	5.88%	**2.5**	4	2.60%	–1.1	46	4.28%
	Exclamativa	6	1.46%	.8	5	0.98%	–.4	1	0.65%	–.6	12	1.12%
	Desiderativa	8	1.95%	**2.4**	3	0.59%	–1.3	0	0.00%	–1.4	11	1.02%
	Exhortativa	16	3.89%	.6	5	0.98%	**–4.2**	16	10.39%	**5.1**	37	3.44%
	Total	411	100.00%		510	100.00%		154	100.00%		1075	100.00%

Según muestra la tabla anterior, en el español hablado de Valencia el 73.40% del total de ocurrencias de futuro adopta una modalidad declarativa afirmativa, mientras que un 11.81% se asocia con la modalidad declarativa negativa. En el primero de los casos, casi la mitad concurren con el futuro perifrástico (47.02%) mientras que más de un tercio de ellos optan por el futuro morfológico (38.53%). Por su parte, la modalidad negativa es más frecuente incluso con el futuro perifrástico (58.27%, N=74/127), con el que se asocia con cierta intensidad (*r*=2.6). Una tendencia similar se obtiene entre las interrogativas indirectas y el futuro perifrástico (*r*=2.5), por un lado, y entre la modalidad desiderativa y el futuro morfológico (*r*=2.4), por otro. Sin embargo, las tendencias más intensas se producen en la modalidad exhortativa, a la que el futuro perifrástico se muestra reacio (*r*= –4.2) y hacia la que el presente pro futuro muestra una tendencia de concurrencia intensa (*r*=5.1), si bien con un número de casos muy reducido.

g) Modalidad epistémica. Se trata de una variable cuya asociación con las formas de expresión de futuridad resulta significativa tal como indican los distintos valores obtenidos.

Tabla 8. Tabla de contingencia de la variable 'modalidad epistémica'.

Modalidad epistémica		Futuro morfológico			Futuro perifrástico			Presente pro futuro			TOTAL	
		N	%	r	N	%	r	N	%	r	N	%
Chi-cuadrado de Pearson = 0.000 *Phi* = 0.000 V de Cramer = 0.000	No marca	161	39.17%	**–4.2**	257	50.39%	1.9	91	59.09%	**3.2**	509	47.35%
	Duda	164	39.90%	**5.9**	123	24.12%	**–3.6**	29	18.83%	**–3.1**	316	29.40%
	Refuerzo valor verdad	45	10.95%	.0	55	10.78%	–.2	18	11.69%	.3	118	10.98%
	Negación	41	9.98%	–1.8	75	14.71%	**2.3**	16	10.39%	–.8	132	12.28%
	Total	411	100.00%		510	100.00%		154	100.00%		1075	100.00%

Como puede observarse, el futuro morfológico se presenta como una opción claramente propensa a su concurrencia en contextos marcados por la duda del hablante (*r* =5.9), tendencia reforzada por el rechazo que muestran hacia estos mismos contextos tanto el futuro perifrástico (*r* = –3.6) como el presente pro futuro (*r* = –3.1). En contextos de negación del valor de verdad (polaridad negativa), se prefiere el futuro perifrástico (*r* =2.3), resultado que está en total consonancia con lo obtenido en la variable anterior.

Y al comparar estos datos con los obtenidos en otros trabajos, vemos que Troya (1998: 31, 189) obtiene para el español de Las Palmas que el futuro perifrástico aparece tanto en contextos de seguridad como de incertidumbre, a la vez que el futuro morfológico parece más restringido para contextos de seguridad o certeza; y opina que el valor asertivo de la forma de futuro perifrástico en su referencia futura se asocia con una actitud confiada del hablante hacia la realización del evento contenido. Por su parte, Sedano (1994: 234) también señala para el español de Venezuela una vinculación entre la actitud modal de seguridad o certeza hacia la verdad de lo enunciado y la variante de futuro perifrástico más intensa que con el futuro morfológico, mientras que una actitud de inseguridad o incertidumbre tiende a asociarse más con el futuro morfológico que con el futuro perifrástico.

h) Especificación temporal. También esta variable resulta significativa en su relación con la expresión de la futuridad.

Tabla 9. Tabla de contingencia de la variable 'especificación temporal'.

Especificación temporal		Futuro morfológico			Futuro perifrástico			Presente pro futuro			TOTAL	
		N	%	r	N	%	r	N	%	r	N	%
	Sin especificación	127	30.90%	**–2.2**	224	43.92%	**5.8**	25	16.23%	**–5.3**	376	34.98%
	Implícita inmediatez	17	4.14%	**–5.5**	79	15.49%	**4.7**	20	12.99%	.9	116	10.79%
	Implícita día en curso	2	0.49%	–1.5	6	1.18%	.2	4	2.60%	1.9	12	1.12%
	Implícita lejana indefinida	57	13.87%	1.8	55	10.78%	–.8	13	8.44%	–1.3	125	11.63%
Chi-cuadrado de Pearson = 0.000 *Phi* = 0.000 V de Cramer = 0.000	Implícita lejana definida	8	1.95%	–.5	9	1.76%	–1.0	7	4.55%	**2.1**	24	2.23%
	Explícita inmediatez	3	0.73%	–1.5	6	1.18%	–.6	6	3.90%	**2.9**	15	1.40%
	Explícita día en curso	8	1.95%	.2	7	1.37%	–1.1	5	3.25%	1.4	20	1.86%
	Explícita lejana indefinida	123	29.93%	**4.8**	96	18.82%	**–2.5**	19	12.34%	**–3.2**	238	22.14%
	Explícita lejana definida	66	16.06%	1.6	28	5.49%	**–7.5**	55	35.71%	**8.5**	149	13.86%
	Total	411	100.00%		510	100.00%		154	100.00%		1075	100.00%

Los resultados de la tabla 9 destacan la fuerte propensión del futuro perifrástico a su concurrencia en contextos sin marca temporal (*r*=5.8) o de inmediatez implícita (*r*=4.7) así como el rechazo por los contextos con demarcación temporal explícita y lejana, tanto si es indefinida (*r*= –2.5) como si es definida (*r*= –7.5). También nos muestra las tendencias positivas del presente, si bien con diferente intensidad, hacia buena parte de las especificaciones temporales explícitas (inmediatez, *r*=2.9; día en curso, *r*=1.4 —no suficientemente significativa—; lejana definida, *r*=8.5) mientras que rechaza los contextos de indefinición temporal (*r*= –3.2). Por su parte, el futuro morfológico evita los contextos de inmediatez temporal, especialmente si es implícita (*r*= –5.5) y también si es explícita (*r*= –1.5), mientras que prefiere los contextos que cuentan con marcas temporales explícitas lejanas, tanto indefinidas (*r*=4.8) como definidas, si bien en menor medida (*r*=1.6).

Globalmente, el grupo más numeroso lo constituyen los casos sin especificación temporal alguna (34.98%), en los que predomina claramente en las frecuencias el futuro perifrástico (59.57%), seguidos de lejos por los entornos con especificación temporal explícita, lejana e indefinida (22.14%), dominados por el futuro morfológico (51.68%). El presente parece competir tanto con el futuro perifrástico —en contextos con especificación temporal explícita de inmediatez— como con el futuro morfológico —en aquellos con especificación temporal explícita, lejana y definida—.

La relevancia de esta variable queda de manifiesto en los resultados de otros trabajos. Veamos cuatro de ellos: Bauhr (1989: 303-306) señala una asociación relevante entre los marcadores adverbiales temporales plurivectoriales —es decir, conectados al origen y portadores de valor de anterioridad, simultaneidad o posterioridad de menor distancia temporal— con el futuro perifrástico, mientras que el futuro morfológico se asocia con más frecuencia a los univectoriales y neutros, que representan una referencia temporal de ruptura con el presente. Troya (1998: 31) diseña su variable de especificación temporal con el mismo esquema que Bauhr y observa que la perífrasis de futuro concurre tanto con adverbios temporales univectoriales como con neutros y presentes en el enunciado. Sin embargo, si bien los hablantes utilizan en estos contextos ambas formas de futuro, la perífrasis predomina en contextos con marcas temporales explícitas (69.2%) mientras el futuro sintético concurre preferentemente con el resto de marcas (a saber, univectoriales y neutras); asimismo (1998: 97) sospecha, sin llegar a ofrecer pruebas consistentes, que el futuro perifrástico opta con mayor preferencia por contextos de inmediatez y que, por lo tanto, la distribución no sigue una variación libre; en consecuencia, el adverbio 'siempre' favorece el futuro perifrástico y 'ahora' el futuro morfológico. Sedano (1994: 232) distribuye las frecuencias de uso de futuro morfológico y futuro perifrástico en función de la cantidad de tiempo expresada y concluye que el futuro perifrástico se utiliza más, en general, sea cual sea la distancia temporal involucrada; también destaca que esta variable independiente ofrece un efecto muy significativo sobre la preferencia en la expresión de futuridad. Esta autora detalla en una obra posterior (2005: 11-12) basada en corpus orales como escritos: en español hablado, el futuro perifrástico predomina de manera categórica en contextos de inminencia (86%) pero la lengua escrita se decanta claramente por el futuro morfológico (95%); con expresiones temporales imprecisas, alejadas o muy amplias, el futuro morfológico predomina de manera categórica en la lengua escrita, mientras el futuro perifrástico lo hace en la hablada (64%). Concluye que la frecuencia de uso del futuro morfológico se incrementa a medida que aumenta la cantidad de tiempo que interviene en la expresión de futuro y que estos resultados podrían explicarse como consecuencia de una vinculación entre la distancia temporal y la modalidad epistémica en la expresión de futuro. Por último, destaca que los marcadores de tiempo de larga distancia se vinculan de manera natural a una mayor falta de confianza del hablante respecto de aquello que anticipa; así pues, si el futuro perifrástico se asocia preferentemente a las referencias temporales inmediatas y el futuro morfológico a las alejadas, parece evidente que el futuro analítico posee un carácter más asertivo que el sintético.

Referido a una comunidad de habla bilingüe, el trabajo de Blas Arroyo (2007: 284) indica una clara preferencia de los valencianohablantes por el futuro morfológico, independiente de cualquier distancia temporal. Si bien los hablantes bilingües disponen en valenciano de formas semejantes a las empleadas en castellano para el futuro morfológico y el perifrástico, estas expresan tiempos distintos en el sistema lingüístico catalán; y esta divergencia entre los sistemas lingüísticos castellano y catalán podría explicar el origen de una mayor preferencia de los hablantes bilingües por el futuro morfológico, independientemente de lo distante del tiempo expresado respecto del momento del habla.

i) Estructura oracional. Las pruebas estadísticas realizadas, tanto las pruebas de *chi*-cuadrado como las medidas simétricas confirman que se trata de una variable con incidencia significativa sobre la preferencia por una de las formas de expresión de futuridad.

Tabla 10. Tabla de contingencia de la variable 'estructura oracional'.

Estructura oracional		Futuro morfológico			Futuro perifrástico			Presente pro futuro			TOTAL	
		N	%	r	N	%	r	N	%	r	N	%
Chi-cuadrado de Pearson = 0.000	Ppal, simple y yuxtapuesta	217	52.80%	**2.8**	214	41.96%	**–3.4**	79	51.30%	1.0	510	47.44%
Phi = 0.000	Coordinada	91	22.14%	1.8	88	17.25%	–1.7	30	19.48%	.0	209	19.44%
V de Cramer = 0.000	Subordinada	103	25.06%	**–4.4**	208	40.78%	**5.1**	45	29.22%	–1.1	356	33.12%
	Total	411	100.00%		510	100.00%		154	100.00%		1075	100.00%

Como puede observarse, el mayor número de ocurrencias corresponde a las construcciones simples, proposiciones principales y oraciones yuxtapuestas. Y dentro de este grupo, predomina el futuro morfológico y muestra una mayor tendencia a su asociación (r=2.8) mientras que el futuro perifrástico presenta un rechazo claro hacia este mismo tipo de cláusulas (r= –3.4). En cuanto a las oraciones coordinadas, el futuro morfológico también predomina en frecuencia de uso y manifiesta una leve tendencia a la concurrencia (r=1.8). Sin embargo, las construcciones subordinadas ofrecen un giro radical: el futuro perifrástico predomina en las frecuencia de uso y tiende de manera positiva y con gran intensidad a su concurrencia con estas mismas construcciones (r=5.1), mientras que el futuro morfológico muestra a su vez un rechazo claro hacia estos contextos (r= –4.4). Por su parte, el presente pro futuro no ofrece valores relevantes en ningún caso.

La comparación de nuestros datos con los procedentes de otros trabajos muestra varias similitudes pero con disparidad de resultados; así, mientras Moreno de Alba (1977: 136) señala para el español de México predominio del futuro perifrástico en las construcciones yuxtapuestas (82.8%) y del futuro morfológico en el caso de las subordinadas adverbiales (61.8%), para Gómez Manzano (1988a: 85) el tipo de oración no condiciona, en general, el uso de la forma perifrástica en el español hablado de Madrid. Por su parte, Troya (1998: 30) señala para Las Palmas una mayor frecuencia de empleo del futuro perifrástico en las oraciones subordinadas —sustantivas, adjetivas y adverbiales causales— frente a una mayor concurrencia del futuro morfológico con construcciones simples y yuxtapuestas o en proposiciones principales. Y Durán Urrea y Gradoville (2006: 19) observan en un reciente estudio sobre el español hablado de Nuevo México que el futuro morfológico se asocia con gran frecuencia con las construcciones subordinadas (46%), en la mayor parte de las cuales el futuro constituye el núcleo verbal de la cláusula subordinada con significado epistémico en construcciones de tipo '(yo) no sé' (91%); de hecho, los autores atribuyen a este tipo de construcciones buena parte de la responsabilidad del cambio radical en los usos de la forma; según ellos, el futuro morfológico cumple una función subjuntiva en el español de Nuevo México, especialmente en el habla de los más jóvenes.

Finalmente, y desde una perspectiva diacrónica, Aaron (2006b: 87) observa cierta estabilidad en lo que se refiere a la asociación de una determinada estructura oracional con el futuro morfológico: desde el siglo XIII, según sus datos —obtenidos principalmente de corpus escritos y con una reducida participación de corpus oral del siglo XX— el futuro morfológico ha concurrido en casi tres de cada cuatro ocasiones (en torno al 71%)

en la cláusula principal de las estructuras oracionales complejas (con frecuencias entre el 67% y el 84%).

j) Correferencia de sujetos. La asociación entre esta variable y las formas de futuro no resulta significativa estadísticamente en nuestra comunidad de habla. En términos absolutos, casi dos de cada tres formas de expresión de futuridad concurren en situaciones sintácticas de no correferencia (62.79%) y casi la mitad de ellas se vinculan al futuro perifrástico (47.11%), sin que puedan señalarse tendencias concretas en ningún caso. La opción perifrástica de futuro también predomina en la concurrencia con las construcciones en las que sí se produce correferencia de sujetos (48.00%). Otros trabajos que también han analizado esta variable indican bien un porcentaje de uso similar del futuro perifrástico y del futuro morfológico en contextos de oraciones subordinadas con sujeto diferente para el verbo regente y el regido (Gómez Manzano 1988a: 79), bien menor frecuencia de uso del futuro perifrástico en las construcciones subordinadas sin correferencia de sujeto que en aquellas que sí presentaban dicha correferencia (Samper, Hernández y Troya 2001: 184).

k) Presencia de perífrasis en el cotexto. Esta variable independiente trata de cuantificar la influencia que la presencia de una construcción perifrástica de tipo <ir a + infinitivo> en el cotexto puede ejercer sobre ocurrencias posteriores de las diferentes variantes de marcación de la futuridad, especialmente del futuro perifrástico:

(78) E: pues / hablemos de tu casa // dinos cómo es / como si *fueras a vendérmela*
I: te la *voy a vender* ¿eh? // / mira /// mira si sé cómo es mi casa
Entrevista 59, 12MC (25:36)

El punto de partida de esta variable experimental, tal y como se ha indicado en las cuestiones metodológicas, lo representa la observación de una tendencia a la agrupación o acumulación de fórmulas de expresión de futuridad en intervalos relativamente estrechos de tiempo provocadas por un efecto de índole cognitiva de perseveración de la forma. Según señalan Cameron y Flores Ferrán (2004: 43), este efecto de perseveración ha mostrado su influencia estadísticamente significativa en numerosos casos de variación y constituye un patrón recurrente: «The presence of one variant at one point in the linear sequence may trigger subsequent strings of similar forms or structures». Esta observación es compartida por Blas Arroyo (2008: 92) quien, sin embargo, excluye de su estudio las formas de futuridad condicionadas por ocurrencias previas como consecuencia de este supuesto efecto de persistencia de variantes semejantes en contextos vecinos al observar que, en al menos el 83% de los casos de expresión de futuridad (especialmente con el futuro morfológico) los hablantes aplican esta regla de perseveración que implica reiterar la variante aparecida en el cotexto previo.

En nuestro estudio hemos obtenido un alto grado de significatividad de esta variable independiente sobre las marcas de expresión de futuridad tal como indican las pruebas de *chi*-cuadrado y las medidas simétricas.

Tabla 11. Tabla de contingencia de la variable 'presencia de perífrasis en el cotexto'.

Presencia de perífrasis en el cotexto		Futuro morfológico			Futuro perifrástico			Presente pro futuro			TOTAL	
		N	%	r	N	%	r	N	%	r	N	%
Chi-cuadrado de Pearson = 0.000 *Phi* = 0.000 V de Cramer = 0.000	Sin perífrasis	282	68.61%	**4.7**	258	50.59%	**–5.8**	102	66.23%	1.8	642	59.72%
	Presencia de perífrasis <ir a + infinitivo>	30	7.30%	**–7.5**	147	28.82%	**8.2**	23	14.94%	–1.3	200	18.60%
	Presencia de otras perífrasis	99	24.09%	1.5	105	20.59%	–.8	29	18.83%	–.9	233	21.67%
	Total	411	100.00%		510	100.00%		154	100.00%		1075	100.00%

Los resultados son elocuentes: en presencia de otras construcciones perifrásticas de tipo <ir a + infinitivo> previas en el enunciado —independientemente del tipo de contenido que predomine en ellas— es más frecuente que los hablantes se decanten por el futuro perifrástico con una tendencia positiva muy intensa (r=8.2), reforzada a su vez por una propensión también muy clara del futuro morfológico a rechazar estos mismos contextos (r= –7.5). En cotextos donde no concurren este tipo de perífrasis, las frecuencias relativas se igualan: futuro morfológico (43.93%) / futuro perifrástico (40.19%), lo cual implica una clara tendencia del futuro sintético a concurrir en estos contextos, corroborada además por un residuo corregido positivo (r=4.7), frente a un residuo corregido negativo (r= –5.8) del futuro perifrástico en estas mismas situaciones. Puede concluirse que la presencia de una construcción perifrástica de tipo <ir a + infinitivo> (independientemente de su contenido temporal) influye poderosamente sobre la preferencia de los hablantes por el futuro perifrástico a continuación;

asimismo, la presencia de estructuras perifrásticas de otro tipo no favorece a ninguna de las opciones de futuro —únicamente, y de manera no significativa (*r*=1.8), al presente— mientras que su ausencia promueve de manera más intensa el uso del futuro morfológico.

2. Factores pragmáticos.

l) Evidencialidad. Todos los índices señalan una correlación asociativa muy significativa entre las marcas de futuro y el tipo de evidencialidad implicada.

Tabla 12. Tabla de contingencia de la variable 'evidencialidad'.

Evidencialidad		Futuro morfológico			Futuro perifrástico			Presente pro futuro			TOTAL	
		N	%	r	N	%	r	N	%	r	N	%
Chi-cuadrado de Pearson = 0.000 *Phi* = 0.000 V de Cramer = 0.000	Cognitiva	298	72.51%	**2.2**	346	67.84%	–.5	93	60.39%	**–2.4**	737	68.56%
	Sensorial	38	9.25%	.9	41	8.04%	–.3	10	6.49%	–.9	89	8.28%
	Rumores	12	2.92%	**–2.5**	37	7.25%	**3.2**	5	3.25%	–1.1	54	5.02%
	Universal	63	15.33%	–1.9	86	16.86%	–1.0	46	29.87%	**4.1**	195	18.14%
	Total	411	100.00%		510	100.00%		154	100.00%		1075	100.00%

Estos resultados señalan un reparto de funciones relativamente compartimentado entre los tipos de evidencialidad y las diferentes opciones expresivas de futuro. El futuro morfológico constituye la principal forma de expresión de futuridad en contextos de evidencialidad cognitiva, valor reforzado por una tendencia leve de la marca a esta misma asociación (*r*=2.2) y por el rechazo del presente pro futuro a este mismo tipo de contextos (*r*= –2.4). Este grupo evidencialidad cognitiva es el más amplio (68.56%), seguido de lejos por los de evidencialidad universal (18.14%), claramente afines al presente pro futuro (*r*=4.1) pero ligeramente rechazada, a su vez, por el futuro morfológico (*r*= –1.9). Por su parte, mientras la evidencialidad sensorial no manifiesta una tendencia a asociarse con ninguna de las fórmulas de marcación de futuridad en particular, los contextos de información por rumores se asocian con el futuro perifrástico con especial intensidad (*r*=3.2) y muestran una resistencia de leve a moderada del futuro morfológico (*r*= –2.5).

m) Tipo de acto de habla. También esta variable muestra una correlación altamente significativa con las variantes de expresión de la futuridad.

Tabla 13. Tabla de contingencia de la variable 'tipo de acto de habla'.

Tipo de acto de habla		Futuro morfológico			Futuro perifrástico			Presente pro futuro			TOTAL	
		N	%	r	N	%	r	N	%	r	N	%
Chi-cuadrado de Pearson = 0.000 *Phi* = 0.000 V de Cramer = 0.000	Asertivo	173	42.09%	**–2.4**	256	50.20%	**2.2**	73	47.40%	.2	502	46.70%
	Directivo	19	4.62%	1.8	10	1.96%	**–2.4**	7	4.55%	.9	36	3.35%
	Compromisivo	42	10.22%	.1	42	8.24%	–1.9	24	15.58%	**2.5**	108	10.05%
	Declarativo	26	6.33%	**–4.5**	83	16.27%	**4.1**	20	12.99%	.4	129	12.00%
	Expresivo	151	36.74%	**5.1**	119	23.33%	**–3.2**	30	19.48%	**–2.5**	300	27.91%
	Total	411	100.00%		510	100.00%		154	100.00%		1075	100.00%

Según estos resultados, un alto porcentaje de ocurrencias de expresión de futuro constituye actos de habla asertivos (46.70%), seguido por los expresivos (27.91%). Y dentro de los asertivos, más de la mitad de los actos de habla concurren con el futuro perifrástico, forma que además muestra una leve tendencia a concurrir en estos casos (*r*=2.2), mientras que el futuro morfológico presenta un rechazo de intensidad similar a esta combinación (*r*= –2.4). Un comportamiento semejante se detecta en los actos de habla declarativos, claramente asociados con intensidad sustancial al futuro perifrástico (*r*=4.1) y con evidente rechazo hacia el futuro morfológico (*r*= –4.5). Los actos expresivos, por su parte, aparecen claramente vinculados al futuro morfológico y presentan el residuo corregido más alto de la tabla (*r*=5.1), tendencia respaldada además por el rechazo hacia estos mismos actos, entre moderado y leve, que presentan el futuro perifrástico (*r*= –3.2) y el presente pro futuro (*r*= –2.5). Por último, la forma que más claramente rechaza los actos compromisivos es el futuro perifrástico (*r*= –2.4) y la que se asocia con ellos con una frecuencia mayor de lo que cabría esperar es el presente pro futuro (*r*=2.5).

3. Factores estilísticos.

n) Campo. Se trata de otra variable significativa en su asociación bivariante con las marcas de expresión de futuro.

Tabla 14. Tabla de contingencia de la variable 'campo'.

Campo		Futuro morfológico			Futuro perifrástico			Presente pro futuro			TOTAL	
		N	%	r	N	%	r	N	%	r	N	%
Chi-cuadrado de Pearson = 0.000 *Phi* = 0.000 V de Cramer = 0.000	No técnico	384	93.43%	**2.9**	440	86.27%	**–3.9**	144	93.51%	1.5	968	90.05%
	Técnico	27	6.57%	**–2.9**	70	13.73%	**3.9**	10	6.49%	–1.5	107	9.95%
	Total	411	100.00%		510	100.00%		154	100.00%		1075	100.00%

Dada la temática de la entrevista semidirigida, es lógica la desigualdad entre ambos tipos de campo, 90.05% frente a 9.95%. En las secuencias de temática cotidiana o no especializada (familia, trabajo, etc.) predomina el futuro perifrástico con un 45.45% de las ocurrencias seguido de cerca por el futuro morfológico con un 39.67%; asimismo, mientras el futuro sintético muestra una tendencia leve a concurrir con este tipo de situaciones (*r*=2.9), el futuro perifrástico las rechaza con intensidad moderada (*r*= –3.9). Todo lo contrario sucede en contextos de campo técnico o semiespecializado, donde la perífrasis domina las frecuencias (65.42%) y las tendencias de asociación por residuo corregido (*r*=3.9), frente a un porcentaje bajo (25.23%) por parte del futuro morfológico con un residuo corregido que invierte su tendencia, lógicamente, con respecto al campo no técnico. Por su parte, el presente muestra unos valores muy bajos de asociación con campos no técnicos y de rechazo con los técnicos.

o) Tipo de texto. También la estructura discursiva influye de manera significativa sobre la forma de expresión de futuridad según muestran las pruebas estadísticas y las medidas simétricas.

Tabla 15. Tabla de contingencia de la variable 'tipo de texto'.

Tipo de texto		Futuro morfológico N	%	r	Futuro perifrástico N	%	r	Presente pro futuro N	%	r	TOTAL N	%
Chi-cuadrado de Pearson = 0.001 *Phi* = 0.001 V de Cramer = 0.001	Dialogal	61	14.84%	**2.4**	49	9.61%	**–2.1**	17	11.04%	–.3	127	11.81%
	Explicativo-expositivo	274	66.67%	.7	334	65.49%	.1	94	61.04%	–1.2	702	65.30%
	Narrativo	31	7.54%	–1.2	41	8.04%	–.9	23	14.94%	**2.9**	95	8.84%
	Argumentativo	32	7.79%	**–2.8**	75	14.71%	**3.4**	14	9.09%	–.9	121	11.26%
	Descriptivo	13	3.16%	.6	11	2.16%	–1.2	6	3.90%	.9	30	2.79%
	Total	411	100.00%		510	100.00%		154	100.00%		1075	100.00%

De nuevo, la temática de la entrevista origina proporciones desiguales de secuencias textuales. El tipo de texto más habitual es el explicativo-expositivo (65.30% de los casos) y en él predominan los usos del futuro perifrástico con casi la mitad de las ocurrencias totales (47.58%), seguido por el futuro morfológico (39.03%). Donde compiten con mayor intensidad las variantes de futuro es en las secuencias dialogales y argumentativas; así, en las primeras predomina claramente el futuro morfológico en frecuencia de uso (48.03% del total de ocurrencias) y en fuerza de asociación (*r*=2.4), lo cual sugiere una moderada tendencia a concurrir en este tipo de secuencias, mientras que el futuro perifrástico muestra una leve tendencia a rechazarlas (*r*= –2.1). Por su parte, en las secuencias argumentativas, las tendencias y las frecuencias se invierten, y los hablantes se decantan claramente por el futuro perifrástico (61.98%) de manera intensa (r=3.4) frente al uso del futuro morfológico (26.45%, r= –2.8). Finalmente, las secuencias narrativas muestran una tendencia favorable a su asociación con el presente (r=2.9).

p) Tenor-estatus. Esta variable resulta significativa en su relación con las formas de futuridad (p = 0.016), si bien con diferentes frecuencias de uso; así, la relación de igualdad entre los interlocutores representa el 48.93% de las ocurrencias totales y es un factor que rechaza con intensidad moderada el presente pro futuro (r= –2.8). Por su parte, la relación de inferioridad de un interlocutor frente a otro facilita el uso del futuro perifrástico (43.48%) y del presente pro futuro, que con un porcentaje de 17.60% manifiesta una tendencia positiva a su concurrencia con este tipo de estatus (r =2.8).

q) Tenor-edad. Se trata, asimismo, de otra variable significativa en su correlación bivariante (p = 0.001) y con frecuencias de uso bastante diferentes. Se constatan pocas ocurrencias de igualdad generacional de los interlocutores (13.77%) y en casi la mitad de estos casos se opta por el futuro morfológico (48.65%) con intensidad moderada (r=2.8) frente a una frecuencia relativa menor y una tendencia negativa del futuro perifrástico (34.36% y r= –3.4). Por su parte, la relación de inferioridad del informante muestra un alto porcentaje de ocurrencias de futuro perifrástico (52.47%) y una moderada tendencia a concurrir en esta asociación (r=3.9), mientras que el futuro morfológico (34.61% de los casos) manifiesta una moderada resistencia a concurrir en este mismo tipo de contextos (r= –2.9). También la variante perifrástica de futuro predomina en las situaciones de superioridad del informante (43.3%), si bien en estos casos no es señalada por los residuos corregidos ninguna tendencia específica de asociación.

r) Tenor-proximidad. A diferencia de tenor-estatus y tenor-edad, esta variable no resulta significativa en el análisis bivariante y tampoco ofrece residuos corregidos que señalen algún tipo de tendencia asociativa con alguna de las marcas de futuro.

4. Factores sociológicos.

s) Sexo. Al igual que en muchos otros estudios variacionistas, también en esta investigación la variable sexo presenta una estrecha correlación bivariante. Todos los índices estadísticos indican una alta significatividad de la contingencia entre ambas.

Tabla 16. Tabla de contingencia de la variable 'sexo'.

Sexo		Futuro morfológico			Futuro perifrástico			Presente pro futuro			TOTAL	
Chi-cuadrado de Pearson = 0.000 *Phi* = 0.000 V de Cramer = 0.000		N	%	r	N	%	r	N	%	r	N	%
	Hombre	247	60.10%	**4.1**	246	48.24%	**–2.5**	68	44.16%	**–2.2**	561	52.19%
	Mujer	164	39.90%	**–4.1**	264	51.76%	**2.5**	86	55.84%	**2.2**	514	47.81%
	Total	411	100.00%		510	100.00%		154	100.00%		1075	100.00%

Estos resultados muestran que los hombres superan ligeramente a las mujeres en frecuencia de uso de las marcas de futuridad (52.19%); de estos casos, el 44.03% corresponde al empleo del futuro morfológico, porcentaje que representa casi dos tercios de las ocurrencias totales de esta opción (60.10%). Además, la asociación del género masculino con esta variante presenta un residuo corregido de intensidad fuerte (*r*=4.1) mientras que el futuro perifrástico y el presente se asocian con tendencia negativa leve con este sexo (*r*= –2.5 y *r*=–2.2, respectivamente). Por su parte, las mujeres presentan unas tendencias de asociación completamente distintas; se decantan por el futuro perifrástico en más de la mitad de las ocurrencias totales (51.36%) con cierta intensidad de asociación (*r*=2.5) y también con el presente pro futuro (55.84%, *r*=2.2); en ambos casos, la tendencia a la asociación es positiva, relativamente intensa y de signo contrario a la de los hombres. Menos de un tercio de los casos totales de marcas de futuridad aportados por el sexo femenino corresponde a la forma de futuro morfológico (31.91%), dato al que acompaña una tendencia de asociación negativa y de intensidad fuerte, inversa a la masculina.

También estudios anteriores han señalado que las mujeres optan de forma más habitual por la forma perifrástica que los hombres; así, Gómez Manzano (1992: 137) obtiene una ligera tendencia de las mujeres hacia el uso del futuro perifrástico (lo cual podría asociarse a su rápida difusión y al notable incremento de su frecuencia de uso, especialmente en el último siglo) y Troya (1998: 31) destaca la alta frecuencia de uso del futuro perifrástico entre las mujeres (65.2%) y entre los hombres jóvenes, aunque en menor medida. Por su parte, Samper, Hernández y Troya (2001: 190) obtienen un porcentaje de uso del futuro perifrástico del 75% en mujeres frente al 66% en los hombres; y Becerra (2005: 5) señala que las mujeres superan a los hombres en casi un 20% en las frecuencias de empleo del futuro perifrástico mientras que los hombres superan a las mujeres en el empleo del futuro morfológico con una diferencia porcentual similar.

t) Edad. Al analizar la estratificación generacional en relación con el uso de las diferentes fórmulas expresivas de futuridad, obtenemos resultados no significativos estadísticamente; es decir, no puede probarse de manera fiable si existe algún tipo de asociación entre estas dos variables.

No obstante, si deseamos interpretar adecuadamente los porcentajes de uso de las diferentes variantes en la covariación, conviene tener presentes las observaciones de Labov (1994: 83-84), quien señala que si las altas frecuencias de uso en la primera generación no se mantienen en la tercera, ello constituye un indicador claro de un proceso de cambio en marcha. Si analizamos los porcentajes de uso representados en la gráfica 5 se observa que la franja con mayor volumen de ocurrencias en términos absolutos corresponde a la segunda generación (40.0% de los casos totales), la mitad de los cuales corresponden a la opción de futuro perifrástico (50.47%) sin tendencias reseñables por residuo corregido en ningún caso. Por su parte, los jóvenes usan también más el futuro perifrástico (48.74%) que el morfológico (35.53%) y la tercera generación se caracteriza por unas frecuencias de uso similares de la perífrasis de futuro (42.20%) y del futuro morfológico (42.51%). En cuanto al presente prospectivo se emplea por igual en las tres generaciones sin diferencias reseñables, lo cual podría indicar estabilidad de la variante. La única tendencia relevante constatada mediante los residuos corresponde a la tercera generación, que se resiste al empleo del futuro perifrástico con una intensidad leve ($r = -2.3$):

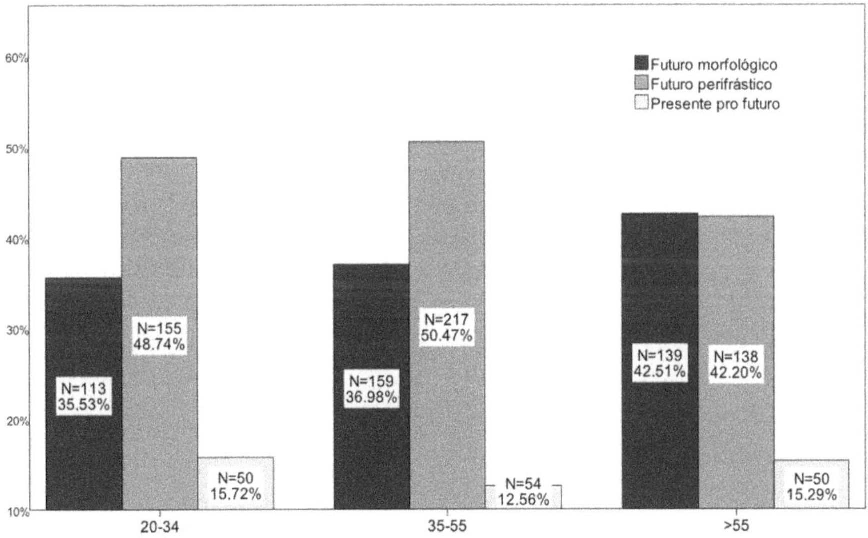

Gráfica 5. Recuento y porcentajes de uso de las formas de futuro por grupos generacionales.

Si observamos detenidamente los patrones de estratificación de las variantes de futuro que muestra la gráfica anterior, se comprueba que el futuro perifrástico ofrece un patrón en forma de ∩, lo que indica un proceso de cambio favorable al empleo de esta alternativa para expresar la futuridad, combinada con un uso del presente pro futuro estable y que aún cuenta con una vigencia notable en el empleo del futuro morfológico.

Por otra parte, si comparamos nuestros resultados con los obtenidos por otros estudios vemos que Gómez Manzano (1992: 137) vincula las primeras generaciones con una cierta tendencia al uso del futuro perifrástico, mientras Troya (1998: 32) insiste en la existencia de diferencias mínimas de uso en los diferentes grupos etarios; para esta autora la perífrasis predomina en todos los estratos y no parecen apreciarse tendencias diferentes a corto plazo; antes bien, se obtiene un discreto aumento de la frecuencia de uso de la forma de futuro morfológico en la primera generación con respecto a la segunda y a la tercera. Por su parte, Samper, Hernández y Troya (2001: 191) apuntan una mayor frecuencia de uso del futuro perifrástico entre los jóvenes y en un importante volumen de mujeres de la segunda generación. También Becerra (2005: 6), en su estudio sobre el sociolecto culto de Bogotá, apenas obtiene diferencias entre las tendencias de uso en las tres generaciones, aunque señala una ligera superioridad de la frecuencia del futuro perifrástico en la primera y segunda generaciones, con un claro descenso —de un 30%— en la tercera, cuya habla el autor caracteriza como conservadora.

Finalmente, consideramos interesante la distribución de las frecuencias de uso de las tres variantes de futuro combinando sexo y edad (gráfica 6). El examen de las frecuencias relativas en tiempo aparente muestra que las mujeres definen patrones curvilíneos en ∩ para el futuro perifrástico, lo cual indica la aceptabilidad social en el uso de la variante (prestigio abierto o manifiesto) y favorece el proceso de cambio. En cuanto al uso del futuro morfológico y del presente prospectivo conviene destacar la estabilidad que muestra el sexo femenino.

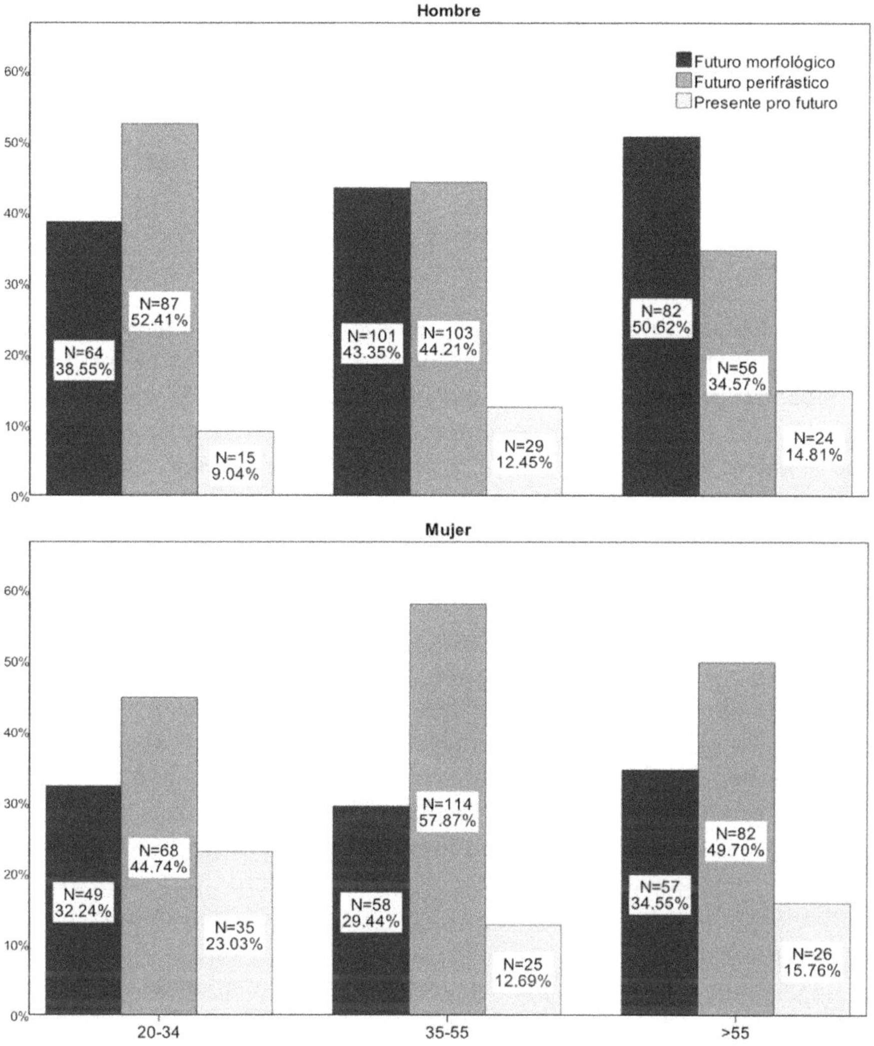

Gráfica 6. Frecuencias de uso de las marcas de futuridad por edad y sexo.

u) Nivel sociocultural. Es otra de las variables independientes que también muestra una correlación bivariante significativa con las marcas de futuridad; todos los índices se mantienen dentro de los límites impuestos a la significación estadística.

Tabla 17. Tabla de contingencia de la variable 'nivel sociocultural'.

Nivel sociocultural		Futuro morfológico			Futuro perifrástico			Presente pro futuro			TOTAL	
		N	%	r	N	%	r	N	%	r	N	%
Chi-cuadrado de Pearson = 0.002 *Phi* = 0.002 V de Cramer = 0.002	Bajo	126	30.66%	–.4	175	34.31%	**2.0**	36	23.38%	**–2.3**	337	31.35%
	Medio	140	34.06%	–1.2	173	33.92%	–1.5	77	50.00%	**3.8**	390	36.28%
	Alto	145	35.28%	1.6	162	31.76%	–.4	41	26.62%	–1.6	348	32.37%
	Total	411	100.00%		510	100.00%		154	100.00%		1075	100.00%

Los tres grupos estratificados socioculturalmente presentan porcentajes similares de uso de las marcas de futuridad. Los hablantes de nivel bajo se decantan predominantemente por el futuro analítico (51.93%) con un residuo tipificado corregido levemente positivo (*r*=2.0) frente a un residuo negativo significativo (*r*= –2.3) en la asociación con el presente pro futuro. El futuro perifrástico también predomina entre los hablantes de sociolecto medio (44.36%) y alto (46.55%); sin embargo, los hablantes de sociolecto medio muestran una correlación más intensa por el presente pro futuro (*r*=3.8). En cuanto al uso del futuro morfológico, la proporción más elevada corresponde al sociolecto alto (35.28%) seguida de cerca por el sociolecto medio (34.06%); este impulso recibido por el sociolecto alto corrobora el apoyo que tradicionalmente esta clase social ofrece a las alternativas consideradas más prestigiosas o al mejor uso. Por su parte, el sociolecto medio es el estrato social que con mayor intensidad promueve el empleo del presente pro futuro, quizás como consecuencia de la inseguridad que representa para este grupo optar entre la forma prestigiada por el sociolecto alto (el futuro morfológico) y la forma promovida por el sociolecto bajo y en clara expansión (el futuro perifrástico).

Por último, si distribuimos las frecuencias de empleo de las tres variantes según sociolectos y grupos etarios en nuestro estudio se obtienen los patrones representados en la gráfica 7.

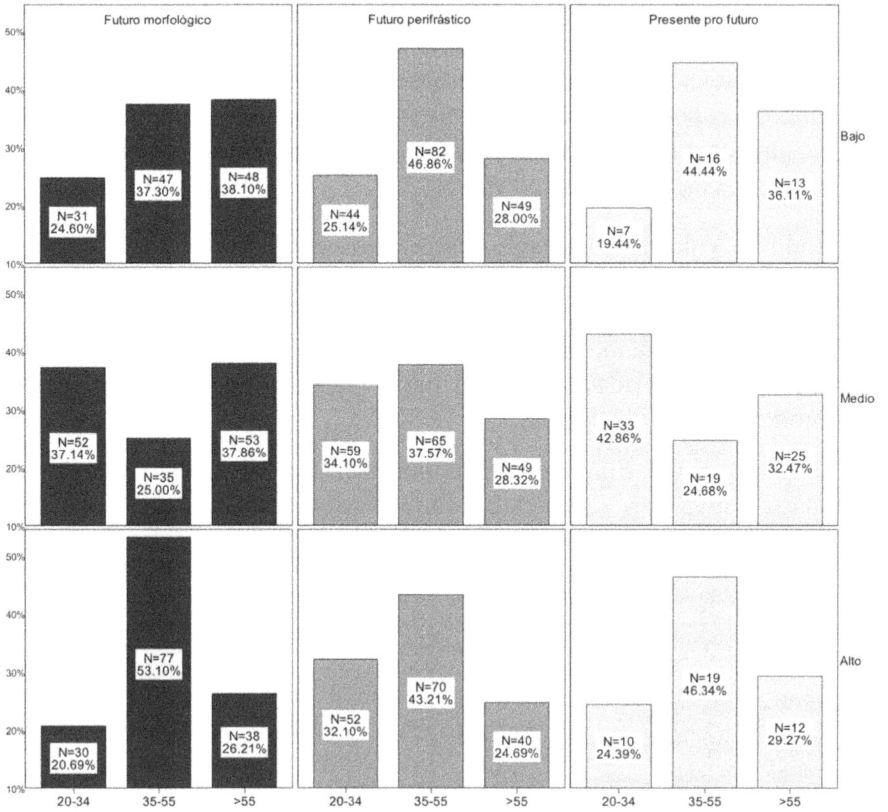

Gráfica 7. Frecuencias de uso de las marcas de futuridad por edad y nivel sociocultural.

Estos patrones estratificacionales nos permiten obtener estimaciones más precisas sobre la incidencia que ejercen en las diferentes variantes de expresión del futuro. Como puede observarse, destacan dos: el futuro perifrástico presenta un claro patrón curvilíneo en ∩ en el sociolecto bajo, lo que refleja un cambio en marcha de esta variante favorecido por dicho grupo social, es decir, un cambio desde abajo y expandido por el sexo femenino[4]; por otra parte, algo similar ocurre entre el futuro morfológico y el sociolecto alto, lo que demuestra una clara resistencia por parte de este grupo social a abandonar esta variante expresiva de futuridad y la

4 El principio de la curvilinealidad (Labov 2011: 516) por el que «women are normally the leaders in change from below».

considera como uso prestigioso. Por su parte, el sociolecto medio mantiene una variación estable en los usos del futuro morfológico y del presente pro futuro, y un desplazamiento progresivo hacia el futuro perifrástico. Finalmente, el presente pro futuro muestra una frecuencia absoluta de uso mucho menor que las otras dos alternativas y presenta patrones curvilíneos distintos escasamente relevantes.

v) Modo de vida. Esta variable, introducida con carácter experimental, no ofrece asociación significativa en las pruebas de *chi*-cuadrado ni en las medidas simétricas con la variable dependiente. Además, tampoco sus variantes (familia, ocio, trabajo) muestran tendencias específicas por ninguna forma de futuridad, si bien el futuro perifrástico predomina en los tres modos de vida establecidos.

w) Lengua habitual. Finalmente, también esta variable muestra una correlación asociativa muy significativa con la variable dependiente. Todos los índices muestran una significatividad clara.

Tabla 18. Tabla de contingencia de la variable 'lengua habitual'.

Lengua habitual		Futuro morfológico			Futuro perifrástico			Presente pro futuro			TOTAL	
		N	%	r	N	%	r	N	%	r	N	%
Chi-cuadrado de Pearson = 0.000 *Phi* = 0.000 V de Cramer = 0.000	Castellano-hablante	168	40.88%	**–5.1**	294	57.65%	**4.3**	83	53.90%	.9	545	50.70%
	Bilingüe activo	243	59.12%	**5.1**	216	42.35%	**–4.3**	71	46.10%	–.9	530	49.30%
	Total	411	100.00%		510	100.00%		154	100.00%		1075	100.00%

Los resultados obtenidos son elocuentes: los castellanohablantes se decantan claramente por el futuro perifrástico (53.94%), usando bastante menos el futuro morfológico (30.83%) y el presente pro futuro (7.72%). Además, se registra una tendencia positiva de estos hablantes hacia el futuro analítico (*r*=4.3) al tiempo que se muestra un claro rechazo hacia el futuro morfológico (*r*= –5.1). Por su parte, las frecuencias y las tendencias se invierten en el caso de los hablantes bilingües: casi la mitad de las ocurrencias corresponden al futuro morfológico (45.85%), porcentaje que supera los usos perifrásticos de futuro (40.75%), hecho que se repite en las tendencias asociativas: en el cruce entre hablantes bilingües y el futuro morfológico, el residuo tipificado corregido es positivo y de intensidad elevada (*r*=5.1) mientras que para el futuro perifrástico la tendencia de los castellanohablantes es negativa (con un *r*= –4.3).

Al proyectar los resultados de las variantes de la variable dependiente según edad y lengua habitual, se obtienen las representaciones de la gráfica 8, donde destaca el papel de los castellanohablantes hacia la propagación del futuro perifrástico, proceso de cambio que también se observa en el grupo bilingüe, si bien de forma más moderada.

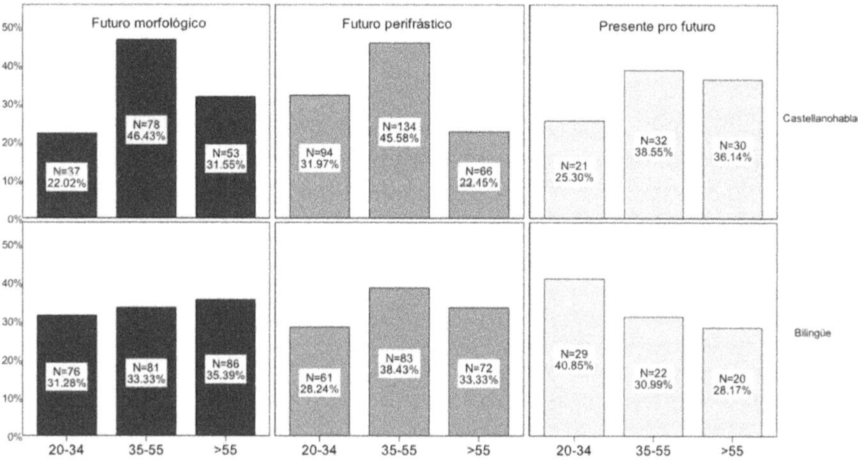

Gráfica 8. Frecuencias de uso de las marcas de futuridad por edad y lengua habitual.

Algunos autores han llamado la atención acerca de la influencia que el contacto de lenguas puede ejercer sobre determinados procesos de variación. Entre ellos, Orozco (2007b: 314) para quien las situaciones de contacto lingüístico potencian los cambios en marcha; también Martín Butragueño (2004: 89) subraya la importancia del contacto entre dialectos durante momentos clave de la reconquista y repoblación medievales en la Península Ibérica, en los movimientos migratorios hacia América y dentro de América desde finales del XV, y en los movimientos migratorios que ha generado la intensa atracción de los núcleos urbanos sobre determinadas áreas geográficas, especialmente durante los siglos XIX y XX. Y Gutiérrez (1995) aporta datos que muestran que en comunidades donde el español está en contacto con el inglés, el futuro perifrástico tiene con respecto al futuro morfológico una frecuencia de uso mayor de lo que se registra en comunidades donde este contacto no se produce; ello es debido, según Scheirs (2009: 6), a la transparencia de la construcción inglesa para el futuro *going to*, más fácil de adoptar para los hablantes bilingües por su regularidad paradigmática.

En este caso particular del contacto lingüístico catalán-castellano podemos comparar nuestros resultados con los de Blas Arroyo (2008: 117-119), quien ha señalado un comportamiento de los hablantes bilingües vinculado al uso del futuro morfológico (53.0%), que refleja cierta fuerza de retención en el empleo de esta forma frente a la tendencia generalizada en otras comunidades de habla (45%) donde se extiende el uso del futuro perifrástico. Este autor señala la existencia, para situaciones de contacto lingüístico, de un proceso conservador con clara retención de variantes autóctonas que se opone al avance de las alternativas procedentes de otros ámbitos no bilingües, motivado por el catalán, lengua que admite el futuro morfológico en entornos donde el castellano ya no lo permite, como en las construcciones <cuando + futuro morfológico> (Vindràs quan voldràs)[5] y en las modales y sustantivas de relativo (Els qui aniran ho contaran tot. Faré el dinar com m'ho explicaran)[6].

9. Análisis multivariante

El objetivo fundamental de este análisis consiste en elaborar un modelo interpretativo global capaz de explicar la preferencia de los hablantes de la comunidad de habla de Valencia por cada una de las tres variantes expresivas de futuro consideradas y valorar si esta variable morfosintáctica responde a un hecho de variación estable o a un fenómeno de cambio en marcha.

El primer problema que debe resolverse deriva de la limitación del modelo analítico de regresión logística binomial, capaz de obtener una fórmula generadora de los valores adoptados por una variable dependiente siempre que esta sea dicotómica. Una de las soluciones posibles[7] en estos

5 «Vendrás cuando quieras», ejemplo del propio autor.

6 «Los que vayan lo contarán todo. Haré la comida como me lo expliquen», ejemplos del autor.

7 Este modelo estadístico de regresión logística binomial es el único disponible si atendemos a la tradición investigadora variacionista. Sin embargo, tal y como se ha indicado reiteradamente, existen modelos estadísticos para variables dependientes con más de dos variantes (análisis logísticos multinomiales), así como otros modelos estadísticos no regresivos que se están proponiendo recientemente como alternativos

casos consiste en realizar análisis de regresión logística binomial entre parejas de variantes, proceso por el que se obtienen tres modelizaciones diferentes (futuro morfológico frente a futuro perifrástico, futuro morfológico frente a presente pro futuro y futuro perifrástico frente a presente pro futuro). Pero la mejor opción consiste en aplicar un modelo de regresión logística multinomial, es decir, un modelo estadístico capaz de obtener la fórmula de regresión logística cuando la variable dependiente cuenta con más de dos variantes, como en nuestro caso.

Nuestra investigación procede del siguiente modo: en primer lugar, se aportan las tablas de resultados correspondientes a los análisis de regresión logística binomial obtenidos por aplicación de los métodos progresivos (o por pasos) mediante el empleo de los tres programas informáticos considerados y confrontando las variantes expresivas de futuridad dos a dos; el primero de los tres cálculos, correspondiente al análisis principal, lo constituye el modelo de referencia, obtenido por confrontación entre las variantes de futuro morfológico y futuro perifrástico; a continuación se presentan los resultados correspondientes a los dos análisis de regresión logística binomial complementarios (que confrontan cada una de estas variantes con el presente pro futuro) obtenidos igualmente con los tres programas. En segundo lugar, una vez valorada la bondad de ajuste proporcionada por los diferentes modelos de regresión logística binomial calculados, se procederá a la lectura e interpretación conjunta de las estimaciones, adoptando como valores de referencia los procedentes del análisis principal que modeliza la preferencia entre el futuro morfológico y el futuro perifrástico, y completándolos con las estimaciones obtenidas en los otros dos modelos adicionales. En esta fase interpretativa general se establecerán, eventualmente, correspondencias con los resultados procedentes de los análisis bivariantes.

Posteriormente se aporta la tabla de resultados obtenidos en el modelo de regresión logística multinomial efectuado sobre las tres variantes de futuro simultáneamente. Aunque sus condiciones de aplicación no permiten una total equiparación con los modelos binomiales, sus resultados nos permitirán efectuar matizaciones u obtener nuevas estimaciones acerca de las

a los tradicionalmente empleados. En este estudio efectuamos un análisis de regresión logística multinomial, con carácter experimental, sobre la variable de futuro y trataremos de obtener de él estimaciones complementarias a las constatadas en los modelos de regresión binomial.

variables independientes más significativas en la predicción del comportamiento de los hablantes a la hora de manifestar el tiempo futuro.

9.1 Regresión logística binomial de un nivel[8]

El análisis de regresión logística binomial de un nivel efectuado con *Goldvarb* contrasta exclusivamente las variantes de futuro perifrástico y futuro morfológico. Este análisis representa un primer acercamiento al estudio de la competencia entre dos alternativas de expresión de la futuridad y constituye una primera modelización estadística de este fenómeno lingüístico. Se ha prescindido en este caso de los análisis complementarios efectuados por contraposición de las dos variantes con el presente pro futuro con el fin de preservar la claridad expositiva. Los análisis completos de todas las combinaciones posibles se presentan en el apartado siguiente, donde se obtienen los modelos de regresión logística binomial por pasos para todos los pares de variantes posibles con los tres programas empleados.

8 Todos los análisis efectuados con *Goldvarb* se han obtenido con la opción *Center Factors* activada. De este modo, los resultados se aproximan tanto como permite el programa a los proporcionados por las implementaciones de los algoritmos de regresión logística llevadas a cabo por otros programas estadísticos. *Goldvarb* calcula los pesos probabilísticos de dos maneras diferentes: con los factores descentrados (por defecto) o centrados (indicándolo en el menú del programa antes de iniciar los análisis). La técnica por factores descentrados calcula los pesos probabilísticos ponderando las estimaciones según el número de ocurrencias (*tokens*), de manera que los factores con mayor número de casos tendrán un efecto mayor sobre la estimación de la variable independiente. Los pesos probabilísticos centrados se calculan independientemente del número de ocurrencias o *tokens* en cada contexto lingüístico, intentando emular el método de suma de contrastes habitual de una regresión logística (cfr. Paolillo 2001). Tal y como señala Roy (2011: 7), el algoritmo que emplea *Goldvarb X* inicia el cálculo de las estimaciones a partir de las medidas marginales y las pondera a partir del número de ocurrencias en cada contexto. Pero los Modelos Lineales Generalizados de Regresión Logística Binomial (como el que *Rbrul* implementa) inician el cálculo con la media global de aplicación e ignoran el número de ocurrencias en cada contexto para calcular el peso probabilístico estimado. Esta es la razón por la que los *knock out* afectan de manera tan severa a *Goldvarb*, pero no a los programas que implementan un Modelo Lineal Generalizado de Regresión Logística.

Tabla 19. Resultados correspondientes al análisis de regresión logística binomial de un nivel con *Goldvarb*.

Valor de aplicación: futuro perifrástico (frente al futuro morfológico)
No converge antes de la iteración 20
Input[9] 0.679
Verosimilitud (LL) –457.758
Maximum possible likelihood = 0.000
Chi-cuadrado por celda[10] 1.0069 *rejected*, *p*-valor = 0.000

	GOLDVARB				
VARIABLES INDEPENDIENTES	PESO PROB[11].	FREC. ABS.	*APP*/ TOTAL[12] (%)	*INPUT& WEIGHT*[13]	RANGO[14]
Especificación temporal					
Implícita para lo inmediato	0.837	79(96)	82.29%	92.00%	
Explícita para lo inmediato	0.743	6(9)	66.67%	86.00%	

9 Este valor muestra que la variabilidad inicial de la forma perifrástica es del 67.9%.

10 El valor *p* nos permite rechazar la hipótesis nula de independencia. También el *chi*-cuadrado (valores por debajo de 2 indican un buen ajuste) muestra que se trata de un buen modelo cuya interpretación, sin embargo, debe realizarse con ciertas precauciones dado que no se ha alcanzado la convergencia en las iteraciones máximas establecidas como umbral.

11 El peso probabilístico (*factor weight*) es una medida de favorecimiento entre la variante de aplicación y cada categoría o *factor* de variable independiente. En los estudios variacionistas su uso está totalmente extendido y supone una transformación de las *log-odds*, adaptando así las medidas de tendencia relativa propias de la regresión logística en medidas de favorecimiento, más fácilmente interpretables.

12 La columna *App/Total*, facilitada por el propio programa *Goldvarb*, corresponde a la frecuencia relativa de las ocurrencias correspondientes a cada categoría frente al total.

13 El valor *Input&Weight* corresponde a una estimación de la probabilidad total de concurrencia de la variante de aplicación, considerando la probabilidad inicial o de base (*input*) y el peso probabilístico (*factor weight*) obtenido en el cálculo para cada factor. La diferencia entre el valor de aplicación (*App/Total*) y la probabilidad de aplicación (*Input&Weight*) puede considerarse como una medida de significatividad de cada factor: cuanto más próximos sean estos valores, mejor ajustada puede estimarse la modelización correspondiente.

14 El rango corresponde a la medida de la diferencia entre el valor con mayor peso probabilístico y el menor, dentro del grupo de factores, y representa una valoración de la capacidad explicativa de la variable independiente, no una medida de significatividad estadística (Tagliamonte 2011: 135). Dada la escasa relevancia de aquellas variables independientes cuyo rango sea inferior al valor de referencia 0.100, no aparecen en las tablas de resultados.

GOLDVARB					
VARIABLES INDEPENDIENTES	PESO PROB.	FREC. ABS.	*APP*/ TOTAL (%)	*INPUT& WEIGHT*	RANGO
Implícita para el día en curso	0.600	6(8)	75.00%	76.00%	0.634
No especificada	0.578	224(351)	63.82%	74.00%	
Implícita e indefinida	0.467	55(112)	49.11%	65.00%	
Explícita para el día en curso	0.433	7(15)	46.67%	62.00%	
Explícita e indefinida	0.399	96(219)	43.84%	58.00%	
Explícita para más allá del día en curso y definida	0.225	28(94)	29.79%	38.00%	
Implícita para más allá del día en curso y definida	0.203	9(17)	52.94%	35.00%	
Modalidad oracional					
Interrogativa indirecta	0.786	30(42)	71.43%	89.00%	0.591
Interrogativa directa	0.736	22(47)	46.81%	86.00%	
Declarativa negativa	0.560	74(114)	64.91%	73.00%	
Declarativa afirmativa	0.461	371(675)	54.96%	64.00%	
Exclamativa	0.378	5(11)	45.45%	56.00%	
Desiderativa	0.378	3(11)	27.27%	56.00%	
Exhortativa	0.195	5(21)	23.81%	34.00%	
Tipo de contenido semántico del verbo					
Pensamiento	0.727	17(31)	54.84%	85.00%	0.530
Dinámico	0.666	272(470)	57.87%	81.00%	
Estado	0.638	71(156)	45.51%	79.00%	
Movimiento	0.570	83(147)	56.46%	74.00%	
Dicendi	0.514	60(83)	72.29%	69.00%	
Sentimiento	0.235	5(26)	19.23%	39.00%	
Percepción	0.197	2(8)	25.00%	34.00%	
Presencia de perífrasis en el cotexto					
Presencia de perífrasis <ir a + infinitivo>	0.770	147(177)	83.05%	88.00%	0.428
Presencia de otras perífrasis	0.366	105(204)	51.47%	55.00%	
Sin perífrasis	0.342	258(540)	47.78%	52.00%	
Tipo sintáctico de verbo					
Locuciones	0.690	11(14)	78.57%	82.00%	0.404
Transitivos	0.563	256(415)	61.69%	73.00%	
Copulativos	0.538	68(118)	57.63%	71.00%	
Régimen	0.520	46(85)	54.12%	70.00%	
Pronominal	0.467	20(42)	47.62%	65.00%	
Intransitivo	0.442	87(176)	49.43%	63.00%	
Otros (perífrasis)	0.286	22(71)	30.99%	46.00%	

	GOLDVARB				
VARIABLES INDEPENDIENTES	PESO PROB.	FREC. ABS.	*APP*/ TOTAL (%)	*INPUT& WEIGHT*	RANGO
Acto de habla					
Acto declarativo	0.699	83(109)	76.15%	83.00%	0.399
Acto asertivo	0.536	256(429)	59.67%	71.00%	
Acto compromisivo	0.491	42(84)	50.00%	67.00%	
Acto expresivo	0.475	119(270)	44.07%	66.00%	
Acto directivo	0.300	10(29)	34.48%	48.00%	
Evidencialidad					
Rumores	0.709	37(49)	75.51%	84.00%	0.293
Sensorial	0.440	41(79)	51.90%	62.00%	
Cognitiva	0.423	346(644)	53.73%	61.00%	
Universal	0.416	86(149)	57.72%	60.00%	
Persona gramatical					
1ª plural	0.632	66(109)	60.55%	78.00%	0.278
2ª plural	0.604	3(5)	60.00%	76.00%	
2ª singular	0.569	47(78)	60.26%	74.00%	
3ª plural	0.459	45(86)	52.33%	64.00%	
3ª singular	0.455	157(281)	55.87%	64.00%	
1ª singular	0.426	178(331)	53.78%	61.00%	
Formas impersonales	0.354	14(31)	45.16%	54.00%	
Modalidad epistémica					
Marcas de refuerzo valor verdad	0.595	55(100)	55.00%	76.00%	0.269
Sin marca	0.547	257(418)	61.48%	72.00%	
Marcas de negación	0.538	75(116)	64.66%	71.00%	
Marca de duda	0.326	123(287)	42.86%	51.00%	
Estructura oracional					
Oraciones subordinadas	0.672	208(311)	66.88%	81.00%	0.262
Oraciones simples, principales o yuxtapuestas	0.413	214(431)	49.65%	60.00%	
Oraciones coordinadas	0.410	88(179)	49.16%	60.00%	
Sexo					
Mujeres	0.608	264(428)	61.68%	77.00%	0.216
Hombres	0.392	246(493)	49.90%	58.00%	
Edad					
20-34	0.573	155(268)	57.84%	74.00%	0.165
35-54	0.519	217(376)	57.71%	70.00%	
>=55	0.408	138(277)	49.82%	59.00%	
Tenor-estatus					
Solidaridad	0.451	263(467)	56.32%	64.00%	0.160
Informante < Entrevistador	0.444	210(398)	52.76%	63.00%	
Informante > Entrevistador	0.604	37(56)	66.07%	76.00%	
Lengua habitual					
Castellanohablantes	0.550	294(462)	63.60%	72.00%	0.100
Bilingües activos	0.450	216(459)	47.10%	63.00%	

Tomando el rango como criterio jerárquico, el grupo de factores de mayor incidencia sobre la preferencia por el futuro perifrástico frente al futuro morfológico corresponde a la especificación temporal. La inminencia implícita (0.837) es un contexto claramente promotor de la perífrasis con una probabilidad de aplicación del 92.00%; es decir, se calcula una probabilidad del 92.00% de empleo del futuro perifrástico si la especificación temporal involucrada es implícita y tiene alcance temporal de inminencia, con el resto de factores controlados. Para referencias temporales a eventos localizados más allá del día en curso y definidas, la preferencia se decanta claramente por el futuro morfológico, tanto si son explícitas (0.225) como implícitas (0.203). También Lastra y Martín Butragueño (2008: 11) obtienen resultados similares en este tipo de análisis; estos autores destacan la ausencia de concurrencias del futuro morfológico con especificaciones temporales de inmediatez o tiempo próximo mientras que los futuros perifrásticos se ven especialmente favorecidos en entornos de temporalidad inmediata; según sus resultados, la probabilidad logística para el futuro perifrástico en ámbitos próximos o relativamente próximos es de 0.869 y cuando es alejada o imprecisa de 0.241. Por otro lado, un modelo con dos categorías en esta variable independiente —tiempo próximo frente a alejado o impreciso, ambas interpretadas— identifica con claridad la preferencia del futuro perifrástico por la primera opción (0.787) frente a la segunda (0.440).

El segundo grupo de factores con mayor incidencia corresponde a la variable 'modalidad oracional'. La interrogativa indirecta se muestra más claramente favorecedora de la forma analítica de futuridad (0.786), seguida de cerca por la interrogativa directa (0.736). Y en orden decreciente de incidencia aparecen otras variables que inciden en la preferencia por el futuro perifrástico sobre el morfológico; son: el tipo de contenido semántico del verbo (0.727 para los verbos de pensamiento y 0.666 para los dinámicos, claramente promotores de la construcción perifrástica, frente a los de percepción, con un peso probabilística de 0.235, y que influyen sobre la opción del futuro morfológico), la presencia de perífrasis en el cotexto con un peso probabilística de 0.770 y una probabilidad de concurrencia de la perífrasis de futuro en estas circunstancias del 88.00%, y el tipo sintáctico de verbo (locuciones verbales —0.690— y verbos transitivos —0.563— frente a verbos perifrásticos que favorecen el futuro morfológico —0.286—).

9.2 Regresión logística binomial por pasos: futuro morfológico y futuro perifrástico

Los resultados obtenidos en los análisis de regresión logística binomial por pasos entre las variantes de futuro morfológico y perifrástico efectuados con los programas *Goldvarb*, *Rbrul* y *SPSS* se presentan en la tabla 20. Todos los estimadores de la bondad de los ajustes indican que se trata de buenos modelos inferenciales; la verosimilitud o desviación no es alta en comparación con otras modelizaciones similares pero la significatividad obtenida indica un alto grado de fiabilidad de los análisis.

Tabla 20. Resultados de los análisis de regresión logística binomial efectuados con *Goldvarb*, *Rbrul* y *SPSS*.

Valor de aplicación: futuro perifrástico (frente a futuro morfológico)			
	GOLDVARB[15]	*RBRUL*	*SPSS*[16]
Input	0.556	0.556	0.556
Verosimilitud	(LL) –417.497	(–2LL) 942.989	(–2LL) 942.989
Valoración global del modelo[17]	Significatividad (p-valor) 0.048	R^2 de Nagelkerke 0.396	R^2 de Nagelkerke 0.396
VARIABLES INDEPENDIENTES			
Especificación temporal	Rango 0.616	Rango 0.617	Rango 0.617
Implícita para lo inmediato	0.834	0.835	0.835
Explícita para lo inmediato	0.790	0.791	0.791
Implícita para el día en curso	0.620	0.620	0.620
No especificada	0.582	0.582	0.582
Implícita e indefinida	0.453	0.453	0.453
Explícita e indefinida	0.395	0.395	0.395
Explícita para el día en curso	0.350	0.350	0.350
Implícita para más allá del día en curso y definida	0.222	0.221	0.221
Explícita para más allá del día en curso y definida	0.218	0.218	0.218

15 No converge antes de la iteración 20.

16 El porcentaje correcto pronosticado es del 75.7%.

17 *Goldvarb* ofrece un p-valor para el modelo global obtenido mientras que *Rbrul* y *SPSS* calculan la R^2 de Nagelkerke, un coeficiente de determinación que adopta valores entre 0 y 1 y cuya interpretación es similar a la del coeficiente de determinación del modelo de regresión lineal: cuanto más cercanos están los valores a 1, mejor es el modelo.

	GOLDVARB	*RBRUL*	*SPSS*
VARIABLES INDEPENDIENTES			
Tipo de contenido semántico del verbo	Rango 0.535	Rango 0.535	Rango 0.535
Pensamiento	0.738	0.738	0.738
Dinámico	0.684	0.684	0.684
Movimiento	0.602	0.603	0.603
Estado	0.590	0.583	0.583
Dicendi	0.529	0.530	0.531
Percepción	0.209	0.211	0.211
Sentimiento	0.203	0.203	0.203
Modalidad oracional	Rango 0.528	Rango 0.529	Rango 0.529
Interrogativa directa	0.763	0.764	0.764
Interrogativa indirecta	0.692	0.692	0.692
Declarativa afirmativa	0.527	0.526	0.526
Declarativa negativa	0.457	0.457	0.457
Exclamativa	0.430	0.429	0.430
Desiderativa	0.389	0.389	0.389
Exhortativa	0.235	0.235	0.235
Acto de habla	Rango 0.468	Rango 0.468	Rango 0.468
Acto declarativo	0.736	0.734	0.734
Acto asertivo	0.607	0.608	0.608
Acto compromisivo	0.532	0.533	0.533
Acto expresivo	0.359	0.360	0.360
Acto directivo	0.268	0.266	0.266
Presencia de perífrasis en el cotexto	Rango 0.442	Rango 0.442	Rango 0.442
Presencia de perífrasis <ir a + infinitivo>	0.775	0.775	0.775
Presencia de otras perífrasis	0.367	0.367	0.367
Sin perífrasis	0.333	0.333	0.333
Tipo sintáctico de verbo	Rango 0.348	Rango 0.348	Rango 0.348
Locuciones	0.634	0.633	0.633
Copulativo	0.614	0.621	0.621
Transitivo	0.569	0.568	0.568
Régimen	0.527	0.525	0.525
Pronominal	0.447	0.446	0.446
Intransitivo	0.432	0.431	0.431
Otros (perífrasis)	0.286	0.285	0.285

	GOLDVARB	*RBRUL*	*SPSS*
VARIABLES INDEPENDIENTES			
Evidencialidad	Rango 0.285	Rango 0.287	Rango 0.287
Rumores	0.695	0.696	0.696
Universal	0.444	0.444	0.444
Sensorial	0.441	0.441	0.440
Cognitiva	0.410	0.409	0.409
Estructura oracional	Rango 0.254	Rango 0.254	Rango 0.254
Oraciones subordinadas	0.661	0.661	0.661
Oraciones coordinadas	0.427	0.427	0.428
Oraciones simples, principales o yuxtapuestas	0.407	0.407	0.407
Sexo	Rango 0.185	Rango 0.184	Rango 0.185
Mujeres	0.592	0.592	0.592
Hombres	0.408	0.408	0.408
Lengua habitual	Rango 0.102	Rango 0.102	Rango 0.102
Castellanohablantes	0.551	0.551	0.551
Bilingües activos	0.449	0.449	0.449

Los pesos probabilísticos que se aportan corresponden a los modelos de subida y bajada, salvo en el caso de *Rbrul*, en el que no coinciden plenamente. En términos generales, puede considerarse una buena modelización dada la similitud de resultados: *input*, porcentaje global explicado y significatividad estadística (valor *p* y prueba R^2 de Nagelkerke).

Son varios los estudios sobre la expresión de futuridad que, tras seleccionar un conjunto de variables independientes de posible influencia sobre la variación de dicho fenómeno, han llevado a cabo un análisis de regresión logística binomial mediante la técnica de subida y bajada (*step up&down*) empleando el programa *Goldvarb*. Nuestro análisis muestra la similitud de rangos y pesos probabilísticos de las variantes de las variables independientes seleccionadas en los tres modelos estadísticos. Lo más relevante en la alternancia de usos futuro morfológico *versus* futuro perifrástico es el alto grado de incidencia que ejercen las variables lingüísticas: especificación temporal, tipo de contenido semántico del verbo, modalidad oracional, presencia de perífrasis, tipo sintáctico de verbo y estructura oracional.

Y al comparar estos resultados con los de otros trabajos, encontramos que Troya (1998: 32) obtiene que la variable con mayor influencia sobre el futuro perifrástico es el tipo de estructura oracional, seguida del tipo de verbo, el tipo de adverbio involucrado y, finalmente, el sexo. También Orozco (2007b: 316) señala ocho factores lingüísticos estadísticamente significativos: la inminencia del evento futuro, la longitud de la oración, el tipo de oración, la persona gramatical, la animación del sujeto, el número gramatical del sujeto, la longitud de la marca morfológica de futuridad, la presencia o ausencia de un marcador temporal y la transitividad del verbo. Por su parte, Blas Arroyo (2008: 93) concluye que son las variables lingüísticas independientes las que muestran mayor incidencia sobre las variantes de la expresión de futuridad: el grado de proximidad temporal de la especificación de futuro, el tipo de especificación, la modalidad epistémica y el tipo de contenido semántico del verbo; quedando en segundo término: la agentividad del sujeto, los tipos de oración y los de texto. Todo ello corrobora la relevancia de las variables lingüísticas en la variación morfosintáctica.

9.3 Regresión logística binomial por pasos: futuro perifrástico y presente pro futuro

Los resultados proporcionados por *Goldvarb* en el análisis entre el futuro perifrástico y el presente pro futuro aportan nuevos datos acerca de las tendencias específicas de los hablantes en sus preferencias hacia estas dos marcas de futuridad. Sin embargo, este análisis presenta ciertas dificultades; por ejemplo, la persona gramatical constituye una variable independiente con una distribución de frecuencias irregular en algunas categorías —como la segunda del plural— hecho que plantea a *Goldvarb* en el cálculo de la fórmula de regresión el conocido problema de los *knock out*, como ya se ha indicado y ello requiere una recodificación de los factores. Por su parte, *Rbrul* y *SPSS* no se detienen ante este tipo de situaciones a pesar de la existencia de cruces con frecuencia 0: mientras *SPSS* ofrece en estas situaciones modelos de regresión de subida y bajada perfectamente adecuados con un alto grado de convergencia, *Rbrul* proporciona algunas estimaciones inoperativas que, sin embargo, permiten obtener modelos muy similares a los proporcionados por *SPSS* una vez filtradas[18].

18 Ante situaciones de frecuencia 0 en los datos originales, *SPSS* y *Rbrul* actúan de modo diferente a *Goldvarb*. *SPSS* filtra los valores inoperativos y proporciona una tabla de variables en la ecuación donde únicamente constan las variables independientes relevantes y utilizables. *Rbrul*, sin embargo, tal y como se podrá comprobar a continuación, presenta una tabla de resultados donde constan algunas variables

Las variables independientes que han sufrido algún tipo de recodificación en *Goldvarb* son tres: la persona gramatical —se han agrupado en un solo factor las segundas personas del singular y del plural—, el tipo de contenido semántico del verbo —los verbos de percepción, de pensamiento y de sentimiento pasan a formar parte de un mismo factor— y la modalidad oracional —se aúnan las modalidades exclamativa, desiderativa y exhortativa—.

A continuación se presentan las tablas de resultados correspondientes a los tres programas estadísticos:

Tabla 21. Resultados de los análisis de regresión logística binomial efectuados con *Goldvarb, Rbrul* y *SPSS*. Los pesos probabilísticos que se aportan corresponden a los modelos de bajada en todos los casos.

Valor de aplicación: futuro perifrástico (frente a presente pro futuro)			
	GOLDVARB[19]	*RBRUL*	*SPSS*[20]
Input	0.860	0.860	0.860
Verosimilitud	(LL) –242.302	(–2LL) 469.439	(–2LL) 469.439
Valoración global del modelo	Significatividad (*p*-valor) 0.050	R^2 de Nagelkerke 0.474	R^2 de Nagelkerke 0.474
VARIABLES INDEPENDIENTES			
Tipo de contenido semántico del verbo	Rango 0.692	–	–
Percepción, pensamiento y sentimiento	0.910	–	–
Estado	0.427	–	–
Dicendi	0.425	–	–
Dinámico	0.390	–	–
Movimiento	0.218	–	–

independientes que han sido incorporadas en el cálculo a pesar de presentar unos valores impractibles y carentes de operatividad. Sin embargo, dichos grupos de factores vienen acompañados de índices de significatividad que constatan su nulidad en cuanto a la validez que les debe ser atribuida, de modo que podríamos descartarlos sin más y obtener, de ese modo, el mismo grupo de variables significativas que con *SPSS*.

19 Converge en la iteración 12.

20 El porcentaje correcto pronosticado es el 85.2%.

	GOLDVARB	*RBRUL*	*SPSS*
VARIABLES INDEPENDIENTES			
Especificación temporal	Rango 0.659	Rango 0.653	Rango 0.653
No especificada	0.825	0.836	0.836
Explícita e indefinida	0.772	0.778	0.778
Implícita para lo inmediato	0.723	0.774	0.774
Implícita e indefinida	0.664	0.725	0.725
Implícita para el día en curso	0.436	0.436	0.226
Explícita para el día en curso	0.428	0.226	0.436
Explícita para lo inmediato	0.254	0.332	0.332
Implícita para más allá del día en curso y definida	0.237	0.183	0.199
Explícita para más allá del día en curso y definida	0.166	0.199	0.183
Modalidad oracional	Rango 0.544	–	–
Interrogativa indirecta	0.732	–	–
Declarativa negativa	0.650	–	–
Declarativa afirmativa	0.582	–	–
Interrogativa directa	0.380	–	–
Otras (exclamativa, desiderativa, exhortativa)	0.188	–	–
Modo de vida	Rango 0.466	Rango 0.489	Rango 0.489
Familia	0.785	0.796	0.796
Trabajo	0.369	0.367	0.367
Ocio	0.319	0.307	0.307
Evidencialidad	Rango 0.405	Rango 0.445	Rango 0.445
Rumores	0.674	0.691	0.691
Sensorial	0.539	0.531	0.531
Cognitiva	0.529	0.547	0.547
Universal	0.269	0.246	0.246
Tipo sintáctico de verbo	Rango 0.393	Rango 0.466	Rango 0.466
Locuciones	0.712	0.728	0.728
Régimen	0.641	0.603	0.568
Transitivo	0.552	0.551	0.551
Copulativo	0.550	0.568	0.603
Otros (perífrasis)	0.394	0.495	0.495
Intransitivo	0.331	0.305	0.305
Pronominal	0.319	0.262	0.262

	GOLDVARB	*RBRUL*	*SPSS*
VARIABLES INDEPENDIENTES			
Persona gramatical	Rango 0.375	–	–
2ª singular y plural	0.669	–	–
3ª singular	0.661	–	–
3ª plural	0.604	–	–
1ª plural	0.401	–	–
1ª singular	0.374	–	–
Formas impersonales	0.294	–	–
Tipo de texto	Rango 0.369	Rango 0.440	Rango 0.439
Dialogal	0.701	0.774	0.774
Expositivo-explicativo	0.562	0.581	0.581
Descriptivo	0.473	0.389	0.389
Argumentativo	0.427	0.398	0.398
Narrativo	0.332	0.334	0.334
Nivel sociocultural	Rango 0.294	Rango 0.268	Rango 0.268
Alto	0.642	0.618	0.618
Bajo	0.511	0.535	0.535
Medio	0.348	0.35	0.350
Campo	–	Rango 0.240	Rango 0.240
Técnico	–	0.62	0.620
No técnico	–	0.38	0.380
Presencia de perífrasis en el cotexto	Rango 0.235	Rango 0.263	Rango 0.262
Presencia de perífrasis <ir a + infinitivo>	0.611	0.624	0.624
Presencia de otras perífrasis	0.514	0.516	0.516
Sin perífrasis	0.376	0.361	0.361

Este análisis de regresión logística binomial complementario realizado entre el futuro perifrástico y el presente pro futuro presenta resultados diferentes según programas estadísticos y distinta intensidad de las variables independientes, que ahora se distribuyen en lingüísticas (especificación temporal, tipo sintáctico de verbo, presencia de perífrasis), sociales (modo de vida, nivel sociocultural), pragmáticas (evidencialidad) y estilísticas (tipo de texto). Pero, de nuevo, la mayor incidencia corresponde a las variables lingüísticas.

Globalmente, la preferencia por el uso del futuro perifrástico es manifiesta en cotextos sin marca temporal alguna (*Goldvarb*, 0.825; *Rbrul* y *SPSS*, 0.836), mucho más intensa frente al presente incluso que respecto del futuro morfológico; también resulta muy favorecido frente al presente en los entornos temporales indefinidos, sean explícitos o implícitos, y en los inmediatos implícitos. Por su parte, el empleo del presente se asocia con cotextos donde aparecen indicaciones temporales explícitas. En cuanto al tipo sintáctico de verbo, se trata de un factor que influye con mayor intensidad en la preferencia de los hablantes por el futuro perifrástico respecto al presente que en su contraste con el futuro morfológico; en los tres programas, las locuciones verbales promueven con especial intensidad la preferencia por el futuro perifrástico frente al presente seguidas de los verbos de régimen, mientras que la perjudican con claridad los verbos pronominales seguidos de los verbos intransitivos y las construcciones perifrásticas, datos que los residuos corregidos del análisis bivariante ya apuntaban en la misma dirección. Y respecto de la evidencialidad se confirma la tendencia del futuro perifrástico a concurrir preferentemente en cotextos con evidencialidad por rumores y su desfavorecimiento frente al presente en cotextos marcados por una evidencialidad universal.

Si nos atenemos a los resultados ofrecidos por *Goldvarb*, observamos que el tipo de contenido semántico del verbo es el componente de mayor rango del modelo de regresión (0.692), por encima incluso de la especificación temporal, y esta variable revela que los verbos de percepción, de pensamiento y de sentimiento son intensamente promotores del futuro analítico frente al presente (0.910), si bien los de movimiento (0.218) y los dinámicos (0.390) lo perjudican. También se muestra a su vez una clara influencia de la modalidad interrogativa indirecta para la opción perifrástica (0.732) mientras que su uso queda desfavorecido por parte de las modalidades exclamativa, desiderativa y exhortativa (0.188).

9.4 Regresión logística binomial por pasos: futuro morfológico y presente pro futuro

Presentamos finalmente la intensidad y asociaciones registradas en los análisis de regresión logística binomial entre el futuro morfológico y el presente pro futuro, adoptando el primero de ellos como valor de aplicación. Las consideraciones efectuadas para los modelos de regresión logística entre las variantes de futuro perifrástico y presente pro futuro se pueden extender también a estos análisis; ha sido necesario recodificar en *Goldvarb* las mismas variables independientes que presentaban situaciones de frecuencia 0 en determinados cruces y se han obtenido con *Rbrul* y *SPSS* modelos aceptables sin necesidad de recodificar.

Los resultados proporcionados por los tres programas son los siguientes:

Tabla 22. Resultados de los análisis de regresión logística binomial efectuados con *Goldvarb, Rbrul* y *SPSS.* Los pesos probabilísticos que se aportan corresponden a los modelos de bajada en todos los casos.

Valor de aplicación: futuro morfológico (frente a presente pro futuro)			
	GOLDVARB[21]	*RBRUL*	*SPSS*[22]
Input	0.588	0.588	0.588
Verosimilitud	(LL) –224.721	(–2LL) 466.825	(–2LL) 434.996
Valoración global del modelo	Significatividad (*p*-valor) 0.050	R^2 de Nagelkerke 0.423	R^2 de Nagelkerke 0.479
VARIABLES INDEPENDIENTES			
Especificación temporal	Rango 0.675	Rango 0.680	Rango 0.672
Explícita e indefinida	0.830	0.843	0.835
No especificada	0.798	0.774	0.798
Implícita e indefinida	0.731	0.754	0.758
Explícita para el día en curso	0.536	0.570	0.492
Implícita para más allá del día en curso y definida	0.478	0.447	0.477
Explícita para más allá del día en curso y definida	0.460	0.436	0.430
Implícita para lo inmediato	0.333	0.331	0.344
Explícita para lo inmediato	0.188	0.182	0.162
Implícita para el día en curso	0.155	0.163	0.191
Tipo de contenido semántico del verbo	Rango 0.626	–	–
Percepción, pensamiento, sentimiento	0.929	–	–
Dicendi	0.380	–	–
Estado	0.370	–	–
Movimiento	0.326	–	–
Dinámico	0.303	–	–
Modalidad oracional	Rango 0.584	–	–
Declarativa negativa	0.850	–	–
Declarativa afirmativa	0.535	–	–
Interrogativa indirecta	0.484	–	–
Otras (exclamativa, desiderativa, exhortativa)	0.309	–	–
Interrogativa directa	0.266	–	–

21 No convergencia antes de la iteración 20.

22 El porcentaje correcto pronosticado es el 82.5%.

	GOLDVARB	*RBRUL*	*SPSS*
VARIABLES INDEPENDIENTES			
Modalidad epistémica	Rango 0.580	–	–
Presencia de marcadores de duda	0.743	–	–
Marcadores de refuerzo del valor de verdad	0.594	–	–
Sin marcadores específicos	0.547	–	–
Marcadores de negación	0.163	–	–
Edad	Rango 0.527	Rango 0.506	Rango 0.543
3ª generación (mayor de 55 años)	0.792	0.777	0.805
2ª generación (entre 35 y 55 años)	0.421	0.436	0.405
1ª generación (entre 20 y 34 años)	0.265	0.271	0.262
Modo de vida	Rango 0.470	–	Rango 0.486
Familia	0.768	–	0.786
Trabajo	0.417	–	0.388
Ocio	0.298	–	0.300
Evidencialidad	Rango 0.437	Rango 0.403	Rango 0.434
Sensorial	0.714	0.657	0.705
Cognitiva	0.619	0.653	0.622
Rumores	0.393	0.450	0.407
Universal	0.277	0.254	0.270
Tenor=edad	Rango 0.436	Rango 0.426	Rango 0.452
Informante<Entrevistador	0.743	0.731	0.751
Solidarios	0.438	0.456	0.437
Informante>Entrevistador	0.307	0.305	0.299
Persona gramatical	Rango 0.418	–	–
3ª singular	0.660	–	–
2ª (singular y plural)	0.619	–	–
Formas impersonales	0.595	–	–
3ª plural	0.504	–	–
1ª singular	0.398	–	–
1ª plural	0.242	–	–
Tipo de texto	Rango 0.373	Rango 0.334	Rango 0.416
Dialogal	0.713	0.703	0.744
Expositivo-explicativo	0.589	0.614	0.577
Narrativo	0.445	0.422	0.435
Descriptivo	0.404	0.384	0.327
Argumentativo	0.340	0.369	0.403
Tipo de predicado	–	–	Rango 0.343
Actividad	–	–	0.718
Estado	–	–	0.506
Logro	–	–	0.390
Realización	–	–	0.375

	GOLDVARB	*RBRUL*	*SPSS*
VARIABLES INDEPENDIENTES			
Nivel sociocultural	Rango 0.265	Rango 0.236	Rango 0.287
Alto	0.612	0.604	0.629
Bajo	0.544	0.530	0.532
Medio	0.347	0.368	0.342
Sexo	Rango 0.254	Rango 0.192	Rango 0.256
Hombres	0.627	0.596	0.628
Mujeres	0.373	0.404	0.372
Estructura oracional	Rango 0.182	–	Rango 0.191
Oraciones simples, principales o yuxtapuestas	0.567	–	0.570
Oraciones coordinadas	0.550	–	0.553
Oraciones subordinadas	0.385	–	0.379
Lengua habitual	Rango 0.180	Rango 0.164	Rango 0.159
Bilingües activos	0.590	0.582	0.580
Castellanohablantes	0.410	0.418	0.420

También este análisis de regresión logística binomial complementario realizado entre el futuro morfológico y el presente pro futuro presenta resultados distintos según programas estadísticos y diferencias en el grado de incidencia de las variables independientes, que ahora se distribuyen en sociales (edad, nivel sociocultural, sexo, lengua habitual), estilísticas (tenor edad, tipo de texto), pragmáticas (evidencialidad) y lingüísticas (especificación temporal); esta última con el mayor rango jerárquico y grado de intensidad de sus variantes.

De nuevo, una variable lingüística, la especificación temporal, vuelve a ser seleccionada como un factor relevante y de gran significatividad en el análisis de la preferencia por alguna de estas dos variantes de futuro. El futuro morfológico queda claramente promovido por los contextos con especificaciones temporales indefinidas (sean explícitas o implícitas) y también por aquellos con ausencia de especificación temporal, mientras que el presente es preferido con especial intensidad en los cotextos temporales de inmediatez (implícita o explícita) y, particularmente, con indicaciones para el día en curso de carácter implícito (*Goldvarb*, 0.155; *Rbrul* y *SPSS*, 0.191).

Respecto de las variables sociales, en la edad destaca la preferencia de los mayores por el futuro morfológico frente a los jóvenes, que prefieren el uso del presente prospectivo; también los hablantes de sociolecto alto inciden en el uso del futuro sintético mientras que los de sociolecto medio propician el empleo del presente; atendiendo al sexo, los hombres son más propensos al empleo del futuro morfológico que las mujeres, quienes optan preferentemente por el presente, y según la lengua habitual, la forma de futuro sintético aparece ligeramente asociada con los hablantes bilingües.

Una variable que ha manifestado un sustancial grado de incidencia en los tres análisis de regresión logística binomial es la evidencialidad, hecho que corrobora la relevancia de los factores pragmáticos en la variación y cambio lingüísticos. Los resultados aquí obtenidos señalan la incidencia que ejercen sobre el futuro morfológico aquellas situaciones en las que aparece una fuente de información sensorial y, en menor medida, cognitiva o personal, confirmándose de este modo la tendencia del futuro morfológico a concurrir preferentemente en contextos con cierto carácter subjetivo; por su parte, esta forma sintética resulta desfavorecida respecto del presente pro futuro especialmente en contextos con fuentes de información universal. No es de extrañar esa afinidad del presente con este tipo de situaciones evidenciales, dada la existencia de usos de este tiempo verbal cuya función consiste precisamente en manifestar el carácter sentencioso, categórico o universal de ciertas proposiciones; estos usos corresponden a los conocidos empleos del presente gnómico, un tipo de presente generalizador sin marca concreta de temporalidad hacia el que podrían estar aproximándose estos usos del presente pro futuro en situaciones evidenciales de universalidad.

9.5 Regresión logística multinomial

Las características específicas de este cálculo requieren el comentario de algunas precisiones metodológicas, dado que las ocurrencias que pueden formar parte de esta modelización estadística han de cumplir la exigencia fundamental de poder neutralizarse con las otras dos opciones, sin excepción. Ello nos obliga a revisar las ocurrencias de nuestro corpus inicial y verificar aquellas que cumplen dicha condición. En la siguiente figura se representan todos los casos según las diferentes neutralizaciones que se establecen por variantes:

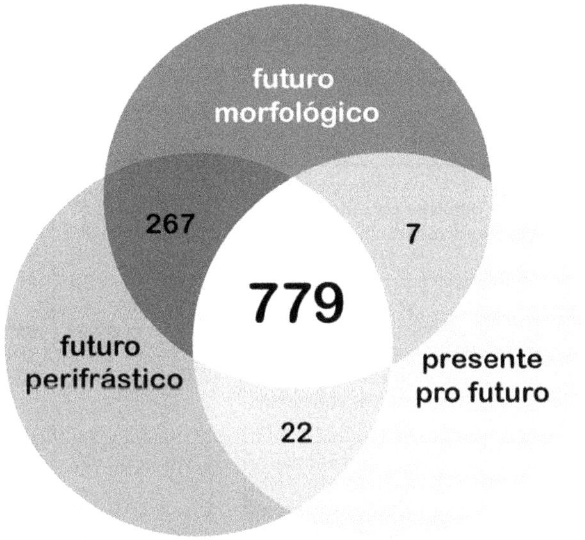

Figura 5. Recuento de ocurrencias por capacidad de neutralización.

Tal como puede observarse, el conjunto de 1075 ocurrencias iniciales quedaría reducido a 779 casos aceptables, que corresponde a los usos de las tres fórmulas expresivas de futuro susceptibles de neutralizarse en el discurso con cualquiera de las dos alternativas.

Este modelo de regresión logística se ha calculado exclusivamente con el programa *SPSS*. Se trata de una modelización por pasos sucesivos en la que los términos se construyen por la técnica de efectos especiales; en este caso, se han obtenido los mismos resultados con el modelo hacia delante y hacia atrás. La prueba de eliminación seleccionada corresponde a la razón de verosimilitud con valores de entrada y salida de 0.05. La categoría empleada como referencia ha sido el futuro morfológico aunque, como es sabido, esta es una decisión que únicamente afecta a la perspectiva de la interpretación de los resultados y no al modelo en sí.

Tabla 23. Resultados correspondientes al modelo de regresión logística multinomial efectuado por pasos sucesivos hacia atrás (el modelo hacia delante es convergente).

	VARIABLES INDEPENDIENTES		B (*LOG-ODDS*)	Wald	Sig.	*ODDS-RATIO*
futuro perifrástico		Intersección	–2.638	5.515	**.019**	0.071
	Especificación temporal	No especificada	1.628	23.218	**.000**	5.093
		Implícita para lo inmediato	3.050	41.987	**.000**	21.113
		Implícita para el día en curso	1.114	1.383	.240	3.046
		Implícita e indefinida	1.103	7.064	**.008**	3.013
		Implícita para más allá del día en curso y definida	.165	.053	.818	1.179
		Explícita para lo inmediato	2.847	5.849	**.016**	17.230
		Explícita para el día en curso	.761	1.150	.284	2.141
		Explícita e indefinida	.756	4.848	**.028**	2.131
		Explícita para más allá del día en curso y definida	0	.	.	.
	Modalidad oracional	Declarativa afirmativa	1.310	3.072	.080	3.705
		Declarativa negativa	2.897	.	.	18.111
		Interrogativa directa	2.020	5.312	**.021**	7.535
		Interrogativa indirecta	3.308	12.246	**.000**	27.319
		Exclamativa	.181	.025	.875	1.198
		Desiderativa	.698	.297	.586	2.009
		Exhortativa	0	.	.	.
	Estructura oracional	Oraciones simples, principales o yuxtapuestas	–.903	13.331	**.000**	0.406
		Oraciones coordinadas	–.858	8.705	**.003**	0.424
		Oraciones subordinadas	0	.	.	.
	Tipo sintáctico de verbo	Régimen	.460	.941	.332	1.585
		Copulativo	.272	.264	.608	1.313
		Transitivo	1.099	7.296	**.007**	3.002
		Intransitivo	.380	.746	.388	1.463
		Pronominal	.225	.168	.682	1.252
		Locuciones	1.723	3.068	.080	5.600
		Otros	0	.	.	.
	Perífrasis en el entorno	Sin perífrasis	–.433	3.107	.078	0.648
		Presencia de perífrasis <ir a + infinitivo>	1.369	16.159	**.000**	3.931
		Presencia de otras perífrasis	0	.	.	.
	Sexo	Hombres	–1.037	25.310	**.000**	0.354
		Mujeres	1.037	.	.	2.821

	VARIABLES INDEPENDIENTES		B (*LOG-ODDS*)	Wald	Sig.	*ODDS-RATIO*
futuro perifrástico	Nivel sociocultural	Bajo	.081	.100	.752	1.085
		Medio	–.163	.442	.506	0.849
		Alto	0	.	.	.
	Lengua habitual	Castellanohablantes	.345	2.859	.091	1.412
		Bilingües activos	–.345	.	.	0.708
	Evidencialidad	Cognitiva	.057	.035	.851	1.058
		Sensorial	–.044	.010	.922	0.957
		Rumores	.659	1.358	.244	1.932
		Universal	0	.	.	.
	Persona gramatical	1ª singular	–.218	.048	.827	0.804
		2ª singular	.152	.021	.884	1.164
		3ª singular	–.098	.010	.922	0.907
		1ª plural	.758	.549	.459	2.134
		2ª plural	15.255	.000	.989	4218774.515
		3ª plural	–.199	.037	.847	0.819
		Impersonales	0	.	.	.
presente pro futuro		Intersección	35.055	.000	.990	
	Especificación temporal	No especificada	–1.243	10.322	**.001**	0.289
		Implícita para lo inmediato	.115	.043	.836	1.122
		Implícita para el día en curso	1.537	2.271	.132	4.648
		Implícita e indefinida	–1.074	4.364	**.037**	0.342
		Implícita para más allá del día en curso y definida	.278	.171	.679	1.320
		Explícita para lo inmediato	2.424	3.812	.051	11.292
		Explícita para el día en curso	–.086	.013	.908	0.918
		Explícita e indefinida	–1.571	15.779	**.000**	0.208
		Explícita para más allá del día en curso y definida	0	.	.	.
	Estructura oracional	Oraciones simples, principales o yuxtapuestas	–.866	7.253	**.007**	0.421
		Oraciones coordinadas	–.883	5.076	**.024**	0.413
		Oraciones subordinadas	0	.	.	.
	Evidencialidad	Cognitiva	–1.213	11.921	**.001**	0.297
		Sensorial	–1.235	4.370	**.037**	0.291
		Rumores	–1.163	2.274	.132	0.313
		Universal	0	.	.	.
	Nivel sociocultural	Bajo	.533	2.117	.146	1.704
		Medio	1.195	12.668	**.000**	3.303
		Alto	0	.	.	.
	Sexo	Hombres	–.771	8.370	**.004**	0.463
		Mujeres	.771	.	.	2.162
	Lengua habitual	Castellanohablantes	.618	5.204	**.023**	1.856
		Bilingües activos	–.618	.	.	0.539

	VARIABLES INDEPENDIENTES		B (*LOG-ODDS*)	Wald	Sig.	*ODDS-RATIO*
presente pro futuro	Persona gramatical	1ª singular	–1.190	1.584	.208	0.304
		2ª singular	–1.342	1.694	.193	0.261
		3ª singular	–1.975	4.106	**.043**	0.139
		1ª plural	.109	.013	.911	1.115
		2ª plural	–2.265	.000	.999	0.104
		3ª plural	–1.610	2.450	.118	0.200
		Impersonales	0	.	.	.
	Modalidad oracional	Declarativa afirmativa	–1.295	3.786	.052	0.274
		Declarativa negativa	–33.369	.000	.990	0.000
		Interrogativa directa	.098	.013	.911	1.103
		Interrogativa indirecta	–.325	.096	.757	0.723
		Exclamativa	–15.331	.000	.987	0.000
		Desiderativa	–17.466	.000	.986	0.000
		Exhortativa	0	.	.	.
	Perífrasis en el entorno	Sin perífrasis	.101	.092	.762	1.106
		Presencia de perífrasis <ir a + infinitivo>	.800	2.977	.084	2.225
		Presencia de otras perífrasis	0	.	.	.
	Tipo sintáctico de verbo	Régimen	–.803	1.400	.237	0.448
		Copulativo	.150	.053	.817	1.162
		Transitivo	.501	.925	.336	1.650
		Intransitivo	.347	.374	.541	1.415
		Pronominal	.314	.212	.645	1.369
		Locuciones	.526	.127	.721	1.692
		Otros	0	.	.	.

Tabla 24. Valores de ajuste y clasificación del modelo de regresión logística multinomial obtenido. El modelo final es significativo y alcanza un porcentaje de futuros correctamente pronosticados del 69.6%.

Información del ajuste del modelo

Modelo	Criterio de ajuste del modelo	Contrastes de la razón de verosimilitud		
	–2LL	*Chi*-cuadrado	gl	Sig.
Sólo la intersección	1.573E3			
Final	1.143E3	430.050	80	**.000**

Clasificación

Observado	Pronosticado			
	Futuro morfológico	Futuro perifrástico	Presente pro futuro	Porcentaje correcto
Futuro morfológico	178	77	19	65.0%
Futuro perifrástico	62	308	10	81.1%
Presente pro futuro	28	41	56	44.8%
Porcentaje global	34.4%	54.7%	10.9%	**69.6%**

Este modelo de regresión logística multinomial proporciona unas estimaciones sensiblemente diferentes a las obtenidas con los modelos binomiales[23]. Dichas diferencias pueden atribuirse a diversos factores, tales como la propia configuración del corpus de casos o la exigencia de la neutralización conjunta de cada ocurrencia con sus dos alternativas; en cualquier caso, entendemos que aporta una serie de indicaciones que conviene tener en cuenta y que resumimos a continuación.

Los resultados de la tabla 23 nos muestran las variables que inciden de manera más significativa en la preferencia de los hablantes por alguna de las fórmulas expresivas de futuro en los cotextos en que las tres se neutralizan. El primer dato que llama la atención es la eliminación del tipo de verbo semántico como una variable significativa en este modelo multinomial; en todas las modelizaciones ensayadas se han obtenido fórmu-

23 La tabla de resultados del análisis de regresión logística multinomial difiere notablemente de la obtenida en los modelos binomiales. En primer lugar, el orden de las variables independientes no viene determinado por el rango sino que responde a un criterio establecido en este trabajo y que toma en consideración el número de variantes significativas. Los coeficientes (*log-odds*) indican tendencia de asociación y las *odds-ratio* tendencia relativa positiva; es decir, estos indicadores permiten interpretar las asociaciones y su intensidad, asumiendo que el carácter de dicha asociación viene establecido por el signo de la *log-odd* (positivo/negativo) y el coeficiente correspondiente. Por ejemplo: el coeficiente de la especificación temporal implícita para lo inmediato es 3.050, su *odds-ratio* 21.113 y la categoría de referencia es la especificación temporal explícita para más allá del día en curso y definida (la última categoría de cada variable independiente es empleada sistemáticamente como categoría de referencia, de ahí que no se consignen coeficientes para ellas). La interpretación correspondiente a estos valores podría ser como sigue: la tendencia de asociación de la especificación temporal implícita para lo inmediato respecto de la especificación temporal explícita para más allá del día en curso y definida se muestra veintiuna veces (21.113) más propensa hacia el futuro perifrástico que hacia el futuro morfológico. Como el signo del coeficiente es positivo, hemos de asumir que la relación favorece a la variante de futuro considerada frente a la de referencia (es decir, más intensa hacia el futuro perifrástico que por el morfológico). En otro caso como, por ejemplo, el sexo masculino (*log-odd* de –1.037 y *odds-ratio* de 0.354) donde el signo del coeficiente es negativo, entendemos que la tendencia a la asociación de los hombres, respecto de las mujeres, es 0.354 veces más intensa hacia el futuro morfológico que hacia la perífrasis de futuro.
El estadístico de Wald solo es aportado por el programa *SPSS* y mide la importancia de la contribución de cada categoría o factor dentro del modelo. Está asociado con el *p*-valor de la columna de significatividades (Sig.) en la que se verifica la significatividad de la aportación de esa categoría al modelo con valores de *p* inferiores a 0.050.

las de regresión multinomial en las que dicha variable quedaba eliminada inmediatamente, lo cual supone la falta de relevancia de este factor en el conjunto de la preferencia de los hablantes cuando son admisibles todas las opciones simultáneamente.

Por su parte, para la interpretación de los valores señalados como significativos estadísticamente abordamos, en primer lugar, los correspondientes al futuro perifrástico y, posteriormente, los del presente pro futuro (téngase en cuenta que el futuro morfológico ha sido seleccionada como categoría de referencia, de modo que la interpretación se efectuará leyendo los resultados en relación a esta variante de futuro). Conviene observar en ambos casos que la mayor explicación y predicción probabilística viene proporcionada por variables lingüísticas (estructura oracional, modalidad epistémica, persona gramatical, tipo sintáctico de verbo, modalidad oracional, especificación temporal, perífrasis en el entorno), seguida de factores sociales (lengua habitual, sexo, nivel sociocultural) y pragmáticos (evidencialidad), resultados que corroboran el mayor peso o incidencia de los factores lingüísticos en la variación morfosintáctica.

Siguiendo el orden establecido en la tabla, y ciñéndonos a aquellas variables independientes que aparecen señaladas por el estadístico de Wald como aportadoras significativas al modelo, vemos que para la lengua habitual, los indicadores señalan que los hablantes castellanohablantes son casi una vez y media más proclives que los bilingües a emplear el futuro perifrástico frente al futuro morfológico con el resto de factores controlados. Según la estructura oracional, las oraciones simples, principales o yuxtapuestas y también las coordinadas muestran menor asociación que las construcciones subordinadas para combinarse con el futuro perifrástico que con el futuro morfológico. La modalidad epistémica, aunque el análisis la selecciona como una variable relevante a nivel de modelo, queda descartada porque ninguna de sus variantes presenta suficiente significación estadística; y lo mismo sucede en el caso de la persona gramatical. Por su parte, según el tipo sintáctico de verbo los verbos transitivos muestran una mayor afinidad con la fórmula perifrástica que con la morfológica, ya que es 3.002 veces más probable que se dé la asociación de estos verbos con la opción analítica de futuro que con la sintética. En la modalidad oracional, las oraciones interrogativas son más propensas a concurrir con el futuro perifrástico que con el morfológico; las directas lo son 7.535 veces más y las indirectas 27.319 veces más.

Una variable que ha mostrado una elevada incidencia en los tres análisis de regresión logística binomial ha sido la especificación temporal; también ahora se confirma que muchas de sus variantes son más proclives a la combinación con el futuro perifrástico que con el futuro morfológico, especialmente la especificación implícita para lo inmediato (21.113 veces más) y la explícita para lo inmediato (17.230 veces más), corroborándose la clara asociación entre los contextos temporales de inmediatez y la fórmula perifrástica de futuro; también resulta muy favorable al empleo del futuro perifrástico la ausencia de especificación temporal (5.093 veces más que al futuro morfológico), lo cual puede confirmar el estado de gramaticalización del contenido temporal en esta perífrasis.

Finalmente, la presencia en el cotexto de otras perífrasis de tipo <ir a + infinitivo> (tengan o no un valor temporal predominante) constituye un factor con mayor propensión a asociarse con el futuro perifrástico. Y en cuanto a la incidencia del sexo de los hablantes, las mujeres son 2.8 veces más propensas que los hombres a utilizar el futuro analítico que el morfológico.

Respecto del contraste futuro morfológico ↔ presente pro futuro, los castellanohablantes son 1.856 veces más propensos que los bilingües al empleo del presente prospectivo. También es mucho más probable que las oraciones simples, principales o yuxtapuestas así como las coordinadas opten por combinarse con el futuro morfológico antes que con el presente pro futuro. Este uso del futuro sintético queda promovido por la tercera persona del singular de modo significativo, al igual que las evidencialidades cognitiva, sensorial y la procedente de rumores. Por su parte, la ausencia de especificación temporal constituye un contexto más propenso al futuro sintético que al presente pro futuro, lo cual parece lógico teniendo en cuenta la gran dependencia de esta última opción expresiva eventual de indicaciones temporales externas para realizar este contenido de futuro; las indicaciones indefinidas, tanto las explícitas como las implícitas, son señaladas como significativamente más proclives al futuro morfológico. Finalmente, en las variables sociales encontramos que los hombres son más propensos que las mujeres al futuro morfológico: el género femenino opta por el presente con una probabilidad 2.162 veces mayor que los hombres; y que los hablantes de sociolecto medio son significativamente más proclives al presente prospectivo (en relación con el sociolecto alto con una probabilidad 3.303 veces mayor) que al futuro morfológico.

En conjunto, la escasa cuantía de ocurrencias en algunas variantes y los cruces correspondientes podría explicar el desbordamiento del cálculo para determinadas variables y otros factores aislados, por lo que resultaría aconsejable, en estudios futuros, reducir el número de categorías en la codificación de algunas de las variables independientes consideradas.

10. Interpretación global de los resultados

El propósito de este apartado es elaborar un marco interpretativo conjunto de las preferencias de los hablantes por cada una de las tres marcas de futuro y determinar cuál puede ser la evolución de este hecho lingüístico. Para ello valoramos, en primer lugar, los resultados obtenidos en el corpus de la comunidad de habla bilingüe de Valencia según los diferentes análisis realizados: bivariante, regresión logística binomial y regresión logística multinomial. Como ya conoce el lector, la interpretación de nuestros resultados se beneficia respecto de los obtenidos en otras investigaciones por una triple aportación: los análisis de regresión logística binomial se han realizado con tres herramientas estadísticas diferentes (*Goldvarb, SPSS* y *Rbrul*), hecho que nos permite corroborar la validez de los resultados, también se ha desarrollado un análisis de regresión logística multinomial que neutraliza en el discurso las tres opciones de futuro y, por último, se ha confrontado el uso de las dos formas de futuro, perifrástico y morfológico, con el del presente pro futuro en los tres programas estadísticos.

En segundo lugar, comparamos nuestros resultados con los obtenidos en estudios similares anteriores teniendo en cuenta que muchos de esos análisis se han realizado solo con la herramienta estadística *Goldvarb* y contrastando únicamente las formas de futuro morfológico y futuro perifrástico.

Vamos, pues, a interpretar los resultados correspondientes a las variables independientes seleccionadas como significativas y sus respectivas variantes (o factores) tomando en consideración tanto el criterio jerárquico definido por los rangos obtenidos en la regresión logística binomial como la relevancia manifestada por el análisis multinomial sobre el uso de las tres fórmulas expresivas de futuro. Conviene recordar que la regresión logística binaria entre el futuro morfológico y el futuro perifrástico corrobora las tendencias adelantadas por los análisis bivariante y por el modelo multivariable de un nivel. Los modelos de regresión logística binomial obtenidos por los tres programas en este caso coinciden casi totalmente, tanto por lo que se refiere a las variables independientes significativas estadísticamente como por lo que respecta a la intensidad y la orientación de la influencia consignada. Los dos modelos complementarios obtenidos confrontando el futuro morfológico y el perifrástico con el presente pro futuro aportan estimaciones adicionales, si bien dichas estimaciones deben ser integradas en el marco general con cierta cautela a la vista de la menor bondad de ajuste general de estos modelos complementarios. Por último, el modelo de regresión logística multinomial ofrece nuevos datos sobre determinadas tendencias que, si bien no pueden equipararse a las obtenidas en los diferentes análisis binomiales (por las diferencias en las condiciones de aplicación de ambos modelos) sí permiten matizar, confirmar o refutar determinadas estimaciones.

a) Especificación temporal. Todos los análisis realizados señalan esta variable como un factor de influencia determinante y significativa en la preferencia de los hablantes por una determinada opción verbal de futuridad. Además, junto al grado de incidencia muy relevante en la elección de una u otra fórmula expresiva de futuro destacan su alto peso probabilístico en la predicción. Es la única variable que aparece de manera sistemática en todos los modelos obtenidos, incluyendo el multinomial, independientemente del programa empleado y de las variantes de futuridad contrastadas; se trata, sin lugar a dudas, de una variable lingüística independiente clave para este fenómeno lingüístico. También Aaron (2006b: 192, 2007: 263) identifica la especificación temporal como la variable independiente más influyente en la variación entre el futuro morfológico y el futuro perifrástico en su estudio diacrónico sobre la futuridad realizado a partir de textos escritos.

Según la codificación establecida, los cotextos que cuentan con alguna especificación temporal, especialmente aquellos en los que el tiempo referido es inmediato, explícita o implícitamente, influyen sustancialmente en el uso del futuro perifrástico (pesos probabilísticos en *Goldvarb* de 0.790 y 0.834, en *Rbrul* y *SPSS* de 0.791 y 0.835); también los cotextos sin especificación temporal favorecen levemente el uso de la forma perifrástica con un peso probabilístico de 0.582 (idéntico en *Goldvarb*, *Rbrul* y *SPSS*); por su parte, el modelo de regresión logística multinomial corrobora dichas tendencias. Varios autores (entre ellos, Bauhr 1989, Troya 1998, Blas Arroyo

2000, Sedano 2005) coinciden en señalar que el futuro perifrástico se prefiere cuando la acción indicada por el verbo presenta algún tipo de conexión con el momento del habla, especialmente si esa conexión viene dada por la inmediatez prevista por la acción.

A medida que el tiempo expresado se aleja del momento del habla, el empleo del futuro perifrástico frente al futuro morfológico queda en desventaja, si bien con diversos matices. Por lo que respecta al tiempo correspondiente al día en curso, las referencias temporales implícitas influyen en el futuro perifrástico (0.620) pero las explícitas lo perjudican (0.350); y el análisis de regresión complementario realizado entre el futuro morfológico y el presente indica que el primero resulta ligeramente favorecido (*Goldvarb*, 0.536; *Rbrul*, 0.570; *SPSS*, 0.533). Según estos resultados, los cotextos con referencias temporales explícitas al día en curso no promocionan de manera clara a ninguna de las tres formas de futuridad —tendencia anticipada por el análisis de los residuos corregidos en las tablas de contingencia—, si bien se observa cierta preferencia por el presente pro futuro frente al futuro perifrástico o al morfológico.

En cuanto a las referencias temporales más allá del día en curso e indefinidas vemos que desfavorecen levemente el uso del futuro perifrástico, tanto las implícitas como las explícitas, (0.453 y 0.395, respectivamente), mientras que las definidas, tanto explícitas (0.218) como implícitas (*Goldvarb*, 0.218; *Rbrul* y *SPSS*, 0.221) inciden de forma sustancial en el empleo del futuro morfológico, tendencia ya señalada por el residuo corregido de las tablas de contingencia (r=4.8) en este mismo sentido. Según los resultados del análisis bivariante, el uso del futuro morfológico queda influido por las referencias temporales que indican tiempos situados más allá del día en curso, especialmente si son explícitas, lo cual indicaría una cierta pervivencia de la variante sintética en este cotexto temporal. Asimismo, los análisis de regresión complementarios señalan un escaso empleo del presente en estos mismos contextos y resulta la forma menos favorecida. En definitiva, todos estos resultados confirman nuestra segunda hipótesis de trabajo.

Por último, en cotextos de lejanía temporal y definidos, los resultados obtenidos muestran una tendencia positiva muy fuerte del presente, especialmente si son explícitos (r=8.5) y de manera más moderada en los implícitos (r=2.1). La regresión logística entre el futuro perifrástico y el presente pro futuro confirma esta misma tendencia con un claro perjuicio de la forma analítica, tanto si se constatan marcas temporales explícitas

(*Goldvarb*, 0.166; *Rbrul* y *SPSS*, 0.183) como implícitas (*Goldvarb*, 0.237; *Rbrul* y *SPSS*, 0.197). Y lo mismo sucede al contrastar los usos del futuro morfológico y del presente; según estos datos, el futuro morfológico todavía mantiene una relativa vitalidad en contextos temporales definidos de tiempo futuro más allá del día en curso, especialmente con indicaciones implícitas, ya que la existencia de marcadores temporales explícitos promueve el uso del presente.

Atendiendo ahora al empleo de las marcas de futuro, se obtienen las siguientes conclusiones:

– En el español hablado de Valencia se confirma el uso predominante del futuro perifrástico en tres cotextos determinados: con ausencia de especificadores temporales (79), en presencia de indicaciones temporales de inmediatez (80) y con indicaciones implícitas para el día en curso (81). Estos datos confirman la primera hipótesis de trabajo.

(79) tú puedes decirle a alguien mira vas a tener tal oportunidad / pero tú no puedes predecir lo que él *va a elegir* /// ¿entiendes? // y eso es entonces es importante
Entrevista 01, 32MB (22:50)

(80) entonces / me dijeron entré yo allí / como conocía los / que llevaban esto / y yo Javi / peroo / *van a venir* ahora / dice ¿van a venir? / pero ¿a quién se lo han dicho? // tal /
Entrevista 09, 31MB (28:16)

(81) y claro pues como a la paella siempre se le ponen caracoles yo le obligué a mi hermano y / ¡*vamos a hacerla* con caracoles! / y que le cortara cuatro caracoles
Entrevista 11, 33MC (05:38)

A medida que esa distancia temporal se amplía con respecto al momento del habla, el futuro perifrástico reduce su frecuencia de uso, incluso por debajo del futuro morfológico, en cotextos con indicaciones temporales definidas para más allá del día en curso, especialmente si son explícitas.

– El futuro morfológico muestra cierta vitalidad en cotextos con referencias temporales a eventos situados lejos del momento del habla frente al futuro perifrástico, que queda relativamente desfavorecido en esas situaciones discursivas, especialmente si las indicaciones temporales son de tipo indefinido (82). También promocionan el uso de esta alternativa frente al presente las referencias temporales indefinidas más allá del día en curso si son explícitas (83):

(82) I: yo quiero formar fundar un movimiento de liberación masculina
E: ¿sí?
I: sí /// pero *estará* reservado el derecho de admisión / y elijo yo
Entrevista 01, 32MB (12:52)

(83) me quiere a mí más que que si fuera su hijo /// yy este fin de semana pues eso / pues a lo mejor / el domingo pues eso / *iremos* a comer a casa mi madre
Entrevista 58, 12HB (36:00)

– Y el presente pro futuro se muestra especialmente favorecido en franjas temporales limitadas al día en curso con marcas de tiempo explícitas (84), así como también en marcos temporales definidos que se extienden más allá de ese límite, principalmente si las especificaciones temporales son explícitas (85):

(84) y así lo que hacemos es / los viernes / por ejemplo ahora / cuando acabe laa la entrevista / pues / nos *cogemos* / nos *vamos* los dos mano a mano / y *pasamos* / esta noche y mañana allí
Entrevista 48, 22HC (10:03)

(85) cuando hacíamos loos / cuando hacíamos los ensayos en la iglesia con el cura y demás // yo todo era decirle Amparo / el día de la comunión / te *quemo* el traje te *quemo* el traje
Entrevista 28, 21MB (02:50)

Este presente prospectivo parece estar acaparando la manifestación de lo futuro en cotextos de referencia temporal definida, tanto implícita como explícita —especialmente de este segundo tipo— frente al futuro morfológico, claramente asociado con esos mismos contextos cuando la referencia es indefinida; este hecho confirmaría la tendencia a la generalización de los usos modales del futuro morfológico que, según estos datos, estaría limitando su capacidad de expresión de futuridad precisamente a aquellos eventos en los que la incertidumbre es máxima, es decir, a cotextos con distancias temporales máximas o con marcadores de tiempo indefinidos. Asumiendo esta hipótesis, el presente estaría disputando al futuro morfológico estas áreas temporales definidas alejadas del momento del habla para (como apuntan las estimaciones) cederlas posteriormente al futuro perifrástico, que continúa acaparando cada vez un mayor número de cotextos temporales desde la inmediatez[24]. Así pues, se corrobora la tercera hipótesis de nuestro trabajo.

24 Sin embargo, y aunque existen indicios de la propagación del futuro perifrástico a estos ámbitos temporales, no podemos descartar que se alcance una situación de reparto funcional entre esta fórmula de futuro y el presente puesto que, debido a la

Por su parte, el análisis comparado con los resultados de otros trabajos similares en diferentes comunidades de habla ofrece las siguientes valoraciones: Troya (1998: 127) asocia al futuro perifrástico los adverbios de presente o conectados con él, mientras que las referencias temporales a un tiempo desconectado del momento del habla se vinculan con el futuro morfológico. Para Orozco (2005: 58, 2009: 102), los eventos distantes o inespecíficos promueven el futuro morfológico y desfavorecen tanto el presente como el futuro perifrástico, variantes promovidas por contextos temporales próximos y adversos a su vez al futuro morfológico; también subraya este autor la oposición del futuro morfológico con el conjunto formado por el futuro perifrástico y el presente pro futuro, teniendo en cuenta que el español no es una lengua que contemple el uso diferenciado de formas de futuro próximo y formas de futuro lejano; y concluye que el futuro morfológico se asocia con dos circunstancias: cuando la situación del evento es percibida como más distante y también por la presencia de marcadores temporales, independientemente de la distancia del tiempo referido respecto del momento del habla. En ese sentido, el futuro perifrástico y el presente pro futuro se presentarían uno como el reverso del otro: la ausencia de marcadores promueve el uso del futuro perifrástico mientras que el presente prefiere contextos con marcas temporales explícitas. Opina Orozco (2005: 62) que esa capacidad de expresar temporalidad futura sin necesidad de incorporar la referencia temporal mediante marcadores específicos de tiempo denota el avanzado estado de gramaticalización de la perífrasis de futuro y, por tanto, su consideración como marca de futuro por defecto. Sin embargo, este proceso no está aún tan desarrollado en el español costeño de Colombia como en otros ámbitos del español: «the semantic shift away from a specifically imminent meaning found, e.g., in Mexican-American Spanish, still has not taken hold in Colombian Spanish» (2005: 58). Por otro lado, la tendencia a promocionar el presente de los cotextos con presencia de marca temporal podría explicarse por la necesidad de este tiempo de desambiguar otros posibles significados asociados (como el presente habitual, generalizador, etc.).

También Aaron (2006b: 192, 2007: 263) señala que el futuro perifrástico resulta favorecido en ausencia de marcas temporales (0.57) y perjudicado por con marcas de tiempo explícitas, de manera leve cuando se trata

---

afinidad de su contenido temporal, cualquiera de ellas puede desempeñar igualmente esta función de expresión temporal futura en dichos cotextos.

de marcas específicas o concretas (0.42) y de manera más intensa cuando son inespecíficas (0.22). La autora explica este hecho como resultado del proceso de gramaticalización del significado temporal en la perífrasis, de modo que su capacidad de expresión de tiempo futuro sin necesidad de marcas temporales explícitas se explicaría como una extensión de los usos del futuro analítico a cotextos arrebatados al futuro morfológico; más adelante (2006b: 248), relaciona estos resultados con el proceso de extensión y gramaticalización del futuro morfológico modal o epistémico: el uso epistémico del futuro sintético está tan avanzado y especializado que requiere de una especificación temporal para concretar su significado de tiempo futuro. Finalmente (2010: 13), observa una cierta estabilidad en la asociación de los futuros perifrásticos con contextos sin marca temporal o con presencia de marcadores específicos; esta estabilidad diacrónica se habría visto truncada en el siglo XX, cuando la presencia de marcadores temporales habría empezado a asociarse de manera más intensa al futuro morfológico, acelerándose de ese modo el proceso de gramaticalización de esta forma y, simultáneamente y en paralelo, la de futuro perifrástico. En la misma línea, Blas Arroyo (2008: 95-98) concluye que el futuro perifrástico está extendiendo su uso, especialmente durante el último siglo, a referencias temporales de no inminencia. Este acaparamiento de la expresión de tiempo futuro, independientemente de lo alejado del momento del habla respecto de la acción expresada, convierte el futuro perifrástico en la forma de futuro por defecto, mientras que el futuro morfológico estaría siendo recluido a la expresión de un tiempo alejado o de distancia máxima con respecto al momento del habla.

Por último, Claes y Ortiz López (2011: 11) señalan que la ausencia de marcadores temporales motiva el uso del futuro perifrástico mientras que su presencia se asocia con el presente pro futuro y el futuro morfológico: si la referencia temporal remite a un tiempo lejano se ven favorecidas las dos opciones alternativas a la perífrasis de futuro, pero las indicaciones temporales explícitas de inminencia promocionan específicamente al presente.

b) Modalidad oracional. Se trata de otra variable independiente seleccionada por todas las herramientas estadísticas y en todos los análisis efectuados mostrando una alta significación estadística. Su relevancia ya fue señalada por Aaron (2006b) al establecer que el 'tipo de oración' es el segundo factor más decisivo en la variación entre los dos futuros y este hecho se vincula con las transformaciones que el futuro morfológico está sufriendo en su proceso de gramaticalización de los contenidos epistémicos.

El modelo multinomial (y los binomiales obtenidos con *SPSS*) señalan la asociación e intensidad de las modalidades interrogativas (tanto directas como indirectas) con el futuro perifrástico frente al morfológico. Estos resultados están en sintonía con los de Blas Arroyo (2008: 11): la modalidad oracional más claramente promotora del futuro perifrástico frente al morfológico es la modalidad interrogativa, tanto la indirecta, con un peso probabilístico de 0.692 como la directa, con 0.763. Por su parte, las modalidades declarativas se sitúan en torno a la neutralidad, con pesos ligeramente por encima o debajo de 0.500, mientras que las modalidades exclamativa, desiderativa y exhortativa promocionan el futuro morfológico frente al perifrástico en grados crecientes de intensidad (0.430, 0.389 y 0.235, respectivamente).

Finalmente, Orozco (2005) observa que las oraciones aseverativas y condicionales favorecen el presente, mientras que las negativas e interrogativas lo desfavorecen; esta tendencia se invierte con el futuro perifrástico y en el caso del futuro morfológico, la modalidad oracional no resulta significativa. Ese efecto promotor de las modalidades interrogativas y negativas sobre el futuro perifrástico podría deberse, según el autor, a un proceso derivado de las transformaciones que la perífrasis está sufriendo; en concreto, el autor atribuye la incidencia favorable de estos tipos de oración hacia la forma perifrástica a su adquisición de valores modales adicionales (suposición, duda, indeterminación y conjetura) naturales en las formas de futuro (2005: 63): «the PF started to acquire additional semantic colorations which are natural characteristics of future forms attested crosslinguistically».

Concluimos, pues, que el futuro perifrástico queda favorecido por la modalidad interrogativa directa e indirecta mientras que el futuro morfológico y el presente pro futuro manifiestan cierta neutralidad con las demás modalidades oracionales.

c) Tipo de contenido semántico del verbo. También esta variable destaca por su incidencia en la variabilidad de las fórmulas de expresión de la futuridad, tal como han señalado estudios varios. Su importancia ha sido puesta de manifiesto en nuestra investigación por todos los análisis bivariantes y multivariantes, excepto por el multinomial; las causas de la exclusión en este modelo pueden ser diversas, entre ellas: la pérdida de relevancia del contenido semántico del verbo en el nuevo modelo que implica la neutralización asociada a este modelo estadístico o la existencia de determinados cruces con frecuencia 0.

Los resultados de los análisis de regresión logística binomial con *Goldvarb*, avalados por resultados idénticos con ínfimas diferencias en los análisis de *Rbrul* y *SPSS*, indican un fuerte favorecimiento del futuro perifrástico frente al futuro morfológico por parte de los verbos de pensamiento (0.738) y, en menor medida, por los verbos dinámicos (0.684); los verbos de movimiento y estado también promueven el empleo del futuro perifrástico, aunque en menor medida (0.602 y 0.590, respectivamente) y de forma más leve los *verba dicendi* (0.529). Por otra parte, los verbos de percepción (0.209) y sentimiento (0.203) se muestran más desfavorecedores de la forma perifrástica frente a la morfológica.

En términos globales, una de cada dos ocurrencias de marcas de futuridad corresponde a verbos dinámicos (51.53%), la mitad de las cuales, a su vez, se combina con la opción de futuro perifrástico (49.10%). Los verbos que promueven el futuro perifrástico con mayor intensidad frente al futuro morfológico son los de proceso mental; por su parte, tanto los verbos dinámicos como los de movimiento facilitan la concurrencia del futuro perifrástico frente al futuro morfológico, si bien también promocionan con mayor intensidad el presente pro futuro frente a la alternativa analítica. La variante de presente pro futuro podría constituir la opción natural al futuro perifrástico en concurrencia con verbos caracterizados por un cierto contenido de movimiento y dinamismo. Solo un pequeño grupo constituido por verbos de percepción y de sentimiento resultan claramente propicios para el uso del futuro morfológico frente al futuro perifrástico y el presente pro futuro, hecho que podría corroborar la tendencia de esta variante a asociarse preferentemente con verbos susceptibles de portar un contenido modal sistemático.

En síntesis: el futuro perifrástico se asocia con verbos de pensamiento y dinámicos, el futuro morfológico con verbos de percepción y sentimiento, y el presente prospectivo con verbos de movimiento y dinámicos, estos últimos en concurrencia con el futuro perifrástico.

Por lo que respecta a los resultados obtenidos en estudios previos, Troya (1998: 127) señala la incidencia de los verbos enunciativos en la forma de futuro perifrástico, mientras que el futuro morfológico queda beneficiado por los verbos de percepción. Por su parte, Aaron (2006b: 86, 231) subraya cierta estabilidad diacrónica en cuanto al patrón de influencia de los tipos de verbo —desde el punto de vista semántico— sobre la preferencia por las diferentes variantes de futuridad; en concreto, la distribución de las clases de verbo con la forma de futuro morfológico ha permanecido estable desde el español antiguo y en cuanto al futuro perifrástico, el tipo de contenido semántico del verbo habría perdido esta capacidad de restricción en el habla durante el siglo XX. También señala la autora (2007: 262) que los verbos de movimiento habrían empezado a estimular su combinación con el futuro morfológico a partir del siglo XVII, momento en que se produce, probablemente, cierta retención del significado de movimiento por parte de 'ir', puesto que se generalizó el uso de la perífrasis con valor de futuridad y en el que el valor semántico de movimiento ya no era expresado por el auxiliar, sino por el auxiliado.

Por último, Blas Arroyo (2008: 109), sin definir claramente una tipología de verbos semánticos, señala una incidencia intensa y significativa de los verbos modales ('poder, querer, deber', etc.) hacia el futuro morfológico con un peso probabilístico de (0.75); también encuentra una incidencia clara de las perífrasis aspectuales (<soler + infinitivo>, <estar + infinitivo>, <tener + participio>, etc.) en el empleo del futuro morfológico (peso 0.64), al igual que lo promocionan los verbos de movimiento ('ir, llevar, salir, entrar, marchar, subir, bajar, caer' entre otros), con un peso probabilístico de 0.63 y los de percepción ('ver, oír, escuchar, observar', etc.), con un peso de 0.66. Para este autor, la intensa tendencia de asociación del verbo 'ir' con el futuro morfológico se explica como un rechazo de la redundancia léxica con la perífrasis. El resto de verbos (eventivos, factivos, de lengua, otros) desfavorecen el empleo del futuro morfológico y propician el uso del futuro perifrástico. Y Orozco (2009: 101) obtiene una fuerte tendencia del verbo 'ir' al uso del presente así como un fuerte perjuicio para el futuro perifrástico, lo cual tendría relación con su evolución de verbo léxico a auxiliar.

Las tres variables independientes que hemos valorado hasta el momento constituyen el conjunto de factores que mayor influencia ejercen sobre las marcas de futuridad en su conjunto, si bien con estimaciones sensiblemente diferentes de la significatividad según los modelos y los paquetes estadísticos utilizados. A continuación interpretamos la incidencia de un segundo grupo de factores de relativa importancia en el marco conjunto pero con un respaldo analítico menos unánime. Son variables que, en general, han sido seleccionadas por el modelo de referencia entre las dos principales variantes de futuro y señaladas como significativas en algunos de los modelos complementarios efectuados con el presente pro futuro, pero no en todos. Esa es la razón por la que se considera que se encuentran a un segundo nivel de relevancia en el modelo unificado conjunto que estamos elaborando.

d) Evidencialidad. Se trata de una variable independiente significativa según todos los contrastes y modelos calculados pero con diferentes grados de significatividad e intensidad según programas y métodos. En los modelos binomiales de referencia obtenidos por confrontación entre las dos opciones gramaticales —futuro perifrástico y futuro morfológico— se obtienen los rangos más bajos (0.287); sin embargo, los análisis de regresión logística binomial complementarios entre cada una de las variantes gramaticales y el presente pro futuro cuantifican el rango explicativo de la variable con valores superiores (entre 0.440 y 0.515). Estos rangos en la confrontación de las dos variantes gramaticales con el presente pro futuro podría indicar la relevancia de la evidencialidad en los modelos que describen la preferencia de los hablantes en el uso del presente pro futuro frente a las opciones analítica y sintética. Algo similar se desprende del modelo multinomial, en el que la variable es señalada como significativa especialmente en lo que afecta a la preferencia del presente prospectivo frente a sus alternativas.

Los valores obtenidos en los modelos binomiales muestran que aquellos contextos comunicativo en los que se consigna una evidencialidad marcada por un origen ajeno de la información (desde el otro, por rumores) inciden positivamente en el uso del futuro perifrástico (peso 0.696), tendencia ya confirmada por el análisis bivariante (r=3.2); por su parte, el origen universal de la información (peso 0.444) señala un ligero desfavorecimiento del futuro perifrástico con respecto al morfológico. El modelo multinomial constata la clara preferencia de los hablantes por el futuro perifrástico antes que por el presente en los contextos evidenciales de tipo cognitivo y sensorial así como la tendencia a la asociación entre el presente pro futuro y la evidencialidad universal. De otro lado, los modelos binomiales también señalan que el origen cognitivo de la información perjudica el empleo del futuro analítico (peso 0.410) y potencia el empleo del futuro sintético; podría concluirse que la preferencia por el futuro perifrástico se debilita a medida que el origen de la información se aproxima al yo (personal y sensorial)

En resumen, el futuro perifrástico se asocia preferentemente con las fuentes evidenciales de información ajenas o por rumores; el futuro morfológico se ve favorecido por las fuentes cognitiva y sensorial; y el uso del presente pro futuro tiende a emplearse preferentemente en enunciados discursivos con fuente de información universal, resultado que avala el modelo multinomial y el análisis bivariante (*r*=4.1).

e) Acto de habla. Esta variable ha sido incluida en nuestra investigación con un propósito fundamentalmente experimental, dado que en la bibliografía referida a nuestro objeto de estudio se constata cierto interés en conocer la influencia que el propósito discursivo pueda ejercer sobre la preferencia por una determinada forma de futuridad. En nuestro análisis ha resultado seleccionada como significativa solo por los modelos de referencia binomiales y, específicamente, los que confrontan el futuro morfológico y el futuro perifrástico, hecho que puede interpretarse como un indicio de la importancia que adquiere esta variable lingüística de corte pragmático en la preferencia de los hablantes por alguno de estos futuros, mientras que no ofrece significatividad en la preferencia por cualquiera de ellos respecto del presente.

Todos los resultados muestran pesos probabilísticos similares en los tres análisis y solo se obtienen valores sensiblemente diferentes en aquellas estimaciones que se encuentran precisamente en el límite entre la tendencia favorable y desfavorable. Globalmente, los actos declarativos estimulan claramente el futuro perifrástico (*Goldvarb* 0.736, *Rbrul* y *SPSS* 0.734) y también lo favorecen los actos asertivos, aunque en menor meidda (*Goldvarb* 0.607, *Rbrul* y *SPSS* 0.608). Esta tendencia positiva podría explicarse como consecuencia de una relación natural entre este tipo de actos de habla y la modalidad oracional declarativa, levemente asociada con la forma perifrástica, como se ha comprobado anteriormente.

Por su parte, los actos compromisivos no parecen favorecer una determinada opción de futuridad dados los pesos probabilísticos asignados (0.532 hacia el futuro perifrástico); solo el análisis bivariante ha señalado un residuo corregido significativo de tendencia positiva por parte del presente pro futuro a asociarse con este tipo de actos (*r*=2.5). Finalmente, tampoco los actos expresivos (*Goldvarb*, 0.359; *Rbrul* y *SPSS*, 0.360) y, en mayor medida, los directivos (*Goldvarb*, 0.268; *Rbrul* y *SPSS*, 0.266) promocionan el futuro perifrástico. Los primeros podrían favorecer de manera más intensa el futuro morfológico, probablemente como consecuencia de la creciente vinculación que la variante está estableciendo, según apuntan todos los índices, con los contenidos modales;

y los segundos porque se trata de actos vinculado a la orden y el mandato, propósitos comunicativos más afines al futuro morfológico[25]. Ambos tipos de actos de habla ya manifestaban dichas tendencias en el análisis bivariante: futuro morfológico-acto expresivo (r=5.1), rechazo futuro perifrástico-acto directivo (r= –2.4).

Así pues, el empleo del futuro perifrástico se asocia con actos de habla declarativos y asertivos; mientras que los actos directivos y expresivos muestran una tendencia positiva hacia el futuro morfológico y los actos compromisivos se mantienen neutrales.

f) Presencia de perífrasis en el cotexto. Los modelos de regresión sitúan esta variable en quinto lugar en rango (0.442). La presencia de estructuras perifrásticas del tipo <ir a + infinitivo> próximas en el enunciado a una determinada marca de futuridad es una variable valorada como significativa por el análisis de regresión logística de referencia que confronta el futuro perifrástico y el futuro morfológico, así como por el análisis de regresión complementario entre el futuro perifrástico y el presente, tanto en los modelos de de regresión logística como en el multinomial. Según los resultados obtenidos en todas las modalizaciones estadísticas, la presencia en el cotexto de otras perífrasis del tipo <ir a + infinitivo> (predomine o no en ellas el contenido temporal) promueve el empleo del futuro perifrástico frente a cualquiera de sus dos alternativas, siendo mayor frente al futuro morfológico que frente al presente. Ello representa una tendencia favorable bastante intensa hacia la forma analítica como consecuencia del efecto perseverador de la construcción perifrástica.

Sin embargo, la presencia en el cotexto previo de construcciones perifrásticas diferentes a <ir a + infinitivo> potencia el uso del futuro morfológico y manifiesta neutralidad en el uso del presente prospectivo. Estos resultados concuerdan absolutamente con las primeras estimaciones obtenidas en el análisis bivariante.

Concluimos, pues, que la presencia de perífrasis del tipo <ir a + infinitivo> influye notablemente sobre la preferencia posterior por la opción perifrástica de futuro, que el empleo del futuro morfológico queda

25 Téngase en cuenta que los mandatos y órdenes manifestados a través de futuro perifrástico, futuro morfológico o presente pro futuro que no cumplieran las dos condiciones esenciales para mantenerse en el corpus (a saber, presentar un contenido predominantemente temporal de futuro y preservar la neutralización con alguna de las formas alternativas) han sido previamente excluidos.

promocionado por la ausencia de perífrasis o la presencia de perífrasis distintas a <ir a + infinitivo> y que el presente no presenta incidencia clara en ninguno de los casos.

g) Tipo sintáctico de verbo. Frente a otros estudios empíricos donde no ha resultado significativa esta variable independiente, en nuestra investigación hay tres análisis que la señalan como relevante: el análisis efectuado entre futuro perifrástico y futuro morfológico, el análisis complementario realizado entre el futuro perifrástico y el presente pro futuro, y, por último, el modelo de regresión logística multinomial. Al igual que ocurría con la variable 'acto de habla', esta constituye una variable señalada como significativa específicamente en los modelos que definen la preferencia por el futuro perifrástico frente a sus opciones alternativas, pero no entre estas dos últimas.

Los modelos logísticos binomiales de referencia otorgan a esta variable un rango de 0.348 y la convierten, por tanto, en la sexta variable independiente en capacidad explicativa. Según estos modelos, el tipo de construcción sintáctica que más estimula la concurrencia de la variante de futuro perifrástico frente al futuro morfológico es el grupo de las locuciones verbales[26], con un peso probabilístico de 0.634, seguida por las construcciones atributivas (0.614), los verbos transitivos (0.569) y, en menor medida, por los verbos de régimen (0.527), estos últimos con pesos probabilísticos muy próximos a la neutralidad. Por su parte, los verbos pronominales desfavorecen el empleo de esta variante analítica de manera leve (0.447), algo más intensamente lo hacen los verbos intransitivos (0.431) y con gran intensidad las construcciones perifrásticas (0.286). Asimismo, el

26 La promoción de la variante perifrástica por parte de las construcciones locucionales podría tener diferentes explicaciones, todas ellas de validez relativa considerando el reducido número de casos consignados (N=11/14). Del análisis de estos casos se desprenden algunas características comunes: casi tres de cada cuatro (N=8/11) cuentan con un predicado de tipo realizativo; idéntico porcentaje de casos constituyen ocurrencias con verbos de contenido semántico dinámico; nueve de los once casos representan actos de habla asertivos y uno más de tipo declarativo; más de la mitad (N=6/11) utiliza la tercera persona del singular y más de la mitad cuenta con perífrasis de tipo <ir a + infinitivo> en su cotexto más inmediato. Algunos de estos factores se asocian, como se ha visto anteriormente, con situaciones de claro favorecimiento del futuro perifrástico, mientras que el resto, aun sin haber sido señalados como significativos en los análisis de regresión, presentan grados diversos de tendencia a la asociación con el futuro perifrástico en los análisis bivariante.

modelo de regresión logística multinomial apunta una tendencia clara a la preferencia por la fórmula expresiva perifrástica de futuro por parte de los verbos transitivos frente al futuro morfológico.

Por lo que respecta a la vinculación de estructuras sintácticas perifrásticas diferentes a <ir a + infinitivo> en el cotexto discursivo con las diferentes variantes de futuridad, es evidente que se trata de la situación menos favorable al futuro perifrástico (probablemente como consecuencia de un rechazo por parte de los hablantes a una cierta 'sobrecarga' sintáctica) pero que beneficia tanto al futuro morfológico como al presente pro futuro, si bien con mayor intensidad en el primer caso. La tendencia del futuro morfológico a concurrir con construcciones sintácticas de tipo perifrástico también se constata en el fuerte residuo corregido que señala el análisis bivariante en este cruce entre factores (r=3.5) y se ve reforzada por la fuerte resistencia de la forma perifrástica a combinarse en estos mismos contextos sintácticos (r= –4.4). Parece lógico que la perífrasis se resista a concurrir con otras estructuras sintácticas de tipo perifrástico y que su resistencia sea aprovechada por el futuro morfológico como forma alternativa por defecto para cubrir ese contexto sintáctico.

En definitiva, el mayor uso del futuro perifrástico se asocia con las locuciones verbales y los verbos transitivos; el futuro morfológico cuando en el cotexto aparecen estructuras perifrásticas diferentes a <ir a + infinitivo>; y el presente pro futuro muestra concurrencia con los verbos pronominales y los intransitivos.

h) Estructura oracional. Se trata de una variable seleccionada como significativa en los análisis de regresión logística binomial efectuados entre el futuro perifrástico y el futuro morfológico, así como en el modelo multinomial, más restrictivo en sus condiciones de aplicación. En los tres modelos binomiales, este grupo de factores obtiene un rango de 0.254 y los pesos probabilísticos coinciden plenamente en todas las estimaciones. Esta variable también resulta relevante en diversos estudios previos (Troya 1998: 127, Samper, Hernández y Troya 2001: 193, Díaz Peralta y Almeida 2000: 6, Blas Arroyo 2008: 110).

Según los resultados obtenidos en los modelos binomiales, el futuro perifrástico se asocia de forma sustancial con las oraciones subordinadas (0.661), muestra menor incidencia con las coordinadas (0.427) y bastante menos con las construcciones simples, principales o yuxtapuestas (0.407); estos valores coinciden con los proporcionados en el análisis bivariante, donde las oraciones simples, principales y yuxtapuestas presentaban un residuo corregido de r=2.8 en la contingencia con el futuro morfológico. El modelo multinomial precisa esta tendencia e indica una clara propensión a la asociación entre el futuro morfológico y las construcciones simples, principales o yuxtapuestas, así como por las coordinadas con valores superiores a los del futuro perifrástico y el presente.

La comparación con otros trabajos empíricos nos muestra los siguientes datos: Troya (1998: 127) obtiene en sus análisis que las oraciones subordinadas adjetivas y sustantivas promocionan el futuro perifrástico mientras que las independientes, yuxtapuestas y coordinadas copulativas favorecen el futuro morfológico. También Samper, Hernández y Troya (2001: 193) observan que las aclaraciones, las oraciones sustantivas objetivas —con el mismo sujeto—, las sustantivas objetivas sustantivas o en función de complemento del nombre o complemento del adjetivo, y las adjetivas propician el futuro perifrástico; y el futuro morfológico viene promovido por las adverbiales consecutivas, las coordenadas adversativas, las oraciones independientes, principales o yuxtapuestas y las coordinadas copulativas. Por su parte, Blas Arroyo (2008: 110) obtiene, aunque con estimaciones mínimas de significatividad, que las construcciones subordinadas desfavorecen claramente el futuro morfológico (0.38)

En cuanto a las variables independientes que reflejan la estructura social de la comunidad de habla, los cálculos realizados en los modelos binomiales señalan grados de incidencia poco relevantes; así, entre el futuro perifrástico y el futuro morfológico solo dos variables son significativas: el sexo y la lengua habitual; en el análisis entre el futuro perifrástico y el presente pro futuro destaca el nivel sociocultural, y al contrastar el futuro morfológico y el presente prospectivo, se señalan el nivel sociocultural, el sexo y la lengua habitual. No obstante, el análisis multinomial indica un mayor grado de incidencia para estos tres factores sociales en la variabilidad conjunta.

i) Sexo. Como se ha señalado, esta variable resulta relevante al confrontar el futuro morfológico con sus alternativas (futuro perifrástico y presente pro futuro), pero no en el contraste de estas dos últimas, modelos en los que el sexo parece no desempeñar un papel relevante; asimismo, el modelo multinomial la señala como una variable significativa.

Globalmente, los análisis de regresión logística binomial realizados muestran que esta variable ejerce una influencia débil, pero significativa;

según nuestros resultados, las mujeres promueven levemente el uso del futuro perifrástico frente al morfológico (0.592) y los hombres lo desfavorecen ligeramente (0.408). Más intensa resulta la promoción del futuro morfológico frente al presente por parte de los hombres (*Goldvarb*, 0.627; *Rbrul*, 0.596; *SPSS*, 0.628) y su desfavorecimiento por parte de las mujeres (*Goldvarb*, 0.373; *Rbrul*, 0.404; *SPSS*, 0.372). El cotejo de estos resultados con los obtenidos en los análisis bivariantes confirma las tendencias señaladas: los hombres tienden con mayor intensidad a optar por el futuro morfológico (r=4.1) mientras que las mujeres muestran una tendencia a emplear el futuro perifrástico (r=2.5) y el presente pro futuro (r=2.2), si bien de menor intensidad; también el análisis de regresión logística multinomial confirma que los hombres son más proclives al empleo del futuro morfológico que las mujeres, pues ellas muestran una probabilidad casi tres veces mayor que los hombres de emplear el futuro perifrástico y el doble de la probabilidad de usar el presente pro futuro. En síntesis, se confirma una preferencia general de los hombres por la opción morfológica de futuro frente a una tendencia más acentuada de las mujeres hacia el futuro perifrástico y el presente, especialmente el primero.

Al comparar estos valores con los obtenidos en otros estudios, comprobamos que los análisis de regresión logística realizados muestran grados diferentes de incidencia para esta variable social. Así, Troya (1998: 127) y Samper, Hernández y Troya (2001: 192) señalan que la variable resulta significativa en el análisis de un nivel y que las mujeres presentan una mayor probabilidad de uso del futuro perifrástico, aunque de manera no muy acusada (0.550). Por su parte, Orozco (2007: 105) subraya altos porcentajes de asociación probabilística entre el futuro morfológico y las mujeres, por un lado, y el futuro perifrástico y los hombres, por otro, si bien la variable no resulta seleccionada como significativa. Este comportamiento le parece al autor perfectamente compatible con los patrones existentes de conducta sociolingüística según los cuales las mujeres tienden a adoptar las variantes consideradas como más formales y gramaticalmente correctas; en este contexto, los hombres desempeñarían un papel fundamental como innovadores lingüísticos. También Lastra y Martín Butragueño (2008: 23) señalan que las mujeres emplean más el futuro morfológico que los hombres (8.1% frente al 5.4%), pero la diferencia no resulta suficientemente significativa como para que la variable sea seleccionada por el modelo de regresión.

j) Lengua habitual. El contacto de lenguas es uno de los factores más frecuentemente identificado en los estudios variacionistas como variable determinante en los procesos de cambio. La controversia se establece entre quienes defienden su papel como factor promotor del cambio (Silva-Corvalán 1994a) y quienes se decantan por su función ralentizadora o de retención del avance en las frecuencias de uso asociadas a determinados fenómenos variantes (Labov 2001). Al analizar la influencia de los factores sociales, Labov (2001: 245-250) desestima el papel que el contacto de lenguas puede desempeñar en la orientación de la variación y el cambio lingüísticos y se decanta por resaltar la influencia de la etnicidad, entendida como un rasgo endógeno fundamental de identidad social ligada a los orígenes familiares.

En nuestra investigación, los resultados obtenidos identifican la variable 'lengua habitual' como la menos intensa en rango dentro de los modelos de regresión binomial y con cierta significación estadística en el análisis que confronta los futuros morfológico y perifrástico así como entre el futuro sintético y el presente prospectivo, pero no resulta significativa en el contraste entre futuro perifrástico y presente pro futuro. También el modelo multinomial confirma la menor significatividad de esta variable en el conjunto. Tanto los modelos binomiales como el multinomial muestran que los castellanohablantes promueven ligeramente el empleo del futuro perifrástico frente al morfológico (0.551) y que los hablantes bilingües desfavorecen ligeramente el uso perifrástico (0.449); en el modelo multinomial, sin embargo, se considera esta tendencia de nula significatividad y aparece señalada como significativa la preferencia de los castellanohablantes hacia el presente pro futuro frente al futuro morfológico. Al cotejar estos resultados con los obtenidos en los análisis bivariantes se constata una tendencia relativamente intensa de los hablantes castellanohablantes por el futuro perifrástico (r=4.3) mientras que los hablantes bilingües se decantan con mayor tendencia por el futuro morfológico (r=5.1). Por lo que respecta al presente pro futuro, queda patente una muy leve preferencia por parte de los hablantes castellanohablantes hacia esta opción frente al futuro morfológico, tanto en los modelos binomiales (0.410) como en el multinomial (estos hablantes son casi dos veces más propensos al empleo del presente frente al del futuro sintético que los bilingües, con una *odds-ratio* de 1.856).

Así pues, los castellanohablantes favorecen el uso del futuro perifrástico y del presente prospectivo mientras que los hablantes bilingües retienen el uso del futuro morfológico y frenan el avance de las otras dos opciones. La relación entre el contacto lingüístico castellano-catalán y el mantenimiento de la variante morfológica de futuro se explica considerando la existencia en el sistema lingüístico catalán de un futuro morfológico más estable y con funciones más precisas que en el español. Sin embargo, esta circunstancia no parece constituir por sí sola un factor con una fuerza lo suficientemente intensa como para poder afirmar una resistencia significativa al cambio, especialmente si se tiene en cuenta que, de un lado, los interlocutores castellanohablantes apoyan la opción analítica y el presente y, de otro, la intensidad de la fuerza de retención de la opción morfológica ejercida por los hablantes bilingües es menor que la fuerza promotora del futuro perifrástico ejercida por las mujeres.

Las variables independientes comentadas hasta aquí representan el ámbito de influencia más sustancial en la explicación de la variabilidad relacionada con el empleo de las diferentes marcas de futuro. Todas ellas han sido señaladas como las más significativas por el análisis binomial de referencia entre el futuro morfológico y el futuro perifrástico así como por el modelo multinomial y nos han permitido construir el marco interpretativo global de la variación de este fenómeno lingüístico, complementando las estimaciones con índices procedentes de las modelizaciones binomiales adicionales realizadas entre ambos futuros y el presente pro futuro. A continuación, procedemos a valorar dos variables que, si bien no han sido identificadas como relevantes por los modelos binomiales de referencia entre las dos principales opciones de futuro, sí resultan significativas tanto en algunos modelos binomiales complementarios como en el de regresión logística multinomial, razón por la que se las considera con la suficiente entidad explicativa como para dedicarles un breve comentario. Estas dos variables independientes son 'nivel sociocultural' y 'persona gramatical'.

k) Nivel sociocultural. Esta variable se muestra significativa en el uso del presente prospectivo frente a los futuros perifrástico y morfológico. Según los resultados obtenidos en el análisis binomial que confronta el futuro perifrástico y el presente pro futuro, los hablantes de nivel sociocultural alto promueven el uso del futuro perifrástico (*Goldvarb*, 0.642; *Rbrul* y *SPSS*, 0.618) mientras que los de nivel medio muestran su preferencia por el presente (*Goldvarb*, 0.348; *Rbrul* y *SPSS*, 0.350). Por otro lado, el nivel sociocultural alto también promueve el futuro morfológico frente al presente (*Goldvarb*, 0.612; *Rbrul*, 0.604; *SPSS*, 0.629) mientras que el nivel sociocultural medio lo desfavorece claramente (*Goldvarb*, 0.347;

Rbrul, 0.368; *SPSS*, 0.342) y los pesos probabilísticos correspondientes al sociolecto bajo indican niveles neutrales. El modelo multinomial confirma, asimismo, esa clara preferencia de los hablantes de nivel sociocultural medio por el presente frente a la opción sintética.

A la vista de estos datos, se puede estimar que el presente pro futuro es la opción asociada con el sociolecto medio, constatada ya por el análisis bivariante (r=3.8). De otra parte, cabe postular la promoción del futuro perifrástico por parte del sociolecto bajo, tendencia que puede sustentarse en el leve apoyo que recibe esta forma frente el presente pro futuro en los análisis multivariantes y por el débil residuo corregido positivo registrado en las tablas de contingencia (r=2.0), así como por el residuo corregido negativo correspondiente a la tendencia de este mismo grupo hacia el presente (r= –2.3). Finalmente, no queda claro cuál de los futuros, morfológico o perifrástico, es preferido por el sociolecto alto, si bien favorece ligeramente al futuro perifrástico.

Otros estudios ofrecen resultados varios; así, Samper, Hernández y Troya (2001: 194) obtienen en su análisis que los universitarios se decantan por el futuro perifrástico. Lastra y Martín Butragueño (2008: 21), observan un crecimiento uniforme de las ocurrencias de futuro morfológico a medida que crece el nivel de estudios, complementada por una disminución sostenida de las de futuro perifrástico; personas con menos estudios favorecen más intensamente el futuro perifrástico (0.686) al igual que personas de nivel intermedio (0.651), mientras que las personas más cultas lo desfavorecen en beneficio del futuro morfológico (0.246). Ello confirmaría, como en nuestra investigación, que se trata de un cambio lingüístico promovido desde abajo.

l) Persona gramatical. Esta variable solo ha sido seleccionada como significativa por los modelos binomiales efectuados con el programa *Goldvarb*[27] y también en el modelo multinomial, si bien solo una estimación es significativa a los niveles exigidos. Al contrastar el futuro perifrástico y el presente —con las segundas personas unificadas en una misma categoría— la persona gramatical obtiene un rango de 0.375; y en la modelización realizada entre el futuro morfológico y el presente, también con las personas recodificadas, *Goldvarb* calcula un rango de 0.418. Es la segunda persona, tanto en el singular como en el plural, la que más

27 Es evidente que la recodificación de los datos ha condicionado su selección como significativa con el programa *Goldvarb*.

incide en el uso del futuro perifrástico frente al presente con un peso probabilístico de 0.669, seguida de cerca por la tercera del singular (0.661) y, con menor intensidad, por la tercera del plural (0.604), mientras que las primeras personas desfavorecen el futuro perifrástico (plural, 0.401; singular, 0.374); por su parte, las formas impersonales muestran la menor influencia hacia el futuro perifrástico frente al presente (0.294). En cuanto al contraste entre el futuro morfológico y el presente pro futuro, la tercera persona del singular es la más favorecedora del futuro sintético frente al presente (0.660) seguida por las segundas personas (0.619) y las formas no personales (0.595). Esta misma tendencia se confirma en el análisis multinomial, que recoge una clara tendencia de las segundas personas a decantarse por el futuro morfológico antes que por el presente. Finalmente, en el modelo binomial la tercera persona del plural se manifiesta como neutral (0.504) y la primera persona no estimula el empleo del futuro morfológico (singular, 0.398 y plural, 0.242).

De otra parte, los resultados muestran que las formas no personales promocionan el futuro morfológico, probablemente como consecuencia del carácter ambiguo o incierto que estas formas aportan al discurso. Las primeras personas del singular y del plural no favorecen los usos del futuro perifrástico ni del morfológico, dato que concuerda con lo señalado por el análisis bivariante, que apuntaba a una fuerte asociación del presente con ellas (r=3.9) sumada a una clara tendencia negativa del futuro morfológico (r= –2.3) y mucho más leve y no significativa por parte del futuro perifrástico (r= –0.6). Por su parte, las segundas y las terceras personas promueven más el uso de ambos futuros —morfológico y perifrástico— que el presente prospectivo, dato confirmado parcialmente por el modelo multinomial, que señala la opción gramatical de futuro como claramente preferida frente al presente en el caso de las terceras personas del singular.

En síntesis, pero con la debida cautela motivada por su diferente significación estadística, el futuro perifrástico se asocia con la segunda persona (singular y plural) y con la tercera del plural; el futuro morfológico concurre con las formas no personales y por la tercera persona del singular; y el presente pro futuro queda promovido por la primera persona (singular y plural).

Finalmente, si comparamos la relevancia y significatividad de esta variable independiente con otros estudios de futuridad, comprobamos que Orozco (2005: 59) obtiene una asociación relevante de la persona gramatical —número gramatical— con las ocurrencias de futuro morfológico y de presente, no así con las de futuro perifrástico; las personas en plural estimulan el empleo del futuro morfológico mientras que las del singular lo desfavorecen, exactamente al contrario de lo que ocurre con el presente pro futuro. Este autor explica estas asociaciones mediante el recurso a la homofonía entre la primera persona de plural del presente y del pretérito perfecto simple en la primera y tercera conjugación ('amamos, vivimos'), pues a falta de mayor información contextual, el empleo de esta forma crearía una situación de ambigüedad expresiva. Algo similar señala en la homofonía posible entre las formas plurales de segunda y tercera persona, específicamente en ámbitos de español donde la tercera del plural es susceptible de referirse a la segunda, como en 'Si {ustedes/vosotros//ellos} salen el lunes temprano, {ustedes/vosotros//ellos} llegan a hora de almuerzo'. El efecto favorable de los sujetos plurales sobre las marcas de futuro morfológico podría deberse a la frecuente ocurrencia de construcciones en las que el sujeto no cuenta con un referente específico: los hablantes marcan los sujetos desconocidos con la tercera persona del plural.

Por su parte, Aaron (2006b: 86) ha estudiado la relación entre el significado intencional y la frecuencia de uso de la primera persona del singular con el futuro morfológico, si bien sobre textos escritos y desde un punto de vista diacrónico. Sus resultados apuntan a una diferencia estadísticamente significativa en las frecuencias de uso en los siglos XIX y XX; así mismo detecta algo similar en la asociación de la primera persona del singular con el futuro morfológico entre los siglos XV y XVII, con un incremento del 28% al 36%, respectivamente, explicable probablemente según la autora por el desarrollo de una fase corta de vinculación del futuro morfológico a la intencionalidad previa a la competición de la forma con el futuro perifrástico.

Otros trabajos que también han considerado esta variable pero con resultados diversos son: Orozco (2007b: 318) estudia las tendencias apuntadas tanto en zonas de contacto lingüístico —colombianos en Nueva York— como en zonas monolingües —Barranquilla— y concluye que los sujetos plurales promocionan el futuro morfológico y los singulares lo desfavorecen en la zona de contacto; Lastra y Martín Butragueño (2008: 9), después de una mínima recodificación de los datos originales, hallan esta variable significativa estadísticamente en un modelo de regresión logística binomial: la primera persona facilita el empleo del futuro perifrástico con un peso probabilístico de 0.580 frente a las demás, que lo desfavorecen levemente (0.431). Por último, Claes y Ortiz López (2011: 8) obtienen asimismo una asociación significativa entre la persona gramatical y el futuro morfológico pero con resultados diferentes: la primera persona del singular favorece el futuro morfológico mientras que la segunda influye en el uso del futuro perifrástico; la tercera del singular y la primera del plural desfavorecen intensamente ambas alternativas mientras que la segunda y tercera del plural promocionan el futuro analítico; por su parte, el presente no se asocia de manera significativa con la persona gramatical si bien la primera persona del singular y la tercera del plural se oponen a esta variante; ello podría explicarse, según los autores, porque el presente marca certeza en personas diferentes a la primera, que ya la sugiere por defecto.

Conclusiones finales

Cómo manifestamos verbalmente lo futuro es uno de los fenómenos lingüísticos variables más interesantes de nuestra lengua y buena prueba de ello son los numerosos estudios realizados en los últimos años sobre este hecho en el español de España y de América. El contenido de este libro corrobora el dinamismo expresivo que ofrece el paradigma verbal para marcar la futuridad en el español hablado comparando los resultados obtenidos en la comunidad de habla bilingüe de Valencia con los aportados por estudios previos de otras comunidades hispanohablantes monolingües y bilingües.

La investigación desarrollada responde a los objetivos de PRESEVAL, pues contribuye a identificar las características del español hablado en Valencia, y cumple con el propósito nuclear del proyecto panhispánico PRESEEA dado que estudia un fenómeno de variación lingüística que permite conocer la heterogeneidad ordenada y dinámica de la lengua española.

Asumiendo que el repertorio lingüístico del español ofrece diversas formas para expresar la futuridad, hemos seleccionado las tres alternativas más frecuentes: el futuro morfológico, el futuro perifrástico y el presente pro futuro. Frente a varios estudios que consideran el análisis exclusivo de las dos primeras formas, hemos decidido considerar también la opción del presente prospectivo al comprobar no solo su frecuencia de uso sino también la función que parece estar desempeñando en el contraste futuro morfológico ↔ futuro perifrástico. Como ya conoce el lector, esta decisión ha requerido solventar algunas limitaciones metodológicas impuestas por la herramienta de análisis estadístico empleada tradicionalmente por el variacionismo, el programa *Goldvarb.*

Tres han sido los objetivos específicos de nuestro trabajo: realizar un estudio descriptivo, explicativo e inferencial del fenómeno lingüístico en nuestra comunidad de habla, llevar a cabo un análisis comparativo sincrónico con otras comunidades monolingües y bilingües para caracterizar su dinamismo expresivo, y demostrar la utilidad y mejora que ofrecen programas estadísticos alternativos al programa convencional *Goldvarb* en el análisis cuantitativo de los datos.

Valoramos, en primer lugar, el relativo a los programas estadísticos dada su repercusión en la interpretación de los resultados. Tanto en el marco teórico (§ 3) como en las cuestiones metodológicas (§ 6) ya se ha hecho referencia a las limitaciones del programa *Goldvarb*; entre ellas: solo es capaz de obtener la modelización logística si el fenómeno lingüístico presenta dos alternativas, la incapacidad para manejar los *knock out*, el modo como evalúa la significatividad de los grupos de factores sociales y el algoritmo que emplea para implementar el modelo de regresión logística binomial. La alternativa a dicho programa estadístico la encontramos en otros modelos capaces de resolver las limitaciones anteriores, ya sea la plataforma *R* (*Rvarb* y *Rbrul*), de distribución gratuita, ya sea el programa *SPSS* (servicio de pago), capaces de generar una salida de resultados similar a la de *Goldvarb* pero con mayor eficacia y fiabilidad. Con el fin de preservar la comparabilidad de nuestros datos con los estudios previos realizados se han obtenido tres modelos de regresión logística binomial utilizando la herramienta tradicional y las dos alternativas (*Rbrul* y *SPSS*), confrontando de forma sucesiva y por parejas las tres variantes expresivas (futuro morfológico frente a futuro perifrástico, futuro perifrástico frente a presente pro futuro y futuro morfológico frente a presente pro futuro).

Por otra parte, como el fenómeno objeto de estudio comprende tres variantes ha sido necesario buscar un modelo estadístico adecuado a la naturaleza de dicha variable lingüística; y entre los diversos modelos aplicables a una variable politómica, se ha optado por el análisis de regresión logística multinomial, que puede ser calculado también por las plataformas informáticas *Rbrul* y *SPSS*. Considerando que ambos programas implementan el modelo de regresión logística binaria y, además, permiten calcular un modelo multinomial, existe la posibilidad metodológica de sustituir *Goldvarb* por alguna de las plataformas alternativas puesto que suponen en general una mejora a la hora de preparar los datos y realizar los cálculos en la investigación variacionista. El proceso realizado demuestra las ventajas de *Rbrul* (elimina ciertas restricciones, permite ajustar el umbral de error, ofrece herramientas de representación gráfica y efectúa un modelo de efectos mixtos con efectos aleatorios) y de *SPSS* (ofrece diversas opciones de estadística descriptiva, bivariable y predictiva; implementa el modelo estadístico de regresión logística binaria, tanto por efectos fijos como por efectos mixtos; y posibilita la selección manual de variables en el proceso iterativo de búsqueda de la convergencia), además de permitir al investigador configurar y personalizar cada análisis de un modo específico y en cualquier momento. Se trata, en definitiva, de herramientas de análisis estadístico más versátiles, potentes y cada vez más utilizadas por la comunidad sociolingüística

Los cálculos realizados por las plataformas alternativas proporcionan un conjunto de resultados similar al que obtiene *Goldvarb* pero más completo y fiable para la regresión logística binaria, con un mayor número de índices de bondad de los ajustes, y ofrecen el resultado de una regresión logística multinomial referida a los casos de neutralización sintáctica de las tres variantes de futuro en el discurso. Todo ello nos ha permitido elaborar un marco interpretativo unificado de todos los factores que influyen conjuntamente de manera efectiva y determinante sobre las diferentes alternativas expresivas de futuro.

Antes de interpretar los resultados obtenidos en la investigación conviene recordar los requisitos establecidos por el principio de equivalencia o neutralización entre las variantes que constituyen el fenómeno lingüístico de variación. Solo se han contabilizado aquellos usos de las variantes expresivas de futuro que han cumplido una doble condición: primero, su contenido temporal corresponde al tiempo comprendido entre el momento del habla y el momento del evento referido cuando este está situado en un punto posterior de la línea temporal; y segundo, cada ocurrencia debe neutralizarse en el mismo cotexto discursivo con alguna de las otras dos variantes, al menos, en el caso de los análisis binomiales, y con ambas, simultáneamente, en el caso del multinomial. Esta neutralización implica que las potenciales diferencias existentes a priori entre las alternativas desaparecen en ese contexto discursivo concreto y resultan equivalentes para los interlocutores.

Entre la casuística relevante de las exclusiones aquí realizadas cabe señalar el uso modal epistémico del futuro morfológico ('Serán las dos'), forma que está experimentando una reducción de su uso como futuro y una difusión del empleo claramente modal en el que la marca temporal de futuro ha quedado minimizada o directamente anulada, especialmente en comunidades de habla española de América[1]. Si bien no hemos contabilizado los usos del futuro morfológico con el valor de conjetura (la exclusión supone el 26.6% de las ocurrencias iniciales de este futuro,

1 En el español de Venezuela, el futuro morfológico con valor epistémico representa el 58% de las ocurrencias recopiladas (Sedano 1994); en el español de México, el 70% de los casos de futuro morfológico (Villa Crésap 1997) y en el de Nuevo México, el 79% de usos de esta forma verbal (Durán Urrea y Gradoville 2006).

N=155/583), podría considerarse el estudio de esta suposición no prospectiva en posteriores investigaciones con objeto de indagar qué factores pueden estar influyendo en el incremento de la frecuencia de dicho uso dislocado y el efecto que ejerce en las otras manifestaciones de futuridad. Al verificar el predominio del valor temporal de futuro en los usos de la perífrasis <ir a + infinitivo>, se han descartado aquellas construcciones en las que el verbo 'ir' aparece como verbo principal ('Vamos a comer a Valencia'), las construcciones perifrásticas con un marcado contenido aspectual incoativo y que no efectúan una referencia a un punto de la línea temporal posterior al momento del habla ('Cuando voy a echar el arroz a la paella miro el reloj') y aquellas susceptibles de ser consideradas como marca de futuro pero que presentan un alto grado de fosilización o fijación en el uso (fórmulas rutinarias) y que, por tanto, tienen bloqueada su capacidad de expresión de tiempo futuro en los términos exigidos ('Vamos a ver…'). Finalmente, por lo que respecta al presente pro futuro, conviene tener en cuenta que constituye una forma verbal que obtiene su capacidad expresiva de futuro en circunstancias específicas, generalmente a partir del recurso a indicaciones temporales contextuales. En nuestra investigación, después de establecer las condiciones de neutralización de esta marca con los futuros morfológico y perifrástico, se ha admitido la posibilidad de que el presente de indicativo adquiera un contenido temporal predominante de futuro no solo a expensas de indicaciones temporales contextuales externas, sino también a partir de especificaciones temporales implícitas o de tipo pragmático.

En cuanto al estudio descriptivo, explicativo e inferencial del fenómeno lingüístico en la comunidad de habla bilingüe de Valencia cabe destacar lo siguiente:

a) Frecuencias de uso de las tres variantes. Recopiladas las ocurrencias de las tres variantes que cumplen los requisitos previamente establecidos, los resultados señalan el futuro perifrástico como la opción predominante en esta comunidad con un 47.44% de las ocurrencias totales (N=510/1075) —hecho que corrobora la primera hipótesis de trabajo—, seguida por el futuro morfológico con un 38.23% (N=411/1075) y, finalmente, por el presente pro futuro con un 14.33% (N=154/1075). Si nos ceñimos exclusivamente a las formas analítica y sintética, y comparamos los resultados obtenidos con otros estudios realizados en España y en América, la frecuencia de uso del futuro perifrástico en Valencia alcanza el 55.37% (N=510/921), valor muy aproximado a la media peninsular (55.80%) pero muy inferior a la media americana (81.68%).

b) Establecer y evaluar el grado de asociación existente entre cada una de las tres variantes de futuro y una serie de factores lingüísticos y extralingüísticos mediante modelos estadísticos que identifiquen los factores con mayor o menor incidencia significativa sobre las diferentes alternativas y predigan, con la mayor verosimilitud posible y la máxima bondad de ajuste, la probabilidad de empleo de cada una de las variantes en condiciones contextuales controladas. El carácter inferencial de estos análisis permite extrapolar el comportamiento lingüístico de los hablantes que constituyen el grupo representativo de estudio al conjunto de la comunidad de habla.
   b.1) Futuro morfológico. Los factores que mejor explican y predicen el empleo de esta variante expresiva de futuridad son, con intensidad decreciente: la especificación temporal (cuando hay referencias temporales a eventos situados lejos del momento del habla y cuando las referencias temporales más allá del día en curso son indefinidas y explícitas), el tipo de contenido semántico del verbo (percepción y sentimiento), la modalidad oracional (desiderativa y exhortativa), la evidencialidad (fuentes cognitiva y sensorial), el acto de habla (directivos y expresivos), perífrasis en el cotexto (ausencia de construcciones perifrásticas o presencia de diferentes a <ir a + infinitivo>), el tipo sintáctico de verbo (perífrasis verbales), la modalidad epistémica (presencia de marcadores de duda solo frente al presente pro futuro), la estructura oracional (oraciones simples, principales y yuxtapuestas), la edad (mayor de 55 años solo frente al presente), el sexo (hombres), la lengua habitual (hablantes bilingües), el nivel sociocultural (sociolecto alto, esencialmente ante el presente) y la persona gramatical (tercera persona singular, solo frente al presente).
   b.2) Futuro perifrástico. Las variables que inciden de modo más significativo en el uso de esta alternativa son: la especificación temporal (con ausencia de marcadores temporales, con presencia de indicadores temporales de inmediatez y cuando hay indicaciones implícitas para el día en curso), el tipo de contenido semántico del verbo (de pensamiento y dinámicos) y la modalidad oracional (interrogativas directa e indirecta), seguidas por la evidencialidad

(fuentes de información ajenas o por rumores), la presencia de perífrasis en el entorno (perífrasis del tipo <ir a + infinitivo>), el tipo sintáctico de verbo (locuciones verbales y verbos transitivos) y el acto de habla (actos declarativos y asertivos); y en menor medida, la estructura oracional (oraciones subordinadas), el sexo (mujeres), la lengua habitual (castellanohablantes), el nivel sociocultural (sociolecto bajo frente al futuro morfológico y sociolecto alto frente al presente) y la persona gramatical (segundas y terceras personas, específicamente frente al presente).

b.3) Presente pro futuro. De nuevo encontramos que los factores con mayor incidencia sobre el empleo de esta fórmula expresiva son: la especificación temporal (con marcas de tiempo explícitas para lo inmediato y el día en curso y con marcas temporales definidas —explícitas e implícitas— que se extienden más allá de ese límite), el tipo de contenido semántico del verbo (de movimiento y dinámicos), la modalidad oracional (exclamativa y desiderativa) y la evidencialidad (fuente de información universal); a continuación, disminuyendo su intensidad, están el tipo sintáctico de verbo (pronominales, intransitivos y perífrasis), la presencia de perífrasis en el cotexto (ausencia de perífrasis, frente al futuro analítico), la estructura oracional (subordinadas), el sexo (mujeres), el nivel sociocultural (sociolectos medio), la lengua habitual (castellanohablantes) y la persona gramatical (primera persona singular y plural, y las formas no personales frente al perifrástico).

A la luz de estos resultados podemos inferir que el futuro morfológico con valor temporal de futuro mantiene su vitalidad en esta comunidad de habla bilingüe gracias a determinados factores lingüísticos (especificación temporal, modalidad oracional, contenido semántico del verbo), pragmáticos (evidencialidad y acto de habla) y sociológicos (hablantes de género masculino, mayores de 55 años y de sociolecto alto, y personas bilingües valenciano-castellano que frenan su desplazamiento). Pero al tiempo que estos factores sociales ralentizan el proceso de gramaticalización descrito por Aaron (2006b), también se constatan algunos factores lingüísticos que indican cierta tendencia de esta forma verbal a incrementar la expresión de valores modales de probabilidad o conjetura (referencias temporales lejos del momento del habla, referencias temporales indefinidas para más allá del día en curso, modalidad desiderativa, presencia de marcadores de duda). Por su parte, el futuro perifrástico va ampliando su uso asumiendo valores temporales de los que se ocupaba el futuro morfológico; junto a la especial incidencia de determinados factores lingüísticos y pragmáticos que potencian su empleo, la función de las variables sociales es relevante en el proceso de cambio hacia la expansión de esta variante: el grupo castellanohablante (mayoritario en el contacto lingüístico), el estrato generacional intermedio promociona su uso en los tres sociolectos y las mujeres propagan su empleo en un proceso de cambio que surge desde abajo (sociolecto bajo); estos factores responden al principio de curvilineabilidad (Labov 2001: 516) y reflejan un cambio en marcha motivado socialmente. Asimismo, esta forma de futuro refleja mayor grado de inseguridad en el cumplimiento de lo planeado o venidero (modalidad oracional interrogativa, fuentes de información ajenas o por rumores, segundas y terceras personas gramaticales). Finalmente, el presente prospectivo enmarca su uso en determinados cotextos lingüísticos, especialmente cuando el hablante enfatiza su seguridad en el cumplimiento del porvenir (primera persona singular y plural, fuente de información universal), y parece que en la competencia futuro morfológico ↔ futuro perifrástico, este presente anticipador puede contribuir a un mayor uso del futuro perifrástico gracias a la especificación temporal (marcas explícitas para lo inmediato y el día en curso), a los castellanohablantes y a personas de sociolecto medio. Todo ello corrobora plenamente las tres hipótesis formuladas.

Desde una perspectiva global, tanto nuestros resultados como los procedentes de varios estudios (Troya 1998, Sedano 1994, 2005, Samper, Hernández y Troya 2001, Orozco 2005, 2009, Aaron 2006b, Blas Arroyo 2008, Claes y Ortiz 2011) muestran que las variables independientes con mayor incidencia significativa en la elección de una u otra variante de futuridad son: la especificación temporal, la modalidad oracional, el tipo de contenido semántico del verbo, seguidas por la evidencialidad, el acto de habla, la presencia de perífrasis en el cotexto y el tipo sintáctico de verbo. De estos siete factores que indican mayor asociación e intensidad con la variable dependiente, cinco son lingüísticos y dos pragmáticos; ello confirma la influencia que ejercen en la variación morfosintáctica los factores internos. Por otra parte, si bien el grado de incidencia que manifiestan los factores sociales sexo, lengua habitual y nivel sociocultural es bastante menos intenso, también contribuyen en la explicación y predicción probabilística del fenómeno lingüístico.

Asimismo, otro de los objetivos ha sido realizar un análisis comparativo sincrónico con otras comunidades monolingües y bilingües para conocer la variabilidad en la expresión de lo futuro y establecer si se trata de un hecho de variación estable o de un proceso de cambio lingüístico en el dinamismo interno del español.

1. Futuro morfológico. Los resultados de varios estudios empíricos cuantifican frecuencias de uso sustancialmente diferentes a ambos lados del Atlántico: para el español de América 18.32%, para el conjunto de España 44.20% y para Valencia[2] 44.63%. Por su parte, la regla variable calculada para el uso de esta variante lingüística en distintos trabajos establece como factores explicativos y predictivos los siguientes:

   – Especificación temporal: este futuro se emplea preferentemente en contextos temporales alejados del momento del habla (tanto si la indicación temporal es explícita —especialmente de tipo indefinido— como implícita) ('delante de mí no hay nadie ya // peroo habrá / *algún día* los habrá') mientras que su frecuencia de uso decae en contextos temporales de proximidad con el momento del habla, tanto en beneficio del presente pro futuro (cuando las indicaciones temporales son explícitas) como del futuro perifrástico (en ausencia de marcadores temporales). Esta asociación coincide con los resultados del español en Venezuela (Sedano 1994, 2005), en Colombia (Orozco 2005, 2009) y en Puerto Rico (Claes y Ortiz 2011). Evidentemente, el futuro morfológico va limitando su uso con valor temporal a eventos alejados en el tiempo y ello connota cierta incertidumbre sobre su cumplimiento, mientras que el futuro perifrástico amplía su capacidad de expresión de tiempo futuro a entornos sin marcas temporales o con referencias temporales de no inminencia; ello confirmaría el proceso de doble gramaticalización descrito por Aaron (2006b): por un lado, el futuro morfológico se va especializando en manifestar valor modal epistémico (de manera mucho más ralentizada en España que en América) y, por otro, en paralelo y simultáneamente, el futuro perifrástico amplía su capacidad de valor temporal que va reduciendo el futuro morfológico.

2 El porcentaje de Valencia se calcula considerando únicamente los futuros morfológico y perifrástico con el fin de preservar su comparabilidad con el resto de estudios.

- Tipo de contenido semántico del verbo. Los verbos de percepción y sentimiento actúan como estímulo para el uso del futuro morfológico, tendencia que se corrobora para el primer tipo en el español de Las Palmas (Troya 1998) y en de Castellón (Blas Arroyo 2008).
- Estructura oracional. Son las construcciones sintácticas simples, proposiciones principales y oraciones yuxtapuestas las que promueven el futuro morfológico, asociación coincidente con lo señalado para el español de Madrid (Gómez Manzano (1988a) y el de Las Palmas (Troya 1998), si bien difieren de los obtenidos en México por Durán Urrea y Gradoville (2006), quienes vinculan el futuro morfológico con las construcciones subordinadas.
- Modalidad epistémica: todo cotexto expresivo que contiene marcadores de duda promueve el futuro morfológico frente al presente prospectivo ('pues esta noche *no sé* si iré a tomar algo'); esa tendencia a vincular esta variante de futuro con la duda o incertidumbre sobre el cumplimiento de lo enunciado coincide con lo manifestado en el español de Venezuela (Sedano 1994) y de Las Palmas (Troya 1998). Asimismo, esta asociación contribuye al proceso de gramaticalización señalado por Aaron (2006b), relacionado con el incremento del valor modal epistémico del futuro morfológico.
- Sexo. Se trata de una variable que ofrece resultados opuestos: mientras en nuestro trabajo son los hombres quienes se asocian con mayor intensidad y frecuencia con el futuro morfológico, tendencia que coincide en el español de Las Palmas (Troya 1998), con el de Madrid, Sevilla y Canarias (Samper, Hernández y Troya 2001) y con el de Bogotá (Becerra 2005), otros estudios señalan una promoción del futuro morfológico por parte de las mujeres como el de Orozco (2007a, 2009) para el español hablado del Caribe colombiano y el de Lastra y Martín Butragueño (2008) para Ciudad de México, si bien sus resultados no muestran diferencias de género suficientemente significativas.
- Edad: son los mayores de 55 años quienes promueven el futuro morfológico frente al presente pro futuro. Esa tendencia asociativa entre los hablantes de mayor edad y el futuro morfológico se observa en el español de Nuevo México (Durán Urrea y Gradoville 2006), en el de México (Lastra y Butragueño 2008) y en

de Castellón (Blas Arroyo 2008), quien apunta un claro declive de esta marca de futuro entre los hablantes jóvenes menores de cuarenta años. Ello confirma el lento pero progresivo desplazamiento del valor temporal de futuro de esta variante.

- Nivel sociocultural. De nuevo, la tendencia que manifiestan los hablantes hacia el uso del futuro morfológico no coincide: frente a los resultados de nuestra investigación que muestran una asociación relevante entre el sociolecto alto y esta marca de futuro, valor similar al observado en el español de la ciudad de México (Lastra y Butragueño 2008), donde se comprueba una promoción clara de esta variante a medida que crece el nivel de estudios del hablante, encontramos otros trabajos, como el de Samper, Hernández y Troya (2001) para el español de Canarias y Sevilla, y el de Becerra (2005) para Bogotá, que señalan una clara preferencia de los universitarios por el futuro perifrástico.
- Lengua habitual. Asumiendo que el contacto de lenguas puede actuar bien como factor promotor de un cambio lingüístico, bien como fuerza ralentizadora, encontramos que son los hablantes bilingües quienes favorecen ligeramente el empleo del futuro morfológico mientras que los castellanohablantes promueven el uso del futuro perifrástico y del presente anticipador. Ello se debe, probablemente, a una transferencia del comportamiento lingüístico en catalán, lengua en la que el empleo de esta forma no compite con el futuro perifrástico. Esta tendencia a mantener el valor temporal del futuro morfológico por los hablantes bilingües se observa también en el español de Castellón (Blas Arroyo 2008). Por último, hay estudios donde la lengua habitual de los hablantes no muestra incidencia alguna, como en las comunidades de habla bilingües inglés-español de California (Gutiérrez 1995).

2. Futuro perifrástico. Al cuantificar el empleo de esta variante en el español de ambos lados del Atlántico, comprobamos que el uso de esta forma gramatical en el español de América es del 81.68%, en el conjunto de España es del 55.80% y en el caso de Valencia[3] es del 55.37%. Se trata, pues, de la alternativa predominante para manifestar

3 El porcentaje de Valencia se calcula obviando los casos de presente con el fin de preservar su comparabilidad con el resto de estudios.

lo venidero, mucho más prominente en América que en España. Por su parte, la regla variable calculada para el uso de esta variante lingüística en distintos trabajos señala como factores explicativos y predictivos los siguientes:

- Especificación temporal. Los cotextos propicios para el empleo de esta variante son tres: aquellos que contienen indicaciones temporales implícitas para el día en curso ('y daale que te pego y machaca y aconsejando lo mejor porque yo les tengo dicho / quee / señora usted ha entrao aquí / no se me va a escapar sin comprar'), los que carecen de marcas temporales ('tengo una filosofía digo que como yo no he hecho daño a nadie / pues que tampoco me lo van a hacer a mí / digo yo'), lo cual coincide con el español de Puerto Rico (Claes y Ortiz López 2011), y donde aparecen situaciones de inmediatez o proximidad del evento respecto del momento del habla ('no es que no deje que lo evalúen los demás // mira te voy a poner un ejemplo / cuando me saqué el carné // hará seis años ahora'), asociación que también se constata en el español de México (Lastra y Butragueño 2008). A medida que el tiempo futuro expresado se aleja del momento del habla, la perífrasis de futuro <ir a + infinitivo> es reemplazada por las otras dos variantes. Esta clara promoción del futuro perifrástico por parte de cotextos que carecen de marcas de tiempo o con marcas implícitas muestra el estado de gramaticalización que va adquiriendo esta variante en cuanto a su contenido temporal (Aaron 2006b).
- Tipo semántico de verbo. Los verbos que favorecen de manera más intensa el futuro perifrástico son los de pensamiento y dinámicos, resultados parcialmente coincidentes con los obtenidos para el español de Las Palmas por Troya (1998) y para Castellón por Blas Arroyo (2008).
- Modalidad oracional. Existe bastante unanimidad sobre el estímulo que suponen las oraciones interrogativas para el empleo de este futuro. Los resultados del español de Valencia coinciden con lo obtenido en Las Palmas (Troya 1998), en Madrid, Sevilla y Canarias (Samper, Hernández y Troya 2001), en el español de Colombia (Orozco 2005) y en el de Castellón (Blas Arroyo 2008).
- Estructura oracional. Las oraciones subordinadas son las que estimulan el empleo del futuro perifrástico con mayor intensidad,

tendencia que coincide con la observada en el español de Las Palmas (Troya 1998), de Madrid, Sevilla y Canarias (Samper, Hernández y Troya 2001) y de Castellón (Blas Arroyo 2008).

- Sexo. Son las mujeres quienes promueven el empleo del futuro perifrástico. Esta asociación verificada en el español de Valencia coincide con lo constatado en Madrid (Gómez Manzano 1992, Samper, Hernández y Troya 2001), en Las Palmas (Troya 1998), en Sevilla y Canarias (Samper, Hernández y Troya 2001) y también, aunque con estimaciones de incidencia mínima, en el español de Ciudad de México (Lastra y Butragueño 2008), en Castellón (Blas Arroyo 2008: 111) y en Puerto Rico (Claes y Ortiz López 2011: 13). La difusión de esta variante por el sexo femenino confirma su prominencia, si bien su expansión es más lenta en España que en las comunidades de habla americanas.
- Nivel sociocultural. Se trata de una variable que ofrece resultados diferentes según el modelo de análisis; así, en la competencia frente al futuro morfológico los hablantes de nivel sociocultural bajo promocionan el futuro perifrástico (análisis bivariante y multinomial), pero en el contraste con el presente pro futuro son los hablantes de sociolecto alto quienes estimulan el empleo del futuro perifrástico (análisis multivariante de regresión logística binaria). Esta divergencia relativa de resultados la encontramos en otros trabajos; mientras el proceso de cambio iniciado desde abajo en el español de Valencia coincide con lo obtenido por Lastra y Butragueño (2008) para Ciudad de México, otros autores (Samper, Hernández y Troya 2001, Becerra 2005) señalan la asociación entre futuro perifrástico y sociolecto alto. En nuestra opinión, son mayoritarios los datos que confirman el principio de la curvilinealidad (Labov 2001: 516): «the principle that women are normally the leaders in change from below».

3. Presente pro futuro. Como ya conoce el lector, no todos los trabajos han considerado oportuno investigar y cuantificar el uso de esta variante lingüística; pero veamos tres que sí lo han cuantificado: en el español de Costa Rica (Pitloun 2005), futuro perifrástico 60.1%, futuro morfológico 3.3% y presente pro futuro 36.6%; en el de Colombia (Orozco 2007b), futuro perifrástico 45.92%, futuro morfológico 18.14% y presente pro futuro 35.94%; y en el de Valencia, futuro perifrástico 47.44%, futuro morfológico 38.23% y presente pro futuro

14.33%. Resulta evidente la relevancia que está adquiriendo en la última década esta variante lingüística para manifestar lo venidero.

- Especificación temporal. Cuando la indicación temporal es explícita, el presente prospectivo es la alternativa más potente en la franja temporal de lo inmediato y del día en curso ('bueno mi padre me dejaba pues llegar a las tres / a las cuatro / la verdad es que me decía *hoy* llegas *a las cuatro*'), donde compite directamente con el futuro perifrástico, y en cotextos con referencias temporales a eventos más alejados del momento del habla ('y bueno / a lo mejor pues *estos días* pues me acerco más / yy coopero con algunas cosas en la falla'), en pugna con el futuro morfológico, especialmente si las marcas temporales son explícitas y definidas. Estos hechos caracterizan a esta variante como una opción puente: si el futuro perifrástico se especializa en la inmediatez, el presente quedaría favorecido lejos de esta área temporal —como el día en curso— e incluso más allá, donde compite directamente con el futuro morfológico; en este caso asumiría funciones expresivas temporales que el futuro sintético está abandonando en su proceso de gramaticalización y que posteriormente podría trasvasar al futuro perifrástico.
- Evidencialidad. Las situaciones discursivas basadas en una fuente de información universal promocionan el presente pro futuro frente a las otras dos alternativas ('por ejemploo /// los atentados que hay / los etarras / que va a cambiar siempre / va a cambiar / se acaba se acaba / pero es que / no se puede acabar'), lo cual representa un uso del presente con valor de futuro que se aproxima a los usos del denominado presente gnómico. Asimismo, esa evidencialidad universal connotaría una mayor seguridad en el cumplimiento del evento.
- Nivel sociocultural. El estrato social que más claramente apoya la difusión del presente como marca de futuro es el sociolecto medio; la combinación de este estrato social y del género femenino permiten inferir una vitalidad de esta variante que puede intensificarse, aunque no tanto como la del futuro perifrástico. Esta expansión del uso del presente prospectivo estaría motivada socialmente, en este caso, tal como apunta Labov (2001: 56) «the leaders of change are in the central, upwardly mobile groups».

- Globalmente, además de ser pocos los trabajos que han considerado esta marca temporal en su estudio sobre la futuridad, solo dos de las variables independientes investigadas en nuestro análisis aparecen en algunos de ellos: la modalidad oracional y el sexo. En la primera, el rechazo del presente prospectivo a asociarse con la modalidad declarativa coincide con el obtenido por Orozco (2005) para el español de Colombia; respecto de la segunda, mientras en Valencia las mujeres favorecen el empleo de esta variante frente al futuro morfológico, en el español de Puerto Rico (Claes y Ortiz López 2011) son los hombres quienes favorecen el presente pro futuro, si bien con una significatividad poco relevante.

Concluimos considerando logrado el propósito de la obra: mostrar las ventajas que ofrecen los programas estadísticos alternativos a *Goldvarb* en el estudio de la variación lingüística, identificar los factores internos y externos que estimulan cada marca temporal de futuro, confirmar el leve efecto ralentizador que ejerce el contacto lingüístico en este cambio en marcha y corroborar el proceso lento de doble gramaticalización que experimenta la variable objeto de estudio. Todo ello contribuye a explicar el dinamismo de nuestra lengua, centrado aquí en el paradigma verbal para la expresión de la futuridad en el español hablado y que ha quedado de manifiesto no solo en la variabilidad de las formas sino también en las particularidades que ofrecen distintas comunidades de habla.

Referencias bibliográficas

AARON, Jessica E. (2003): «*¿Cómo te diré?*: The Synthetic Future in Mexican Spanish», presentado en el *7º Simposio de Lingüística Hispánica*, Albuquerque, Nuevo México.

AARON, Jessica E. (2006a): «*Me voy a tener que ir yendo*: A Corpus-Based Study of the Grammaticization of the ir a + INF Construction in Spanish» en Sagarra, N. y A. Jacqueline Toribio (eds.), *Selected Proceedings of the 9th Hispanic Linguistics Symposium*, Somerville MA, Cascadilla Proceedings Project, pp. 263-272.

AARON, Jessica E. (2006b): *Variation and Change in Spanish Future Temporal Expression: Rates, Constraints, and Grammaticization*, Tesis doctoral, Albuquerque (Nuevo México), Universidad de Nuevo México.

AARON, Jessica E. (2007): «El futuro epistémico y la variación: gramaticalización y expresión de la futuridad desde 1600», *Moenia: Revista lucense de lingüística & literatura* 13, Universidade de Santiago de Compostela, Servizo de Publicacións, pp. 253-274.

AARON, Jessica E. (2010): «Pushing the Envelope: Looking Beyond the Variable Context», *Language Variation and Change* 22, Cambridge University Press, pp. 1-36.

ACERO, Juan José (1990): «Las ideas de Reichenbach acerca del tiempo verbal» en Bosque, I. (coord.), *Tiempo y aspecto en español*, Madrid, Cátedra, pp. 45-75.

ADAM, Jean Michel (1992): *Les textes: types et prototypes. Récit, description, argumentation, explication et dialogue*, París, Nathan Université.

AIKHENVALD, Alexandra (2003): «Evidentiality in Typological Perspective» en Aikhenvald, A. y R. Dixon (eds.), *Studies in Evidentiality*, Filadelfia, John Benjamins, pp. 1-31.

AIKHENVALD, Alexandra (2004): *Evidentiality*, Oxford, Oxford University Press.

ALARCOS LLORACH, Emilio (1994): *Gramática de la lengua española*, Madrid, Espasa Calpe.

ALCINA, Juan y José Mª BLECUA (1975 [1988]): *Gramática española*, Barcelona, Ariel.

ALMEIDA, Manuel y Carmen DÍAZ ALAYÓN (1989): *El habla rural en Gran Canaria*, La Laguna, Universidad de La Laguna.

ALMEIDA, Manuel y Marina DÍAZ PERALTA (1998): «Aspectos sociolingüísticos de un cambio gramatical: la expresión de futuro», *Estudios Filológicos* 33, pp. 7-22.

ALONSO, Martín (1974): *Gramática del español contemporáneo*, Madrid, Guadarrama.

ALONSO, Amado y Pedro HENRÍQUEZ UREÑA (1971): *Gramática castellana*, Buenos Aires, 24ª ed.

ALVAR EZQUERRA, Manuel y Bernard POTTIER (1983): *Morfología histórica del español*, Madrid, Gredos.

ÁLVAREZ ANGULO, Teodoro (2001): *Textos expositivos-explicativos y argumentativos*, Barcelona, Octaedro.

ANDERSON, Eric W. (1979): «The Development of the Romance Future Tense: Morphologization and a Tendency toward Analyticity», *Papers in Romance* 1, pp. 21-35.

ANDERSON, Lloyd B. (1986): «Evidentials, Paths of Change, and Mental Maps: Typologically Regular Asymmetries» en Chafe, W. y J. Nichols (eds.), *Evidentiality: The Linguistic Coding of Epistemology*, Norwood, Ablex, pp. 273-312.

ANSCOMBRE, Jean Claude y Oswald DUCROT (1994): *La argumentación en la lengua*, Madrid, Gredos.

AUSTIN, John L. (1962): *How to do Things with Words: The William James Lectures delivered at Harvard University in 1955*, Oxford, Clarendon, J. O. Urmson.

ÁVILA, Raúl (1968): «Expresiones verbales de lo futuro y la caracterización social en dos obras de teatro mexicano contemporáneo» en el colectivo «Futur und Zukunft im Spanischen», *Archiv für das Studium der neueren Sprachen und Literaturen* 204, pp. 346-349.

BAAYEN, Harald (2008): *Analyzing Linguistic Data: a Practical Introduction to Statistics Using R,* Cambridge, UK, Cambridge University Press.

BAAYEN, Harald, Douglas J. DAVIDSON y Douglas M. BATES (2008): «Mixed-Effects Modeling with Crossed Random Effects for Subjects and Items», *Journal of Memory and Language* 59, pp. 390-412.

BARCELÓ, Gerard Joan (2004): «Guillaume et le futur roman temps: à propos du futur périphrastique», *Modèles Linguistiques* 25/49-50, pp. 169-178.

BATES, Douglas M. (2005): «Fitting linear mixed models in R», *R News* 5, pp. 27-30.

BATES, Douglas M. y Deepayan SARKAR (2008): *Lme4: Linear Mixed-Effects Models Using S4 Classes*, paquete *R,* version 2.15.1, 22/06/2012. Publicación en línea: <http://cran.r-project.org> [consulta: 24 de junio de 2015].

BAUHR, Gerhard (1989): *El futuro en -RÉ e* IR A + *INFINITIVO en español peninsular moderno*, Gotemburgo, Acta Universitatis Gothoburgensis.

BAUHR, Gerhard (1992): «Sobre el futuro *cantaré* y la forma compuesta *voy a cantar* en español moderno», *Moderna Spräk* 8-I, pp. 69-79.

BECERRA, Servio (2005): «Uso del futuro en el español hablado en Bogotá. El uso coloquial y la norma culta» en Valencia-Espinosa, A. (ed.), *Actas del XIV congreso internacional de la Asociación de Lingüística y Filología de América Latina (ALFAL)*, Publicación en línea: <http://www.mundoalfal.org/cdcongreso/cd/dialectologia_sociolinguistica/becerra.swf> [consulta: 24 de junio de 2015].

BENTIVOGLIO, Paola (1987): *Los sujetos pronominales de primera persona en el habla de Caracas*, Caracas, Universidad Central de Venezuela.

BENTIVOGLIO, Paola y Mercedes SEDANO (1993): «Investigación sociolingüística: sus métodos aplicados a una experiencia venezolana», *Boletín de Lingüística* 8, Caracas, pp. 3-35.

BENVENISTE, Émile (1968): «Mutations of Linguistic Categories» en Lehmann, W. P. y Y. Malkiel (eds.), *Direction for Historical Linguistics*, Austin, pp. 85-94.

BENVENISTE, Émile (1981): *Problemas de lingüística general*, México, Siglo XXI Editores.

BERSCHIN, Helmut (1986): «Futuro analítico y futuro sintético en el español peninsular y americano», *Revista de Filología Románica* 4, Madrid, Editorial de la Universidad Complutense, pp. 301-308.

BERSCHIN, Helmut (1987): «Futuro analítico y futuro sintético en el español peninsular y colombiano», *Lingüística Española Actual* 9-I, pp. 101-110.

BERTINETTO, Pier Marco (1986): *Tempo, aspetto e azione nel verbo italiano. Il sistema dell'indicativo*, Firenze, Accademia della Crusca.

BLANCHE-BENVENISTE, Claire *et alii* (1990): *Le français parle: Études grammaticales*, Paris, Editions du Centre National de la Recherche Scientifique.

Blas Arroyo, José Luis (2008): «The Variable Expression of Future Tense in Peninsular Spanish: The Present (and Future) of Inflectional Forms in the Spanish Spoken in a Bilingual Region», *Language Variation and Change* 20, pp. 85-126.

Blas Arroyo, José Luis, Manuela Casanova, Santiago Fortuño y Margarita Porcar (eds.) (2002): *Estudios sobre lengua y sociedad*, Castellón, Servei de Publicacions de la Universitat Jaume I, pp. 9-14.

Bosque, Ignacio y Violeta Demonte (dirs.) (1999): *Gramática descriptiva de la lengua española*, Real Academia Española, Colección Nebrija y Bello, Madrid, Espasa Calpe.

Bravo, Ana (1998): «Ir a + infinitivo: aspectos léxico-semánticos en la alternancia con el futuro simple», *Interlingüística*, U. Ortega y Gasset-Universidad Complutense de Madrid, pp. 61-66.

Bravo, Ana (1999): *Aspectos de la gramática de* <ir a + *infinitivo*>, memoria de licenciatura, Universidad Complutense de Madrid.

Bravo, Ana (2002): «*¿Qué será será*? Propiedades temporales y semánticas del futuro de probabilidad», *Cuadernos de Lingüística del Instituto Universitario Ortega y Gasset* 9, pp. 65-80.

Bravo, Ana (2007): «La noción de 'relevancia actual' y la perífrasis <ir a + infinitivo>: una nueva aproximación» en Camus Bergareche (comp.), *El tiempo y los eventos*, Cuenca, Universidad de Castilla-La Mancha, pp. 15-54.

Bravo, Ana (2008): *La perífrasis* <ir a + *infinitivo*> *en el sistema temporal y aspectual del español*, Memoria para optar al grado de Doctor, Madrid.

Butler, Jonathan L. (1969): «Remarks on the Romance Synthetic Future», *Lingua* 24-II, pp. 163-180.

Bybee, Joan L. y Paul J. Hopper (2001): *Frequency and the Emergence of Linguistic Structure*, Ámsterdam/Filadelfia, John Benjamins.

Bybee, Joan L. y William Pagliuca (1985): «Cross-Linguistic Comparison and the Development of Grammatical Meaning» en Fisiak, J. (ed.), *Historical Semantics*, Berlín/Nueva York/Ámsterdam, Mouton de Gruyter, pp. 59-83.

Bybee, Joan L., Suzanne Fleischman, William Pagliuca y Revere D. Perkins (1991): «Back to the Future» en Traugott, E. C. y B. Heine (eds.), *Approaches to Grammaticalization*, Vol. II, Ámsterdam, John Benjamins, pp. 17-58.

Calsamiglia, Helena y Amparo Tusón-Valls (1999): *Las cosas del decir. Manual de análisis del discurso*, Barcelona, Ariel.

CAMERON, Richard y Nydia FLORES FERRÁN (2004): «Perseveration of Subject Expression across Regional Dialects of Spanish», *Spanish in Context* 1-I, pp. 41-65.

CAMUS BERGARECHE, Bruno (2006): «Ir a + infinitivo» en García Fernández, L. (dir.) *et alii*, *Diccionario de perífrasis verbales*, Madrid, Gredos, pp. 177-182.

CARBONETTI, Mª Ángeles y Lidia Raquel MIRANDA (1999): «Hablar en futuro: la expresión prospectiva en el discurso oral de Santa Rosa», *Anclajes. Revista del Instituto de Análisis Semiótico del Discurso* 3, Santa Rosa (Argentina), Universidad Nacional de La Pampa, pp. 57-64.

CARTAGENA, N. (1981): «Sistema, norma y habla del futuro de probabilidad de español» en Rohrer, C. (ed.), *Logos Semantikos. IV. Studia Linguistica in honorem Eugenio Coseriu 1921-1981*, Vol. IV, Madrid, Gredos, pp. 383-394.

CARTAGENA, Nelson (1992): «Acerca del rendimiento funcional de los paradigmas de futuro en español y en alemán» en Luna-Traill, E. (coord.), *Scripta Philologica. In honorem Juan M. Lope Blanch, II: Lingüística Española e Iberoamericana*, México, Instituto de Investigaciones Filológicas, Universidad Nacional Autónoma de México, pp. 65-74.

CARTAGENA, Nelson (1996): «La inestabilidad del paradigma verbal de futuro, ¿hispanoamericanismo, hispanismo, romanismo o universal lingüístico?», *Boletín de Filología* 35, pp. 79-100.

CASTILLO LLUCH, Mónica (2002): «Distribución de las formas analíticas y sintéticas de futuro y condicional en español medieval» en Echenique Elizondo, Mª T. y J. Sánchez Méndez (eds.), *Actas del V Congreso Internacional de Historia de la Lengua Española* I, Madrid, Gredos, pp. 541-549.

CATALÁN, Diego (1960): «El español canario entre Europa y América», *BdF* 19, pp. 317-337.

CEDERGREN, Henrietta J. y David SANKOFF (1974): «Variable Rules: Performance as a Statistical Reflection of Competence», *Language* 50-II, pp. 333-355.

CHAFE, Wallace (1986): «Evidentiality in English Conversation and Academic Writing» en Chafe, W. y J. Nichols (eds.), *Evidentiality: The Linguistic Coding of Epistemology*, Norwood, Ablex, pp. 261-272.

CHAMBERS, Jack K. (1995): *Sociolinguistic Theory: Linguistic Variation and its Social Significance*, Oxford, Blackwell.

Champion, James Joseph (1978): *The Periphrastic Futures Formed by the Romance Reflexes of Vado (ad) Plus Infinitive*, North Carolina Studies in Romance Languages and Literature.

Cheshire, Jenny (2002): «Sex and Gender in Variationist Research» en Chambers, J. K., Trudgill, P. y Schilling-Estes, N. (eds.), *The Handbook Of Language Variation and Change,* Oxford, Blackwell, pp. 349-372.

Claes, Jeroen y Luis Ortiz López (2011): «Restricciones pragmáticas y sociales en la expresión de futuridad en el español de Puerto Rico», *Spanish in Context* 8-I, pp. 50-72.

Comrie, Bernard (1985): *Tense*, Cambridge, Cambridge University Press.

Copley, Bridget (2002): *The Semantics of the Future*, Tesis Doctoral, Instituto Tecnológico de Massachussets.

Coseriu, Eugen (1957 [1973]): *Sincronía, diacronía e historia. El problema del cambio lingüístico*, Madrid, Gredos.

Criado Del Val, Manuel (1972): *Gramática española y comentario de textos,* Madrid, Saeta, 3ª ed.

Dahl, Östen (2000): «The Grammar of Future Time Reference in European Languages» en Dahl, Ö. (ed.), *Tense and Aspect in the Languages of Europe*, Berlín/Nueva York/Ámsterdam, Mouton de Gruyter, pp. 309-328.

Díaz Peralta, Marina (1997): «Variación sintáctica y estilo discursivo: la expresión de la futuridad en el español de las Palmas de Gran Canaria», *Lingüística Española Actual* 19-II, pp. 185-197.

Díaz Peralta, Marina (2000): *La expresión de futuro en el español de Las Palmas de Gran Canaria,* Las Palmas de Gran Canaria, Ed. del Cabildo de Gran Canaria.

Durán Urrea, Evelyn y Michael Gradoville (2006): *Variation in the Future Tense of New Mexican Spanish*, ponencia presentada en SALSA (*Symposium About Language and Society Austin*), Texas.

Emirkanian, Louissette y David Sankoff (1985): «Le futur simple et le futur périphrastique dans le français parlé» en Lemieux M. y H. Cedergren (eds.), *Les tendances dynamiques du français parlé à Montréal*, Quebec, Gouvernement du Quebec, pp. 189-204.

Eckert. Penelope (2009): *Three Waves of Variation Study: The Emergence of Meaning in the Study of Variation*, Publicación en línea: <http://www.sfu.ca/sociolinks/summaries/Eckert2009.pdf> [consulta: 24 de junio de 2015].

Escandell, Mª Victoria (2010): «Futuro y evidencialidad», *Anuario de Lingüística Hispánica* 26, pp. 9-34.

Escobar, Anna María (1997): «From Time to Modality in Spanish in Contact with Quechua», *Hispanic Linguistics* 9(1), pp. 64-99.

Fasold, Ralph W. (1996 [1991]): «The Quiet Demise of Variable Rules» en Singh, R. (ed.), *Towards a Critical Sociolinguistics*, Ámsterdam/Filadelfia, John Benjamins, pp. 79-97.

Fernández De Castro, Félix (1990): *Las perífrasis verbales en español: comportamiento sintáctico e historia de su caracterización*, Oviedo, Universidad de Oviedo (Publicaciones del Departamento de Filología Española).

Fernández De Castro, Félix (1999): *Las perífrasis verbales en el español actual*, Madrid, Gredos.

Fernández Ramírez, Salvador (1986): *Gramática española,* Madrid, Arco Libros.

Ferrer, Mª Cristina y Carmen Sánchez (1991): «El verbo y su función en el discurso», *Variación lingüística en el español de Rosario,* Rosario-Provincia de Santa Fe (República Argentina), Universidad Nacional de Rosario, Consejo de Investigaciones, pp. 45-108.

Fleischman, S. (1982): *The Future in Thought and Language: Diachronic Evidence from Romance*, Cambridge, Cambridge University Press.

Fontanella, Mª Beatriz (1970): «Los auxiliares españoles», *Anales del Instituto de Lingüística de la Universidad Nacional de Cuzco* 10, pp. 61-73.

Frawley, William (1992): *Linguistic Semantics*, Hillsdale, NJ, Lawrence Erlbaum Associates.

García Fernández, Luis (2000): *La gramática de los complementos temporales*, Madrid, Visor.

García, Érica C. (1985a): «Shifting Variation», *Lingua* 67, pp. 189-224.

García, Érica C. (1985b): «Quantity into Quality: Synchronic Indeterminacy and Language Change», *Lengua* 65, pp. 275-306.

García-Hernández, Benjamín (1978): «El aspecto ingresivo y la expresión de futuro», *Actas del V Congreso Español de Estudios Clásicos*, pp. 541-546.

García-Hernández, Benjamín (1980): «El desarrollo de la expresión analítica en el latín vulgar. Planteamiento general», *Revista Española de Lingüística*, Órgano de la Sociedad Española de Lingüística, Madrid, Editorial Gredos, pp. 307-330.

GENTNER, Dedre e Imai MUTSUMI (1992): «Is the Future Always Ahead? Evidence for System-Mappings in Understanding Space-Time Metaphors», *Proceedings of the Fourteenth Annual Conference of the Cognitive Science Society*, Bloomington, Lawrence Erlbaum pp. 510-515.

GILI GAYA, Samuel (1961): *Curso superior de sintaxis española*, Barcelona, Bibliograf.

GIVÓN, Talmi (1984): *Syntax: A Functional-Typological Introduction*, Vol. I, Ámsterdam, John Benjamins.

GÓMEZ MANZANO, Paloma (1981): «Futuro absoluto en Madrid y México», *Anuario de Letras* 26, pp. 84-85.

GÓMEZ MANZANO, Paloma (1988a): «La expresión de futuro absoluto en el español hablado en Madrid y en México», *Anuario de Letras* 26, pp. 67-86.

GÓMEZ MANZANO, Paloma (1988b): «Observaciones acerca del uso de la forma en '-ré' con valor de probabilidad en español hablado», *Español Actual* 49, pp. 37-52.

GÓMEZ MANZANO, Paloma (1992): *Perífrasis verbales con infinitivo (Valores y usos en la lengua hablada)*, Madrid, Cuadernos de la UNED.

GÓMEZ MOLINA, José Ramón (coord.) (2001): *El español hablado de Valencia. Materiales para su estudio. I. Nivel sociocultural alto,* Cuadernos de Filología, Anejo XLVI, Valencia, Universitat de València.

GÓMEZ MOLINA, José Ramón (coord.) (2005): *El español hablado de Valencia. Materiales para su estudio. II. Nivel sociocultural medio,* Cuadernos de Filología, Anejo LVIII, Valencia, Universitat de València.

GÓMEZ MOLINA, José Ramón (coord.) (2007): *El español hablado de Valencia. Materiales para su estudio. III. Nivel sociocultural bajo*, Cuadernos de Filología, Anejo LXI, Valencia, Universitat de València.

GÓMEZ MOLINA, José Ramón y Francisco GIMENO (2007): «Spanish and Catalan in the Land of Valencia», *International Journal of the Sociology of Language: Spanish in Spain, the Sociolinguistics of Bilingual Areas* 184, pp. 95-108.

GÓMEZ TORREGO, Leonardo (1977): «Configuración sintáctica de 'ir a + infinitivo'», *Revista de Filología Española* 59, pp. 309-314.

GÓMEZ TORREGO, Leonardo (1988): *Perífrasis verbales. Sintaxis, semántica y estilística*, Madrid, Arco Libros.

GÓMEZ TORREGO, Leonardo (1999): «Los verbos auxiliares. Las perífrasis verbales de infinitivo» en Bosque, I. y V. Demonte (dirs.), *Gramática descriptiva de la lengua española*, Real Academia Española, Colección Nebrija y Bello, Madrid, Espasa Calpe, pp. 3323- 3389.

GÓMEZ TORREGO, Leonardo (2000): *Gramática didáctica del español*, Madrid, SM.

GORMAN, Kyle (2010): «The Consequences of Multicolinearity among Socioeconimic Predictors of Negative Concord in Philadelphia», *Penn Working Papers in Linguistics* 16-II, pp. 67-75.

GRANDA, G. DE (1968): «Formas en -ré en el español atlántico y problemas conexos», *Boletín del Instituto Caro y Cuervo (Thesaurus)* 23, pp. 1-22.

GRANDA, Germán de (1997): «Un fenómeno de convergencia lingüística por contacto en el quechua de Santiago del Estero: el desarrollo del futuro verbal perifrástico», *Estudios Filológicos* 32, pp. 35-42.

GUENTHNER, Susanne y KNOBLAUCH, Hubert (1995): «Culturally Patterned Speaking Practices: The Análisis of Communicative Genres», *Pragmatics* 5, pp. 1-32.

GUTIÉRREZ, Manuel J. (1995): «On the Future of the Future Tense in the Spanish of the Southwest» en Silva-Corvalán, C. (ed.), *Spanish in Four Continents: Studies in Language Contact and Bilingualism*, Washington DC, Georgetown University Press, pp. 214-226.

HADLICH, Roger (1973): *Gramática transformacional del español,* Madrid, Gredos.

HAVU, Jukka (1997): *La constitución temporal del sintagma verbal en el español moderno,* Saarijärvi (Finlandia), Annales Accademiae Scientiarum Fennicae.

HERNÁNDEZ ALONSO, César (1968): «El futuro absoluto de indicativo», *Archivum* 18, pp. 29-39.

HERNÁNDEZ ALONSO, César (1984): *Gramática funcional del español*, Madrid, Gredos.

HERNÁNDEZ ALONSO, César (1999): «La expresión de la futuridad en el español de Puerto Rico», *Revista O'clip* 9-10, pp. 53-57.

HERNANZ, Mª Luisa (1980): «Las perífrasis verbales de infinitivo en español: hacia una posible solución transformacional», *Revista Española de Lingüística* 10-2, pp. 411-443.

HOPPER, Paul y Elisabeth C. TRAUGOTT (1993): *Grammaticalization*, Cambridge (Nueva York), Cambridge University Press.

HORNSTEIN, Norbert (1990): *As Time Goes By*, Cambridge (Mass.), MIT Press.

IMBS, Paul (1968): *L'emploi des temps verbaux en français moderne: Essai de grammaire descriptive,* Paris, Klincksieck.

IULIANO, Rosalba (1975): «La perífrasis ir + a + infinitivo en el habla culta de Caracas» en Aid, F. (ed.), *Colloquium on Hispanic Linguistics*, Washington DC, Georgetown University Press, pp. 59-69.

IULIANO, Rosalba y Luciana de STEFANO (1979): «Un análisis sociolingüístico del habla de Caracas. Los valores del futuro», *Boletín de la Academia Puertorriqueña de la Lengua Española* VII, San Juan, APLE, pp. 101-109.

JACOBSON, Sven (1989): «Some Approaches to Syntactic Variation» en Fasold, R. W. y D. Schiffrin (eds.), *Language Change and Variation,* John Benjamins, Ámsterdam-Filadelfia, pp. 381-394.

JAEGER, T. Florian (2008): «Categorical Data Analysis: Away from ANOVAs (Transformation or Not) and Towards Logit Mixed Models», *Journal of Memory and Language* 59-IV, pp. 434-446.

JOHNSON, Daniel Ezra (2009): «Getting off the Goldvarb Standard: Introducing Rbrul for Mixed-Effects Variable Rule Analysis», *Language and Linguistics Compass* 3-I, University of York, 359-383. Publicación en línea: <www.danielezrajohnson.com/rbrul.html> [consulta: 24 de junio de 2015].

JOHNSON, Daniel Ezra, Christina GOMES y Marcelo MELO (2009): «Refining Quantitative Analysis Using Rbrul: Random Effects and Continuous Variables», conferencia presentada en la NWAV 38, Ottawa, Ontario.

KVALE, Steinar (1996): *InterViews: An introduction to qualitative research interviewing*, Thousand Oaks (CA), Sage.

LABOV, William (1963): «The Social Motivation of a Sound Change», *Word* 19, pp. 273-309.

LABOV, William (1966): *The Social Stratification of English in Nueva York City*, Washington DC, Center for Applied Linguistics.

LABOV, William (1972): *Sociolinguistic Patterns*, Filadelfia, University of Pennsilvania Press. Trad. al esp. *Modelos sociolingüísticos*, Madrid, Cátedra, 1983.

LABOV, William (1975): «What is a Linguistic Fact?», *PdR Press Publications in Linguistic Theory* 1, Universidad de Indiana, Peter de Ridder Press.

LABOV, William (1978): «Where Does the Sociolinguistic Variable Stop? A Response to Beatriz Lavandera», *Texas Working Papers in Sociolinguistics* 44, pp. 1-17.

LABOV, William (1980): «The Social Origins of a Sound Change» en Labov, W. (ed.), *Locating Language In Time And Space*, Nueva York, Academic Press, pp. 715-762.

LABOV, William (1981a): «Field Methods of the Project on Linguistic Change and Variation» en Baugh, J. y J. Sherzer (eds.): *Language in Use. Readings in Sociolinguistics*, Englewood Cliffs, N.J., Prentice-Hall, pp. 28-53.

LABOV, William (1981b): «What Can Be Learned about Change in Progress from Synchronic Description» en Sankoff, D. y H. Cedergren (eds.), *Variation Omnibus*, Edmonton, Linguistic Research, pp. 177-199.

LABOV, William (1994): *Principles of Linguistic Change. Volume 1: Internal factors*, Oxford, Blackwell.

LABOV, William. (2001): *Principles of Linguistic Change. Volume 2: Social Factors*, Oxford, Blackwell. Traducción española MARTÍN BUTRAGUEÑO, Pedro (2006): *Principios del cambio lingüístico. Factores sociales. 2 vols*. Madrid, Gredos.

LABOV, William (2008): «Quantitative Reasoning in Linguistics» en Ammon, U., N. Dittmarr, K. J. Mattheier y P. Trudgill (eds), *An International Handbook of the Science of Language and Society* I, Nueva York, Mouton de Gruyter, pp. 6-21.

LABOV, William y David SANKOFF (1980): *Locating Language in Time and Space*, Nueva York, Academic Press.

LAPESA, Rafael (1985): «Sobre el uso de modos y tiempos en suboraciones de acción futura o contingente. Futuro de indicativo por presente o futuro de subjuntivo» en Melena, J. L. (ed.), *Symbolae. Ludovico Mitxelena Septuagenario Oblatae*, Vol. I, Vitoria, Universidad del País Vasco, Instituto de Ciencias de la Antigüedad, pp. 679-692.

LAPESA, Rafael (2000): *Estudios de morfosintaxis histórica del español*, Madrid, Gredos.

LASARTE, Mª de la Cruz *et alii* (eds.) (2009): *El español hablado en Málaga III*, Málaga, Sarriá.

LASTRA, Yolanda y Pedro MARTÍN BUTRAGUEÑO (2008): «Futuro perifrástico y futuro morfológico en el corpus sociolingüístico de la Ciudad de México», *XV Congreso Internacional de la ALFAL Sección de Sociolingüística,* Montevideo.

LAVANDERA, Beatriz (1978): «Where Does the Sociolinguistic Variable Stop?», *Language in Society* 7, pp. 171-178.

LAVANDERA, Beatriz (1984): *Variación y significado*, Buenos Aires, Hachette.

LEECH, Geoffrey (1991): «Corpora» en Malmkjaer, K. (ed.), *The Linguistics Encyclopedia*, Londres/ Nueva York, Routledge, pp. 73-80.

LENZ, Rodolfo (1935): *La oración y sus partes*, Madrid, Centro de Estudios Históricos.

LEONETTI, Manuel (2004): «¿Por qué el imperfecto es anafórico?» en García Fernández, L. y B. Camus Bergareche (eds.), *El pretérito imperfecto*, Madrid, Gredos, pp. 481-508.

LOPE BLANCH, Juan M. (1968): «El proyecto de estudio coordinado de la norma lingüística culta de las principales ciudades de Iberoamérica y de la Península Ibérica», *El Simposio de México del PILEI. Actas, informes y comunicaciones*, México, pp. 222-233.

LÓPEZ GARCÍA, Ángel (1990): «La interpretación metalingüística de los tiempos, modos y aspectos del verbo español: ensayo de fundamentación» en Bosque I. (ed.), *Tiempo y aspecto en español*, Madrid, Cátedra, pp. 107-176.

LÓPEZ MORALES, Humberto (1989a): «Hacia un concepto de sociolingüística» y «La variable lingüística» en *Sociolingüística*, Madrid, Gredos, pp. 21-101.

LÓPEZ MORALES, Humberto (1989b): *Sociolingüística*, Madrid, Gredos.

LORENZO RAMOS, Antonio (1976): *El habla de Los Silos*, Caja General de Ahorros de Canarias, Santa Cruz de Tenerife.

LOSADA DURÁN, José Ramón (2000): *Los tiempos de futuro y la modalidad en español y en inglés*, Vigo, Universidade de Vigo.

LUNA TRAILL, Elisabeth (1980): *Sintaxis de los verboides en el habla culta de la ciudad de México*, México, UNAM.

MARCOS MARÍN, Francisco (1984): *Curso de gramática española*, Madrid, Cincel.

MARTÍN BUTRAGUEÑO, Pedro (1994): «Hacia una tipología de la variación gramatical en sociolingüística del español», *Nueva Revista de Filología Hispánica* 42-I, Nuevo México, Centro de Estudios Lingüísticos y Literarios, El Colegio de México, pp. 29-75.

MARTÍN BUTRAGUEÑO, Pedro (2004): «El contacto de dialectos como motor del cambio lingüístico» en Martín, P. (ed.), *Cambio lingüístico. Métodos y problemas*, México, El Colegio de México, pp. 81-144.

MARTÍN RODRÍGUEZ, Pedro Ángel (1992): «Usos del indicativo en el español de Canarias», *Revista de Filología de la Universidad de La Laguna* 11, pp. 141-150.

MEIER, Harri (1965): «Futuro y futuridad», *Revista de filología española* 48, pp. 61-77.

MELIS, Chantal (2006): «Verbos de movimiento. La formación de los futuros perifrásticos» en Company Company, C. (ed.), *Sintaxis histórica de la lengua española. Primera parte: la frase verbal*, México, Fondo de Cultura Económica y Universidad Nacional Autónoma de México, pp. 875-970.

MELIS, Chantal, Marcela FLORES y Sergio BOGARD (2003): «La historia del español. Propuesta de un tercer período evolutivo», *Nueva revista de Filología Hispánica* 51, pp. 1-56.

MILROY, Lesley (1987b): *Observing and Analysing Natural Language. A Critical Account of Sociolinguistic Method*, Oxford, Basil Blackwell.

MIRÓ, Ramona y Miguel Ángel de PINEDA (1990): «Perífrasis de infinitivo en el habla urbana de Sevilla» en Palet, Mª T. (ed.), *Sociolingüística andaluza 5. Habla de Sevilla y hablas americanas*, Sevilla, Universidad de Sevilla, pp. 59-83.

MONGE, Félix (1998): «La forma 'amaré'» en Ruffino, G. (ed.), *Sezione 1. Grammatica storica delle lingue romanze. Atti del XXI Congresso internazionale di linguistica e filologia romanza*, Tübingen, Niemeyer, pp. 239-246.

MONTES GIRALDO, José Joaquín (1962): «Sobre la categoría de futuro en el español de Colombia», *Boletín del Instituto Caro y Cuervo (Thesaurus)* 17, pp. 527-555.

MONTES GIRALDO, José Joaquín (1963): «Sobre la perífrasis con *ir* en el español de Colombia», *Boletín del Instituto Caro y Cuervo (Thesaurus)* 18-II, pp. 384-403.

MORENO CABRERA, Juan Carlos (1994): *Curso Universitario de Lingüística General Tomo II: Semántica, pragmática, morfología y fonología*, Madrid, Síntesis.

MORENO DE ALBA, José G. (1970): *La expresión verbal de lo futuro en el español hablado en México*, México DF.

MORENO DE ALBA, José G. (1972): «Frecuencias de formas verbales en el español hablado en México», *Anuario de letras* 10, pp. 175-189.

MORENO DE ALBA, José G. (1974): «Transposiciones temporales y modales en las formas de indicativo», *Anuario de letras* 12, pp. 205-219.

MORENO DE ALBA, José G. (1977): «Vitalidad del futuro de indicativo en la norma culta del español hablado en México» en Lope Blanch, J. M. (ed.), *Estudios sobre el español hablado en las principales ciudades de América*, México, UNAM, pp. 129-146.

Moreno De Alba, José G. (1985): *Valores de las formas verbales en el español de México*, México, Universidad Nacional Autónoma de México.

Moreno Fernández, Francisco (1996): «Metodología del proyecto para el estudio sociolingüístico del español de España y América (preseea)», *Lingüística* 8, pp. 257-287.

Moreno Fernández, Francisco (1998): *Principios de sociolingüística y sociología del lenguaje*, Barcelona, Ariel.

Morera, Marcial (1991): *Diccionario crítico de las perífrasis verbales del español,* Puerto del Rosario, Servicio de Publicaciones del Excmo. Cabildo Insular de Fuerteventura.

Morrison, Geoffrey Stewart (2005): «*Dat is What the PM said*: a Quantitative Analysis of Prime Minister Jean Chrétien's Pronunciation of English Voiced Dental Fricatives», *Cahiers Linguistiques d'Ottawa* 33, pp. 1-21.

Müller, Bodo (1964): «Das lateinische Futurum und die romanischen Ausdrucksweisen des futurischen Geschehens», *Rom. Forsch* 76, pp. 44-97.

Orozco, Rafael (2004): *A Sociolinguistic Study of Colombian Spanish in Colombia and Nueva York City*, Tesis Doctoral, Universidad de Nueva York.

Orozco, Rafael (2005): «Distribution of Future Time Forms in Northern Colombian Spanish» en Eddington, D., *Selected Proceedings of the 7th Hispanic Linguistics Symposium*, Somerville (MA), Cascadilla Proceedings Project, pp. 56-65.

Orozco, Rafael (2006): «Colombian Spanish in New York: The Impact of Linguistic Constraints on the Expression of Futurity» en Cameron, R. y K. Potowski (ed.), *Spanish in Contact: Educational, Social, And Linguistic Inquiries*, Filadelfia, John Benjamins.

Orozco, Rafael (2007a): «The Impact of Linguistic Constraints on the Expression of Futurity in the Spanish of Nueva York Colombians» en Potowski, K. y R. Cameron (eds.), *Spanish in Contact, Policy, Social and Linguistic Inquiries*, Filadelfia, John Benjamins, pp. 312-327.

Orozco, Rafael (2007b): «Social Constraints on the Expression of Futurity in Spanish-Speaking Urban Communities» en Holmquist, J., A. Lorenzino y L. Sayahi (eds.), *Selected Proceedings of the Third Workshop on Spanish Sociolinguistics*, Sommerville, Cascadilla Proceedings Project, pp. 103-112.

Orozco, Rafael (2009): «El castellano del Caribe colombiano a comienzos del siglo XXI» en Zimmermann, K. (dir.), *Revista Internacional de Lingüística Iberoamericana* (RILI) VII 2, pp. 95-113.

Orozco, Rafael y Alejandro Cortázar (2009): «The Expression of Futurity by Nueva York Puerto Ricans», conferencia pronunciada en *The 38th Annual Meeting of New Ways of Analyzing Variation*, Universidad de Otawa (Canadá).

Palmer, Frank Robert (1986): *Mood and Modality*, Cambridge, Cambridge University Press.

Paolillo, John C. (2001): *Analyzing Linguistic Variation: Statistical Models and Methods*, Stanford, Center for the Study of Language and Information Publications.

Paolillo, John C. (2002): *R-Varb*. Publicación en línea: <http://ella.slis.indiana.edu/~paolillo/projects/vaRbrul/rvarb/> [consulta: 20 de julio de 2012].

Paufler, Hans Dieter (1970): «Das periphrastische Futur im kubanischen Spanisch», *Beiträge zur romanischen Filologie* 9, pp. 135-137.

Pedrero, Rosa (1993): «El futuro perifrástico en las lenguas indoeuropeas», *Revista Española de Lingüística* 23-I, pp. 59-72.

Penny, Ralph (1993): *Gramática histórica del español*, Barcelona, Ariel.

Pintzuk, Suzanne (1986, 1987, 1988): VARBRUL PROGRAMS, Programas y documentación inéditos.

Pitloun, Petr (2005): «La perífrasis Ir a + Infinitivo y la expresión de la posterioridad en el habla culta de Costa Rica», *Filología y Lingüística* 31-I, pp. 233-250.

Poplack, Shana (1979): *Function and process in a variable phonology*, University of Pennsylvania, Tesis Doctoral inédita.

Poplack, Shana y Danielle Turpin (1999): «Does the Futur Have a Future in (Canadian) French?», *Probus* 11, pp. 133-164.

Poplack, Shana y Elisabete Malvar (2007): «Elucidating the Transition Period in Linguistic Change», *Probus* 19-I, pp. 121-169.

Porto Dapena, José Álvaro (1989): *Tiempos y formas no personales del verbo*, Madrid, Arco Libros.

Portolés, José (1995): «Del discurso oral a la gramática: la sistematización de los marcadores discursivos» en Cortés, L. (ed.), *El español coloquial. Actas del I Simposio sobre Análisis del Discurso Oral*, Almería, 23-25 de noviembre de 1994, Universidad de Almería, Servicio de Publicaciones, pp. 147-172.

PRESEEA: MORENO FERNÁNDEZ, Francisco (2003): «Metodología del 'Proyecto para el Estudio Sociolingüístico del Español de España y de América'», vers. revisada octubre 2003. Publicación en línea: <http://www.linguas.net/LinkClick.aspx?fileticket=%2FthWeHX0AyY%-3D&tabid=474&mid=928> [consulta: 24 de junio de 2015].

RADATZ, Hans-Ingo (2003): «La perífrasis <*vado* + infinitivo> en castellano, francés y catalán: por la misma senda – pero a paso distinto» en Pusch, C. y A. Wesh (eds.), *Verbalperiphrasen im Katalanischen und anderen romanischen Sprachen im Lichte aktueller Grammatiktheorien,* Akten des 18. Deutschen Katalanistentags, Munich, 7-10 de octubre de 2001, Hamburg Buske (Beihefte zy Romanistik in Geschichte und Gegenwart Herausgegeben van Johannes Kramer und Hans-Josef Niederehe Beiheft 9), pp. 61-75.

REAL ACADEMIA ESPAÑOLA (1931): *Gramática de la lengua española*, Madrid, Espasa-Calpe.

REAL ACADEMIA ESPAÑOLA (2001): *Diccionario de la Real Academia Española*, Madrid, Espasa-Calpe.

REAL ACADEMIA ESPAÑOLA (COMISIÓN DE GRAMÁTICA) (1983): *Esbozo de una nueva gramática de la lengua española*, Madrid, Espasa.

REAL ACADEMIA ESPAÑOLA Y ASOCIACIÓN DE ACADEMIAS DE LA LENGUA ESPAÑOLA (2005): *Diccionario panhispánico de dudas*, Madrid, Santillana.

REAL ACADEMIA ESPAÑOLA Y ASOCIACIÓN DE ACADEMIAS DE LA LENGUA ESPAÑOLA (2009): *Nueva gramática de la lengua española*, Madrid, Espasa.

REICHENBACH, Hans (1948): *Elements of Symbolic Logic*, Nueva York, The Macmillan Company.

REID, John R. (1944): «The Expression of the Future Time: from Indo-European to Romance», *Harvard Studies in Classical Philology* 55, pp. 111-114.

ROBINSON, John, Helen LAWRENCE y Sali TAGLIAMONTE (2001): *Goldvarb 2001: A Multivariate Analysis Application for Windows*, York, University of York. Publicación en línea: <http://www.romanistik.uni-freiburg.de/pusch/Download/variacionismo/GoldVarb2001_User_manual.pdf> [consulta: 24 de junio de 2015].

RÓDENAS, Antonio, BRITO, Alfredo G. y José A. CARRANZA (1991): «La referencia temporal de futuro en el lenguaje espontáneo infantil», *Anales de psicología* 7-II, Universidad de Murcia, pp. 225-241.

ROJO, Guillermo (1974): «La temporalidad verbal en español», *Verba* 1, pp. 68-149.

ROJO, Guillermo (1990): «Relaciones entre temporalidad y aspecto en el verbo español» en Bosque, I. (ed.), *Tiempo y aspecto en español*, Madrid, Cátedra.

ROJO, Guillermo y Alexandre VEIGA (1999): «El tiempo verbal. Los tiempos simples» en Bosque, I. y V. Demonte (dirs.), *Gramática descriptiva de la lengua española*, Vol. III, Madrid, Editorial Espasa Calpe, pp. 2867-2934.

RONA, José Pedro (1961): «El uso del futuro en el voseo americano», *Filología*, Año VII, BOH, pp. 121-142.

ROUSSEAU, Pascale (1989): «A Versatile Program for the Analysis of Sociolinguistic Data» en Fasold, R. y D. Schiffrin (eds.), *Language Change and Variation*, Ámsterdam, Benjamins, pp. 395-409.

ROUSSEAU, Pascale y David SANKOFF (1978a): «Advances in Variable Rule Methodology» en Sankoff, D. (ed.), *Linguistic Variation. Models and Methods*, Nueva York, Academic Press, pp. 57-69.

ROY, Joseph (2011): «Sociolinguistics Statistics: The Intersection between Statistical Models, Sociolinguistic Theory and Empirical Data», *Methods in Dialectology* 14, Universidad de Ontario Oeste. Publicación en línea: <http://aix1.uottawa.ca/~jroy042/papers/sociostats.final.2013.pdf> [consulta: 24 de junio de 2015].

SÁEZ-GODOY, Leopoldo (1968a): «Algunas observaciones sobre la expresión del futuro en español» en Quilis, A. *et alii* (eds.), *Actas del XI Congreso Internacional de Lingüística y Filología Románicas*-IV, *Revista de Filología Española,* Anejo 86, Madrid, CSIC, pp. 1875-1890.

SÁEZ-GODOY, Leopoldo (1968b): «La expresión verbal de lo futuro (del siglo XVII al siglo XX)» en el colectivo «Futur und Zukunft im Spanischen», *Archiv für das Studium der neueren Sprachen und Literaturen* 204, pp. 334-341.

SAMPER, José Antonio, Clara E. HERNÁNDEZ y Magnolia TROYA (1998): *Macrocorpus de la norma lingüística culta de las principales ciudades del mundo hispánico,* Universidad de Las Palmas de Gran Canaria y Asociación de Lingüística y Filología de la América Latina, Las Palmas de Gran Canaria.

SAMPER, José Antonio, Clara E. HERNÁNDEZ y Magnolia TROYA (2001): «El uso de ir a + infinitivo y del futuro en '-ré' en la norma lingüística culta de América y España», *Estudios canarios: Anuario del Instituto de Estudios Canarios* 46, pp. 175-208.

Sankoff, David (1975): VARBRUL VERSION 2, programa y documentación no publicada.

Sankoff, David (1988): «Sociolinguistics and Syntactic Variation» en Newineyer, F. J. (ed.), *Linguistics: The Cambridge Survey* 4, Cambridge, Cambridge University Press, pp. 140-161.

Sankoff, David (2004): «Variable Rules» en Ammon, U., N. Dittmar y K. J. Mattheier (eds.), *Sociolinguistics: an international handbook of the science of language and society*, 2ª edición, Berlín, Walter de Gruyter, pp. 1150-1163.

Sankoff, David, Sali A. Tagliamonte y Eric Smith (2005): *Goldvarb X: A Variable Rule Application for Macintosh and Windows*, Toronto, University of Toronto. Publicación en línea: <http://individual.utoronto.ca/tagliamonte/Goldvarb/GV_index.htm> [consulta: 20 de julio de 2012].

Sankoff, David, Sali A. Tagliamonte y Eric Smith (2012): *Goldvarb LION: A variable rule application for Macintosh*, Department of Linguistics, University of Toronto.

Sankoff, Gillian y Pierrette Thibault (1977): «L'alternance entre les auxiliaires 'avoir' et 'être' en français parlé à Montréal», *Langue Française* 34, pp. 81-108.

Scheirs, Robert (2009): *La variación lingüística en la expresión del futuro en español. La diferencia del significado entre el futuro morfológico y el futuro perifrástico*, Tesis de la Maestría-Lenguas y culturas románicas, Universidad de Groningen.

Schwegler, Armin (1990): *Analyticity and Syntheticity: a Diachronic Perspective with Special Reference to Romance Languages*, Nueva York, Mouton de Gruyter.

Searle, John L. (1977): «¿Qué es un acto de habla?», *Revista Teorema*, Barcelona.

Seco, Manuel (1991 [1972]): *Gramática esencial del español. Introducción al estudio de la lengua*, Madrid, Espasa-Calpe.

Sedano, Mercedes (1994): «El futuro morfológico y la expresión ir a + infinitivo en el español hablado de Venezuela», *Verba* 21, Universidade de Santiago de Compostela, pp. 225-240.

Sedano, Mercedes (1995): «En torno a la selección entre el futuro en -ré y la perífrasis con ir a + infinitivo» en Matus Olivier, A. (ed.), *El español de América. Actas del IV Congreso Internacional de «El español de América»*, Vol. II, Santiago de Chile, Pontificia Universidad Católica de Chile, pp. 832-841.

SEDANO, Mercedes (2004): «Importancia de los datos cuantitativos en el estudio de las expresiones de futuro», *Revista Signos* 39, pp. 283-296.

SEDANO, Mercedes (2005): «Futuro simple y futuro perifrástico en el español hablado y escrito» en Valencia-Espinoza, A. (ed.), *Actas del XIV congreso internacional de la Asociación de Lingüística y Filología de América Latina (ALFAL)*. Publicación en línea: <http://www.mundoalfal.org/cdcongreso/cd/analisis_estructuras_linguisticas/sedano.swf> [consulta: 24 de junio de 2015].

SEDANO, Mercedes (2006): «Futuro simple y futuro perifrástico en la prensa escrita» en Company Company, C. (ed.), *El español en América. Diacronía, diatopía e historiografía. Homenaje a José G. Moreno de Alba en su 65º aniversario*, México, Universidad Nacional Autónoma de México, pp. 163-184.

SEDANO, Mercedes (2007): «Spoken and Written Varieties of Future Tense Expressions» en Parodi, G. (ed.), *Working with Spanish Corpora*, London, Continuum, pp. 132-144.

SERRANO MONTESINOS, Mª José (1993): «Aspectos teóricos de la variación sintáctica», comunicación presentada al *XI Congreso Internacional de la ALFAL*, celebrado del 11-16 de abril de 1993 en Veracruz, México.

SIGLEY, Robert (2003): «The importance of interaction effects», *Language Variation and Change* 15, pp. 227-253.

SILVA-CORVALÁN, Carmen (1989): *Sociolingüística. Teoría y análisis*, Madrid, Alhambra.

SILVA-CORVALÁN, Carmen (1994): «Direcciones en los estudios sociolingüísticos de la lengua española», *Actas del Congreso de la Lengua Española* (1992), Sevilla, Madrid, Instituto Cervantes, pp. 300-415.

SILVA-CORVALÁN, Carmen (1997): «Variación sintáctica en el discurso oral: problemas metodológicos» en Moreno Fernández, F. (ed.), *Trabajo de sociolingüística hispánica*, Alcalá, Universidad de Alcalá, pp. 115-135.

SILVA-CORVALÁN, Carmen (2001): *Sociolingüística y pragmática del español*, Washington DC, Georgetown University Press.

SILVA-CORVALÁN, Carmen y Tracy D. TERRELL (1989): «Notas sobre la expresión de futuridad en el español del Caribe», *Hispanic Linguistics* 2, pp. 191-208.

SMITH, Carlota S. (1983): «The Temporal Reference of the English Futurate» en Tasmowsky, L. y D. Willems (eds.), *Problems in Syntax*, Ghent, Plenum, pp. 273-288.

Solano Rojas, Yamilet (1989): *El habla culta costarricense (Materiales para su estudio)*, Universidad.

Söll, Ludwig (1983): «De la concurrence du futur simple et du futur proche en français moderne» en Hausmann, F.-J. (ed.), *Études de grammaire française descriptive*, Heidelberg, Julius Groos Verlag, pp. 16-24.

Sundell, Lars-Göran (1991): *Le temps futur en français moderne*, Uppsala, Textgruppen, Uppsala AB.

Tagliamonte, Sali A. (2006): *Analysing Sociolinguistic Variation*, Cambridge, UK, Cambridge University Press.

Tagliamonte, Sali A. (2011): *Variationist Sociolinguistics. Change, Observation, Interpretation*, Language in Society, Wiley-Blackwell.

Tagliamonte, Sali A. y Rolf Harald Baayen (2012): «Models, Forests and Trees of York English: 'Was/were' Variation as a Case Study for Statistical Practice», Toronto, Universidad de Toronto/ Universidad de Tübingen / Universidad de Alberta. Publicación en línea: <http://opensscience.uni-leipzig.de/index.php/mr2/article/download/4/3> [consulta: 24 de junio de 2015].

Torres Cacoullos, Rena (2001): «From Lexical to Grammatical to Social Meaning», *Language in Society* 30-3, pp. 443-478.

Torres Cacoullos, Rena (2011): «Variation and Grammaticalization» en Díaz-Campos, M. (ed.), *The Handbook of Hispanic Sociolinguistics*, Malden, MA-Oxford, Wiley-Blackwell, pp. 148-167.

Troya, Magnolia (1998): *Perífrasis verbales de infinitivo en la norma lingüística culta de Las Palmas de Gran Canaria*, Anejo LVI del Boletín de la RAE, Madrid, RAEL y Universidad de Las Palmas.

Valesio, Paolo (1968): «The Romance Synthetic Future Pattern and its First Attestations», *Lingua* 20, pp. 121-161.

Vega Llamas, Elvia (2002): «Variación semántica del tiempo futuro en el discurso literario: de la novela 'La muerte de Artemio Cruz' de Carlos Fuentes», *Cuicuilco* 9, pp. 1-20.

Vet, Co (1994): «Future Tense and Discourse Representation. Tense and Aspect in Discourse» en Vet, C. y C. Vetters (eds.), *Tense and aspect in discourse*, Berlin, Mouton de Gruyter, pp. 49-76.

Veyrat, Montserrat (1993): «Aspecto, perífrasis y auxiliación: un enfoque perceptivo», *LynX. A Monographic Series in Linguistics and World Perception* VI, Valencia, Servei de Publicacions de la Universitat de València.

VILLA CRÉSAP, Daniel (1997): *El desarrollo de la futuridad en el español*, México, Eón.

WACHTMEISTER, Fernando (2005): *Evidencialidad. La codificación lingüística del punto de vista*, Tesis doctoral, Universidad de Estocolmo.

WALLACE, Melvin y Albert I. RABIN (1960): «Temporal Experience», *Psychological Bulletin* 57, pp. 213-236.

WEINREICH, Harald (1974): *Estructura y función de los tiempos en el lenguaje*, Madrid, Gredos.

WEINREICH, Uriel (1953): *Languages in Contact. Findings and Problems*, The Hague, Mouton, 1968, 6ª ed. [Trad. esp. *Lenguas en contacto. Descubrimientos y problemas*, Caracas, Universidad Central de Venezuela, 1974].

WEINREICH, Uriel, William LABOV y Malvin HERZOG (1968): «Empirical Foundations for a Theory of Language Change» en Lehmann, W. P. y Y. Malkiel (eds.), *Directions for Historical Linguistics: A symposium*, Austin, University of Texas, pp. 95-188. Disponible en línea: <http://www.utexas.edu/cola/centers/lrc/books/hist05.html> [consulta: 24 de junio de 2015].

WELLS, Gordon (1985): *Language Development in the Preschool Years*, Cambridge, C.U.P.

WERLICH, Egon A. (1975): *Typologie der Texte*, Heidelberg, Quelle und Meyer.

WESTMORELAND, Maurice (1997): «The Dialectalization of Spanish Future Tense Usage», *Word* 48, pp. 375-395.

WILLETT, Thomas L. (1988): «A Cross-Linguistic Survey of the Grammaticalization of Evidentiality», *Studies in Language* 12, pp. 57-91.

ZENTELLA, Ana Celia (1990): «Defining Social and Linguistic Variables in the Study of Subject Pronouns in U. S. Spanish», presentado en el *XI Congreso Internacional sobre el español en los Estados Unidos*, Chicago.

ZENTELLA, Ana Celia (1997): *Growing Up Bilingual: Puerto Rican Children in New York*, Cambridge (MA), Blackwell Publishers.

FONDO HISPÁNICO DE LINGÜÍSTICA Y FILOLOGÍA

Colección dirigida por
Juan Pedro Sánchez Méndez & Mª Teresa Echenique Elizondo

La presente colección se hace eco del interés creciente en lingüística hispánica y aborda todos los enfoques teóricos que constituyen hoy día esta materia. Asume el objetivo básico de reunir, bajo un mismo criterio científico riguroso y un mismo epígrafe, la publicación y difusión de un conjunto de obras y trabajos de investigación, tanto de autores consagrados como de jóvenes lingüistas. Sus títulos se dirigen a un público amplio, que va desde el especialista avanzado hasta el estudiante en general que se interesa por un determinado tema o enfoque. De esta manera, la colección aspira a consolidarse como una referencia importante dentro de las diversas disciplinas que integran la lingüística hispánica.

Vol. 1 Javier Elvira
Evolución lingüística y cambio sintáctico.
2010. ISBN 978-3-0343-0323-1

Vol. 2 María José Martínez Alcalde
La fijación ortográfica del español: norma y argumento historiográfico.
2010. ISBN 978-3-0343-0481-8

Vol. 3 Catalina Fuentes Rodríguez, Esperanza Alcaide Lara & Ester Brenes Peña (eds)
Aproximaciones a la (des)cortesía verbal en español.
2011. ISBN 978-3-0343-0502-0

Vol. 4 Ester Brenes Peña
Descortesía verbal y tertulia televisiva. Análisis pragmalingüístico.
2011. ISBN 978-3-0343-0522-8

Vol. 5 Mónica Castillo Lluch & Lola Pons Rodríguez (eds)
Así se van las lenguas variando
Nuevas tendencias en la investigación del cambio lingüístico en español.
2011. ISBN 978-3-0343-0565-5

Vol. 6 Eva Bravo-García & M. Teresa Cáceres-Lorenzo
La incorporación del indigenismo léxico en los contextos comunicativos canario y americano (1492–1550).
2011. ISBN 978-3-0343-0662-1

Vol. 7 José Luis Blas Arroyo
Políticos en conflicto: una aproximación pragmático-discursiva al debate electoral cara a cara.
2011. ISBN 978-3-0343-1005-5

Vol. 8 José J. Gómez Asencio
Los principios de las gramáticas académicas (1771–1962).
2011. ISBN 978-3-0343-1057-4

Vol. 9 Enrique Pato y Javier Rodríguez Molina (eds.)
Estudios de filología y lingüística españolas. Nuevas voces en la disciplina.
2012. ISBN 978-3-0343-1049-9

Vol. 10 Mª Teresa García-Godoy (ed.)
El español del siglo XVIII. Cambios diacrónicos en el primer español moderno.
2012. ISBN 978-3-0343-1058-1

Vol. 11 Victoria Béguelin-Argimón, Gabriela Cordone y Mariela de La Torre (eds.)
En pos de la palabra viva: huellas de la oralidad en textos antiguos.
Estudios en honor al profesor Rolf Eberenz.
2012. ISBN 978-3-0343-1035-2

Vol. 12 Torrens Álvarez, María Jesús y Sánchez-Prieto Borja, Pedro (eds.)
Nuevas perspectivas para la edición y el estudio de documentos hispánicos antiguos
2012. ISBN 978-3-0343-1142-7

Vol. 13 Mercedes de la Torre y Alberto M. Arias
La ictionimia andaluza en el siglo XVIII: el caso de Cádiz y Pehr Löfling (1753).
2012. ISBN 978-3-0343-1217-2

Vol. 14 Hugo E. Lombardini y M. Enriqueta Pérez Vázquez (coords.)
Núcleos. Estudios sobre el verbo en español e italiano.
2012. ISBN 978-3-0343-1361-2

Vol. 15 Eva Bravo-García y M. Teresa Cáceres-Lorenzo
El léxico cotidiano en América a través de las Relaciones Geográficas de Indias. (Tierra Firme y América del Sur, s. XVI)
2013. ISBN 978-3-0343-1366-7

Vol. 16 Teresa Bastardín Candón
Vocabulario indígena en la *Historia* de fray Bernardino de Sahagún.
2013. ISBN 978-3-0343-1432-9

Vol. 17 José Ramón Gómez Molina (coord.)
El español de Valencia. Estudio sociolingüístico.
2013. ISBN 978-3-0343-1465-7

Vol. 18 José M. Bustos Gisbert y José J. Gómez Asencio (eds.)
Procedimientos de conexión discursiva en español: adquisición y aprendizaje.
2014. ISBN 978-3-0343-1498-5

Vol. 19 Hedy Penner
Guaraní aquí. Jopara allá. Reflexiones sobre la (socio)lingüística paraguaya.
2014. ISBN 978-3-0343-1579-1

Vol. 20 Clara Elena Prieto Entrialgo
Los relativos en el asturiano medieval.
2014. ISBN 978-3-0343-1578-4

Vol. 21 Ana M. Cestero Mancera, Isabel Molina Martos y Florentino Paredes García (eds.)
Patrones sociolingüísticos de Madrid.
2015. ISBN 978-3-0343-1638-5

Vol. 22 Miguel Calderón Campos
El español del reino de Granada en sus documentos (1492-1833).
Oralidad y escritura.
2015. ISBN 978-3-0343-1639-2

Vol. 23 José María Buzón García y José Ramón Gómez Molina
Variabilidad en el paradigma verbal de futuro.
El español de Valencia y de otras sintopías.
2015. ISBN 978-3-0343-2004-7

www.ingramcontent.com/pod-product-compliance
Ingram Content Group UK Ltd.
Pitfield, Milton Keynes, MK11 3LW, UK
UKHW021920290926
8980IPUK00015B/1376

9 783034 320047